全国优秀数学教师专著系列

Learn How to Solve Problems from the Process of Solving Problems

Inequality Problems in Competition

从分析解题过程学解题——竞赛中的不等式问题

● 赵小云 编著

哈爾濱工業大學出版社

HARBIN INSTITUTE OF TECHNOLOGY PRESS

内 容 简 介

本书分别从线性最值问题、二次函数的最大值与最小值、有理函数和无理函数问题、解不等式、不等式问题的常用方法和技巧……共 11 章介绍了竞赛中的不等式问题. 从多方面为学生提供了不等式问题的解法并培养了学生的创造性思维.

本书适合大部分初中学生、高中及高中以上学生以及广大数学爱好者研读.

图书在版编目(CIP)数据

从分析解题过程学解题:竞赛中的不等式问题/赵小云编著. —哈尔滨:哈尔滨工业大学出版社,2021.1
 ISBN 978 - 7 - 5603 - 9207 - 3

Ⅰ.①从… Ⅱ.①赵… Ⅲ.①不等式 Ⅳ.①O178

中国版本图书馆 CIP 数据核字(2020)第 231391 号

策划编辑 刘培杰 张永芹
责任编辑 关虹玲 孙 阳
封面设计 孙茵艾
出版发行 哈尔滨工业大学出版社
社 址 哈尔滨市南岗区复华四道街 10 号 邮编 150006
传 真 0451 - 86414749
网 址 http://hitpress.hit.edu.cn
印 刷 哈尔滨市工大节能印刷厂
开 本 787 mm×1 092 mm 1/16 印张 16.5 字数 274 千字
版 次 2021 年 1 月第 1 版 2021 年 1 月第 1 次印刷
书 号 ISBN 978 - 7 - 5603 - 9207 - 3
定 价 48.00 元

◎ 前言

现实生活中，我们几乎每天都要涉及数量之间的大小比较。不等式揭示变量之间的制约关系，而极值问题又与不等式紧密关联，无论在实际应用还是在理论研究中，人们总是努力寻求最好的结果。有时，即使我们找近似的解，也希望这个解在某种意义上是精确解的最佳逼近。因此，不等式和极值问题是数学组成的重要内容和部分，其内容非常丰富，应用十分广泛。

由于不等式和极值问题的种类繁多，解决问题的方法自然也就灵活多样、丰富多彩，其思路相当开阔，特别是一些难度大的问题，往往需要我们运用创造性思维和高超的技能方可解决。

正是因为不等式和极值问题在数学以及实际应用中的显著地位和作用，特别是由于它在方法和技巧上的高度灵活性，这方面的题材倍受数学竞赛命题者青睐，使之成为数学奥林匹克竞赛的热点之一，几十年来长盛不衰。翻阅一下历年来国内外数学奥林匹克试题，包括瞩目于世的国际数学奥林匹克（IMO）试题，可以说每赛必有，而又不断更新。因此，极值和不等式又是奥林匹克数学的重要内容。

本书围绕数学奥林匹克问题,介绍和讨论了解决不等式和极值问题的常用方法和技巧,并着重于处理这类问题的思路的开拓和综合能力的提高,作者力图反映数学奥林匹克中此类问题的变化和趋势,以及解决这类问题的各种基本思路、方法和技巧(如局部调整思想、变量代换思想、数形结合思想等).

通过问题学方法无疑是一条捷径,作者建议读者对每个例题最好能先动脑筋做一做,然后再看解法,这样的读书方法也许收益会更大.本书所涉及的基础知识有一部分内容为初中学生就应掌握的,如一次函数、二次函数等,因此,初中二、三年级的优秀学生便能读懂本书的大部分内容.当然,本书对于高中及其以上的读者来说基本上是不难理解的.

作者希望,本书能对读者日后参加(或辅导)数学竞赛有所帮助,并成为一本对广大参赛选手和教练员们有用的参考资料.由于作者水平所限,本书倘有不足之处,欢迎读者批评指正(联系邮箱:azxy328@163.com,微信:15858253368),以便我们再版时改进.

赵小云

2021 年 1 月

1

线性最值问题

1.1　一次函数的最大值和最小值

一次函数

$$y = ax + b$$

是一个最简单的初等函数. 若 $a \neq 0$, 则它在坐标平面上表示一条与 x 轴不平行的直线, 故此时它在整个实轴上既无最大值, 也无最小值. 但是, 在任意有限区间 $[\alpha, \beta]$ 上, 它总有最大值与最小值. 当 $a > 0$ 时, y 是严格单调递增的; 当 $a < 0$ 时, y 是严格单调递减的. 因此, $a \neq 0$ 时, y 的最大值和最小值总是在区间 $[\alpha, \beta]$ 的某一个端点处取到.

假如 $a = 0$, 那么 $y \equiv b$(常数), y 在整个实轴上处处取到最大值和最小值.

我们用 $f(x)$ 表示 $ax + b$, 用 $\max\limits_{\alpha \leqslant x \leqslant \beta} f(x)$ 和 $\min\limits_{\alpha \leqslant x \leqslant \beta} f(x)$ 分别表示 $f(x)$ 在 $[\alpha, \beta]$ 上的最大值和最小值, 符号 $\max(A, B, C, \cdots, D)$ 和 $\min(A, B, C, \cdots, D)$ 分别表示数 $A, B, C, \cdots, D$ 中最大的数和最小的数, 那么根据上面的讨论, 我们可以得到以下结论:

1° 若 $a \neq 0$, 则

$$\max_{\alpha \leqslant x \leqslant \beta} f(x) = \max(f(\alpha), f(\beta))$$

$$\min_{\alpha \leqslant x \leqslant \beta} f(x) = \min(f(\alpha), f(\beta))$$

1

并且,当且仅当 x 为 $[\alpha,\beta]$ 的某个端点时,$f(x)$ 取最大值或最小值.

2° 若 $a=0$,则 $f(x)\equiv$ 常数,$f(x)$ 在整个实轴上处处达到最大值和最小值.

这些结论几乎是显而易见的,无需证明,但是这些简单的事实在解题时却十分有用,一些初看似乎难以下手的数学竞赛题,利用这些结论就能迎刃而解.

例 1 设 $\triangle ABC$ 的底边 BC 固定,点 A 在线段 EF 上移动,又设点 E 和 F 在 BC 所在直线 l 的同一侧,证明:$\triangle ABC$ 面积 S 的最大值和最小值总在点 $A=E$ 或 $A=F$ 处达到.

证明 建立 xOy 平面直角坐标系,使边 BC 在 x 轴上,$B=(0,0)$,线段 EF 在上半平面,如图 1.1 所示.又设 $C=(l,0)$,$E=(x_1,y_1)$,$F=(x_2,y_2)$.那么当点 A 在 EF 上移动时,$\triangle ABC$ 的高 h 等于点 A 的纵坐标.因此

$$h=kx+m$$

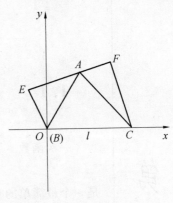

图 1.1

其中

$$k=\frac{y_2-y_1}{x_2-x_1},\quad m=\frac{y_1x_2-x_1y_2}{x_2-x_1}$$

$\triangle ABC$ 的面积 S 为

$$S=\frac{|BC|}{2}(kx+m)=\frac{l}{2}(kx+m)$$

它是关于 x 的一次函数.

因此,当且仅当 x 取值 x_1 或取值 x_2 时,S 达到最大值或最小值,此时点 A 落在点 E 或点 F 上.

利用例 1 的结果,我们容易解决下面的两个竞赛题:

例 2 求证:内接于平行四边形的三角形,其面积不可能大于这个平行四边形面积的一半.(匈牙利数学奥林匹克试题)

证明 假如内接于平行四边形的三角形的某个顶点在平行四边形的边上(不在顶点),那么由例 1 易知,我们总可以把这点移到平行四边形的某个顶点,而使三角形的面积不减小.因此,我们总可以把三角形三个顶点移到平行四边形的某三个顶点而其面积不减小.此时三角形的面积恰为平行四边形面积的一半,于是,我们证明了结论.

例 3 有大小不同的两个矩形纸片 $ABCD$ 和 $A'B'C'D'$ 固定叠合,如图 1.2 所示,其中 $AB=a$,$AD=b$,$AB'=\lambda a$,$AD'=\mu b$,设 P,Q 是小矩形纸片上任意两点,R 是大矩形纸片上任意一点,求证

2

$$S_{\triangle PQR} \leqslant \frac{1}{2} ab(\lambda + \mu - \lambda\mu)$$

（安徽省数学竞赛试题）

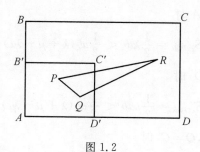

图 1.2

证明 由例 1 可知,当 $\triangle PQR$ 面积最大时,P,Q 是矩形 $AB'C'D'$ 的顶点,R 是矩形 $ABCD$ 的顶点.

① 设点 $R = A$,则

$$S_{\triangle PQR} = S_{\triangle PQA} \leqslant \frac{1}{2} S_{\text{矩形} AB'C'D'} = S_{\triangle B'C'D'}$$

而 $\triangle B'C'D'$ 只是 $\triangle B'CD'$ 的一部分,由计算易得

$$S_{\triangle B'CD'} = \frac{1}{2} ab(\lambda + \mu - \lambda\mu)$$

因此

$$S_{\triangle PQR} < \frac{1}{2} ab(\lambda + \mu - \lambda\mu)$$

② 设点 $R = D$,则不论点 P 和 Q 为 A,B',C',D' 中哪些点,$\triangle PQR$ 之面积都不会超过四边形 $DD'B'C'$ 的面积. 而

$$S_{\text{四边形} DD'B'C'} = S_{\triangle D'B'C'} + S_{\triangle D'C'D}$$
$$= S_{\triangle D'B'C'} + S_{\triangle D'C'C} < S_{\triangle B'CD'}$$

因此

$$S_{\triangle PQR} < \frac{1}{2} ab(\lambda + \mu - \lambda\mu)$$

③ 同理,当点 $R = B$ 时,也有

$$S_{\triangle PQR} < \frac{1}{2} ab(\lambda + \mu - \lambda\mu)$$

④ 设点 $R = C$,当点 $P = B',Q = D'$ 时

$$S_{\triangle PQR} = \frac{1}{2} ab(\lambda + \mu - \lambda\mu)$$

当点 $P = B',Q = C'$ 或点 $P = C',Q = D'$ 时 $\triangle PQR$ 都只是 $\triangle B'CD'$ 的一部

3

分,故
$$S_{\triangle PQR} < \frac{1}{2}ab(\lambda + \mu - \lambda\mu)$$

当点 $P = B', Q = A$ 时
$$S_{\triangle PQR} = \frac{1}{2}\lambda ab < \frac{1}{2}ab(\lambda + \mu - \lambda\mu)$$

当点 $P = A, Q = D'$ 时
$$S_{\triangle PQR} = \frac{1}{2}\mu ab < \frac{1}{2}ab(\lambda + \mu - \lambda\mu)$$

最后,当点 $P = A, Q = C'$ 时
$$S_{\triangle PQR} = \frac{1}{2}|\lambda - \mu| ab < \frac{1}{2}ab(\lambda + \mu - \lambda\mu)$$

例 4 在边长为 1 的正方形上任取没有三点共线的 101 个点,证明:存在三个点使得以这三点为顶点的三角形面积小于或等于 $\frac{1}{100}$.(莫斯科数学奥林匹克试题)

证明 把正方形等分成 50 个面积相等的矩形,根据抽屉原理,101 个点中必有三点位于同一个小矩形中,同例 2 可知,以这三点为顶点的三角形面积小于或等于小矩形面积的一半,即 $\frac{1}{100}$.

下面的例 5 也是一道国外的数学奥林匹克试题,初看很难,但如果把它当作一元一次函数的最值问题来求解,解决问题也就没那么困难了.

例 5 设实数 $x_1, x_2, \cdots, x_n (n \geqslant 2)$ 的绝对值都不超过 1.试求所有可能的两两乘积之和 S 的最小值.

解 记
$$S = S(x_1, x_2, \cdots, x_n)$$
$$= x_1 x_2 + x_1 x_3 + \cdots + x_1 x_n + x_2 x_3 + \cdots + x_2 x_n + \cdots + x_{n-1} x_n$$
固定 $x_2, x_3, \cdots, x_n$,仅让 x_1 变动,那么 S 是 x_1 的一次函数.因此
$$S \geqslant \min(S(1, x_2, \cdots, x_n), S(-1, x_2, \cdots, x_n))$$
同理
$$S(1, x_2, \cdots, x_n) \geqslant \min(S(1, 1, x_3, \cdots, x_n), S(1, -1, x_3, \cdots, x_n))$$
$$S(-1, x_2, \cdots, x_n) \geqslant \min(S(-1, 1, x_3, \cdots, x_n), S(-1, -1, x_3, \cdots, x_n))$$

依此类推,我们可以看出,S 的最小值必定被某一组取值 ± 1 的 $x_1, x_2, \cdots, x_n$ 所达到,用数学式子来表示,我们有

4

$$S \geqslant \min_{x_k = \pm 1} S(x_1, x_2, \cdots, x_n) \quad (k = 1, 2, \cdots, n)$$

当 $x_k = \pm 1 (k = 1, 2, \cdots, n)$ 时,可以把 S 化为

$$S = \frac{1}{2} \left[(x_1 + x_2 + \cdots + x_n)^2 - x_1^2 - x_2^2 - \cdots - x_n^2 \right]$$

$$= \frac{1}{2} (x_1 + x_2 + \cdots + x_n)^2 - \frac{n}{2} \tag{1}$$

那么从上式导出

$$S \geqslant -\frac{n}{2}$$

如果 n 为偶数,若取 $x_1 = x_2 = \cdots = x_{\frac{n}{2}} = 1, x_{\frac{n}{2}+1} = x_{\frac{n}{2}+2} = \cdots = x_n = -1$,那么 $S = -\frac{n}{2}$. 因此 S 的最小值为

$$S_{\min} = -\frac{1}{2} n$$

如果 n 为奇数,那么式 (1) 中 $|x_1 + x_2 + \cdots + x_n| \geqslant 1$,因此

$$S \geqslant -\frac{1}{2} (n - 1)$$

另一方面,若取 $x_1 = x_2 = \cdots = x_{\frac{n-1}{2}} = 1, x_{\frac{n-1}{2}+1} = x_{\frac{n-1}{2}+2} = \cdots = x_n = -1$,那么 $S = -\frac{1}{2}(n-1)$,因此 S 的最小值为

$$S_{\min} = -\frac{1}{2} (n - 1)$$

附注 例 5 中所采用的解题方法,我们称之为局部调整法. 它的基本思想是:在探讨有多个可变对象的问题时,先对其中少数对象进行调整,让其他对象暂时保持不变,从而化难为易,取得问题的局部解决. 经过有限次这样局部上的调整,不断缩小范围,最终将整个问题圆满解决. 局部调整法有着十分广泛的应用,特别是对于解决某些函数的最值问题极为有效,我们在后面还将经常应用这一方法.

例 6 设 $x_1, x_2, \cdots, x_n (n \geqslant 3)$ 的绝对值都不超过 1. 试求一切不同足码的 $n - 2$ 个 x_j 的乘积之和 S 的最小值.

解 与例 5 同理可知,S 的最小值对于取值 ± 1 的某组 x_j 取到. 因此,我们只需考虑 $x_j = \pm 1$ 的情形. 此时 $x_j \neq 0$,为此可把 S 写成

$$S = x_1 x_2 \cdots x_n \left(\frac{1}{x_1 x_2} + \frac{1}{x_1 x_3} + \cdots + \frac{1}{x_{n-1} x_n} \right)$$

又因 $x_j^2 = 1 (j = 1, 2, \cdots, n)$,故

$$S = x_1 x_2 \cdots x_n (x_1 x_2 + x_1 x_3 + \cdots + x_{n-1} x_n)$$

$$= \frac{1}{2} x_1 x_2 \cdots x_n [(x_1 + x_2 + \cdots + x_n)^2 - x_1^2 - x_2^2 - \cdots - x_n^2]$$

$$= \frac{1}{2} x_1 x_2 \cdots x_n [(x_1 + x_2 + \cdots + x_n)^2 - n]$$

① 设 $x_1 x_2 \cdots x_n = 1$，此时有偶数个 $x_j = -1$，我们在此前提下使 $[(x_1 + x_2 + \cdots + x_n)^2 - n]$ 尽可能地小.

(a) 若 n 为奇数，则 $\frac{n-1}{2}$ 和 $\frac{n+1}{2}$ 两数中一个为奇数，另一个为偶数，我们可取偶数个 $x_j = -1$，奇数个 $x_j = 1$，使总和的平方 $(x_1 + x_2 + \cdots + x_n)^2$ 取到最小值 1. 因此，这种情形下 S 的最小值为 $\frac{1-n}{2}$.

(b) 若 n 为偶数，$\frac{n}{2}$ 也为偶数，则可取 $\frac{n}{2}$ 个 $x_j = -1$，另外 $\frac{n}{2}$ 个 $x_j = 1$，这时 S 取到最小值 $-\frac{n}{2}$.

(c) 若 n 为偶数，$\frac{n}{2}$ 为奇数，则可取 $\frac{n}{2} - 1$ 个 $x_j = -1$，另外 $\frac{n}{2} + 1$ 个 $x_j = 1$，这时 S 取到最小值 $\frac{4-n}{2}$.

② 设 $x_1 x_2 \cdots x_n = -1$，此时有奇数个 $x_j = -1$，我们在此前提下使 $[(x_1 + x_2 + \cdots + x_n)^2 - n]$ 尽可能地小.

(a) 若 n 为奇数，则可取一切 $x_j = -1$，此时 S 取到最小值 $-\frac{n^2 - n}{2}$.

(b) 若 n 为偶数，则可取一个 $x_j = -1$，其余的 $x_j = 1$，此时 S 取到最小值 $-\frac{(n-2)^2 - n}{2} = -\frac{n^2 - 5n + 4}{2}$.

综合上面的讨论，比较 ①，② 两种情形下得到 S 的最小值可有如下结论：
若以 $S_{\min}$ 表示 S 的最小值，则

$$S_{\min} = \begin{cases} -\dfrac{n^2 - n}{2} & (n \text{ 为奇数}) \\ -2 & (n = 4) \\ -\dfrac{n^2 - 5n + 4}{2} & (n \geqslant 6, n \text{ 为偶数}) \end{cases}$$

下面两个例题都是有实际价值的线性规划问题.

线性规划是最近七八十年发展起来的一门新兴数学分支，它在生产实践中

6

有着极其广泛的应用,关于线性规划理论的一般性论述已经超出本书的范围,但是简单的模型只需要运用关于线性函数的最大、最小值知识便可解决.

例 7　用 2 000 元人民币购买单价 50 元的桌子和 20 元的椅子,要求椅子数不能少于桌子数,但不能多于桌子数的 1.5 倍,试问桌子和椅子各买多少张才能使它们的总数最多?

解　设桌子和椅子的购买数分别为 x 和 y 张,那么 x 和 y 应满足下列诸条件

$$\begin{cases} 50x + 20y \leqslant 2\ 000 \\ x \leqslant y \\ y \leqslant 1.5x \\ x \geqslant 0 \\ y \geqslant 0 \end{cases} \tag{2}$$

x 和 y 都是正整数.

在上面诸条件下,使得 $f = x + y$ 达到最大值.

我们考察由不等式组(2)中的不等式所限定的区域.由不等式组(2)中前三个不等式可以看出,满足不等式组(2)的点 (x, y) 必须在直线 $5x + 2y = 200$ 的下方,在直线 $y = 1.5x$ 的下方,在直线 $y = x$ 的上方.因此,必须落在图 1.3 所示 $\triangle ABO$ 上,其中 $A = \left(\dfrac{200}{7}, \dfrac{200}{7}\right), B = \left(25, \dfrac{75}{2}\right), O = (0, 0)$.

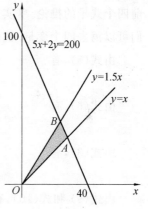

图 1.3

由不等式组(2)中第四和第五个不等式可知 (x, y) 在第一象限,由于 $\triangle ABO$ 已在第一象限,因此不必再考虑此两条件.

下面我们暂时不考虑 (x, y) 是整点的要求,作一直线 l 使它与 $\triangle ABO$ 相交.当 (x, y) 在这条直线上移动时,$f = x + y$ 必在移动范围的两端或其中之一取到最大值.因此,f 的最大值总在 $\triangle ABO$ 边界上取到(若不考虑 (x, y) 必须是整点),当点 (x, y) 在 AB, AO 和 OB 上变动时,f 的最大值必在各线段的端点处取到,也就是说只要计算三个顶点处两坐标之和,我们就可确定 $f = x + y$ 的最大值,由此容易得到,当 $x = 25, y = 37.5$ 时,f 取最大值 62.5.由于 f 是整数,故当 $x = 25, y = 37$ 时,f 取到最大值 62.这就是我们所要找的最优解.

例 8　设甲、乙两个仓库各有钢材 60 t 和 100 t 供应三个工厂 A, B, C. A 厂

需 45 t，B 厂需 75 t，C 厂需 40 t. 从甲仓库运到三个工厂的每吨运费分别为 10 元、5 元和 6 元；从乙仓库运到三个工厂的每吨运费分别为 4 元、8 元和 15 元. 试问：怎样安排运输钢材才能使总运费最省？

解 设甲仓库运给 A,B,C 三个工厂的钢材量分别为 x_1,x_2,x_3；乙仓库运给 A,B,C 三个工厂的钢材量分别为 y_1,y_2,y_3. 那么，总运费为

$$F = 10x_1 + 5x_2 + 6x_3 + 4y_1 + 8y_2 + 15y_3$$

这些变量应当满足下面的约束条件

$$
\begin{cases}
x_1 + x_2 + x_3 = 60 & (3) \\
y_1 + y_2 + y_3 = 100 & (4) \\
x_1 + y_1 = 45 & (5) \\
x_2 + y_2 = 75 & (6) \\
x_3 + y_3 = 40 & (7) \\
x_1 \geqslant 0, x_2 \geqslant 0, x_3 \geqslant 0, y_1 \geqslant 0, y_2 \geqslant 0, y_3 \geqslant 0 & (8)
\end{cases}
$$

从形式上看，上面条件中的等式共有 5 个，但其实只有 4 个. 因为式 (7) 是前四个式子的推论. 事实上，由 (3)+(4)−(5)−(6) 即可得到式 (7). 因此，我们可以消去四个变量. 我们把所有变量都用 x_1 和 x_2 表示.

由式 (5)，有

$$y_1 = 45 - x_1 \tag{9}$$

由式 (6)，有

$$y_2 = 75 - x_2 \tag{10}$$

由式 (3)，有

$$x_3 = 60 - x_1 - x_2 \tag{11}$$

由式 (9) 和式 (10)，有

$$y_1 + y_2 = 120 - (x_1 + x_2)$$

因此，由式 (4)，有

$$y_3 = 100 - (y_1 + y_2) = x_1 + x_2 - 20 \tag{12}$$

把式 (9)(10)(11)(12) 代入 F 的表达式，得

$$F = 15x_1 + 6x_2 + 840$$

由式 (8)(11)(12) 推得

$$20 - x_1 \leqslant x_2 \leqslant 60 - x_1$$

对于每个 x_1，当 x_2 取 $20 - x_1$ 时，F 最小.

因此

$$F \geqslant 15x_1 + 6(20 - x_1) + 840 = 960 + 9x_1 \geqslant 960$$

由此可见,当 $x_1 = 0, y_1 = 45, x_2 = 20, y_2 = 55, x_3 = 40, y_3 = 0$ 时,运费最省(此时 $F_{\min} = 960$ 元).

读者可以从上面的两个例子中归纳出求此类最值问题的步骤和方法.

下面的问题完全与前面类似,我们留给读者自己完成:

某厂生产 A,B 两种产品,已知生产 A 产品每吨需要用煤 7 t,用电 2 kW;生产 B 产品每吨需要用煤 3 t,用电 5 kW. A,B 两种产品每吨的产值分别是 8 万元和 11 万元. 由于该厂受到能源的限制:每天供煤至多 56 t,供电至多 45 kW,试问该厂应如何安排生产,才能使产值最大?

1.2 分段线性函数的最值问题

我们先来看下面的问题:

例 1 如图 1.4 是一个工业区的地图.一条公路(粗线)通过这个地区,七个工厂 $A_1,A_2,A_3,A_4,A_5,A_6,A_7$ 分布在公路两侧,由一些小路(细线)与公路相连,现在要在公路上设一个长途汽车站,车站到各工厂(沿公路、小路走)的距离总和越小越好.

1° 这个车站设在何处最好?

2° 证明你所作的结论.

3° 如果在 P 处又建立了一个工厂,并且沿图中虚线修了一条小路,那么这时车站又应设在什么地方最好?

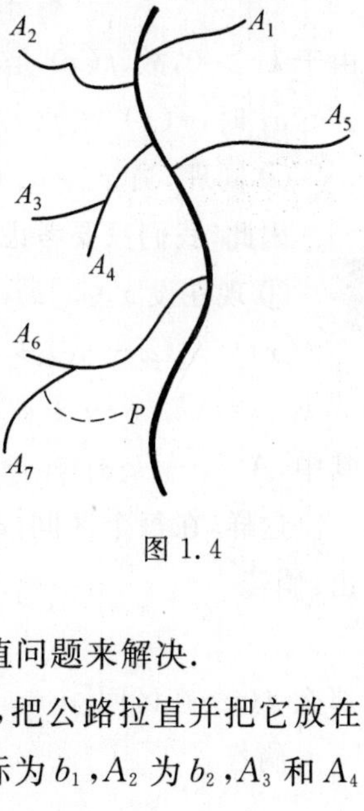

本题是 1978 年北京市数学竞赛题. 可以像当年竞赛委员会所公布的标准解答那样,通过推理来解决它.然而,这里我们将把它转化成一个分段线性函数的极值问题来解决.

图 1.4

显然,我们不妨假设这些工厂都设立在公路两旁,把公路拉直并把它放在 Ox 轴上,使 $A_1,A_2,\cdots,A_7$ 沿正方向排列,设 A_1 的坐标为 b_1,A_2 为 b_2,A_3 和 A_4 为 b_3,A_5 为 b_4,A_6 和 A_7 为 b_5(如图 1.5).

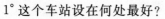

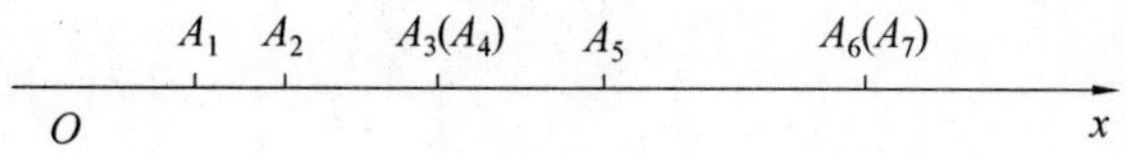

图 1.5

假设车站设在 x 处，那么总路程为

$$S(x) = |x-b_1| + |x-b_2| + 2|x-b_3| + |x-b_4| + 2|x-b_5| \quad (1)$$

假如再增加工厂 P，那么总路程便为

$$S(x) = |x-b_1| + |x-b_2| + 2|x-b_3| + |x-b_4| + 3|x-b_5| \quad (2)$$

这样，例 1 便化为求 $S(x)$ 的最小值点，这是一个分段线性函数的极值问题.

为了解决上面的问题，我们来讨论更为一般的问题.

例 2 设 $k_j (j=1,2,\cdots,n)$ 是正数，$a_1 < a_2 < \cdots < a_n$，试求函数

$$f(x) = k_1|x-a_1| + k_2|x-a_2| + \cdots + k_n|x-a_n|$$

的最小值点和最小值.

这里我们规定不允许 $a_i = a_{i+1}$ 的情形出现. 因为出现此情形时可以把它们合并为一项.

解 ① 若 $x \leqslant a_1$，则

$$\begin{aligned}
f(x) &= k_1(a_1-x) + k_2(a_2-x) + \cdots + k_n(a_n-x) \\
&= -(k_1+k_2+\cdots+k_n)x + (k_1a_1 + k_2a_2 + \cdots + k_na_n)
\end{aligned}$$

由于 $k_j > 0$，故 $f(x)$ 是严格单调递减的一次函数. 因此，$f(x) \geqslant f(a_1)$，且当 $x < a_1$ 时，$f(x) > f(a_1)$.

② 同理，当 $x > a_n$ 时，$f(x) > f(a_n)$.

因此，我们只要考虑区间 $[a_1, a_n]$.

③ 现在设 $x \in [a_s, a_{s+1}]$，$1 \leqslant s \leqslant n-1$，那么

$$\begin{aligned}
f(x) &= k_1(x-a_1) + \cdots + k_s(x-a_s) + k_{s+1}(a_{s+1}-x) + \cdots + k_n(a_n-x) \\
&= (k_1 + \cdots + k_s - k_{s+1} - \cdots - k_n)x + A_s
\end{aligned} \quad (3)$$

其中，$A_s = -(k_1a_1 + \cdots + k_sa_s) + k_{s+1}a_{s+1} + \cdots + k_na_n$ 为常数.

这样，在每个区间 $[a_s, a_{s+1}]$ 上 $f(x)$ 都是一次函数，并且由式（3）可以看出：倘若

$$k_1 + \cdots + k_s < k_{s+1} + \cdots + k_n \quad (4)$$

那么 $f(x)$ 在区间 $[a_s, a_{s+1}]$ 上是严格单调递减的；

倘若

$$k_1 + \cdots + k_s > k_{s+1} + \cdots + k_n \quad (5)$$

那么 $f(x)$ 在区间 $[a_s, a_{s+1}]$ 上是严格单调递增的；

又，倘若

$$k_1 + \cdots + k_s = k_{s+1} + \cdots + k_n \quad (6)$$

那么在 $[a_s, a_{s+1}]$ 上 $f(x) \equiv$ 常数 A_s.

由此可见,若存在 $s=s_0$ 使式(6)成立,那么,当 $s<s_0$ 时,式(4)成立;而当 $s>s_0$ 时,式(5)成立.这意味着在 $[a_1,a_{s_0}]$ 上,$f(x)$ 是严格单调递减的;而在 $[a_{s_0},a_n]$ 上,$f(x)$ 是严格单调递增的.但是,在区间 $[a_{s_0},a_{s_0+1}]$ 上,$f(x)\equiv$ 常数 A_{s_0}.因此,A_{s_0} 是 $f(x)$ 的最小值,并且,当且仅当 $x\in[a_{s_0},a_{s_0+1}]$ 时,$f(x)$ 取到最小值 A_{s_0}.

假如不存在 s 使式(6)成立,那么存在 s_0,使当 $s<s_0$ 时,式(4)成立;而当 $s\geqslant s_0$ 时,式(5)成立.这意味着在 $[a_1,a_{s_0}]$ 上,$f(x)$ 是严格单调递减的;而在 $[a_{s_0},a_n]$ 上,$f(x)$ 是严格单调递增的.这时,$f(x)$ 有唯一的极小值点 a_{s_0},$f(a_{s_0})$ 是 $f(x)$ 的最小值.

现在我们回到例 1,在只有 7 个工厂 $A_1,A_2,\cdots,A_7$ 的情形,总路程 $S(x)$ 由式(1)表示,由于系数满足

$$1+1+2>1+2,1+1<2+1+2$$

故 $S(x)$ 有唯一的最小值点 b_3,即车站应当设置在工厂 A_3 和 A_4 的共同出口处.

假如再增加工厂 P,总路程 $S(x)$ 由式(2)表示,它的系数满足

$$1+1+2=1+3$$

因此,区间 $[b_3,b_4]$ 上处处是 $S(x)$ 的最小值点,而在其他地方,$S(x)$ 都大于 $S(b_3)$,即车站应当设置在 A_3,A_4 的出口处与 A_5 的出口处之间一段公路的任何地方.

例 3 求函数

$$y=2\,|\,x-1\,|+2^2\,|\,x-2\,|+\cdots+2^{100}\,|\,x-100\,|$$

的最小值.

解 由于

$$2+2^2+\cdots+2^{99}=2^{100}-2<2^{100}$$

因此,由例 2 的结果,y 有唯一的最小值点 $x=100$.于是,y 的最小值为

$$y_{\min}=2\times99+2^2\times98+\cdots+2^{99}\times1$$
$$=2^{100}\left(\frac{1}{2}+\frac{2}{2^2}+\cdots+\frac{99}{2^{99}}\right) \tag{7}$$

记

$$g_s(r)=r+2r^2+\cdots+sr^s$$

那么

$$rg_s(r)=r^2+2r^3+\cdots+sr^{s+1}$$

从而

$$(1-r)g_s(r)=r+r^2+\cdots+r^s-sr^{s+1}=\frac{1-r^{s+1}}{1-r}-1-sr^{s+1}$$

11

即

$$g_s(r) = \frac{1 - r^{s+1}}{(1-r)^2} - \frac{1 + sr^{s+1}}{1-r}$$

因此

$$g_{99}\left(\frac{1}{2}\right) = \frac{1 - \left(\frac{1}{2}\right)^{100}}{\left(1 - \frac{1}{2}\right)^2} - \frac{1 + 99 \times \left(\frac{1}{2}\right)^{100}}{1 - \frac{1}{2}} = 2 - \frac{101}{2^{99}}$$

把它代入式(7)后可得

$$y_{\min} = 2^{101} - 202$$

本题求解完毕.

设 x 为实数,以 $\rho(x)$ 表示 x 到整数集 $\mathbf{Z}$ 的距离,则 $y = \rho(x)$ 是分段线性函数,它可表示为

$$\rho(x) = \begin{cases} x - n & \left(n \leqslant x \leqslant n + \dfrac{1}{2}\right) \\ n + 1 - x & \left(n + \dfrac{1}{2} < x \leqslant n + 1\right) \end{cases}$$

其中 $n = 0, \pm 1, \pm 2, \cdots$.

这个函数的图像如图 1.6 所示.

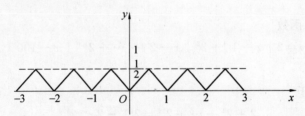

图 1.6

显然,$\rho(x)$ 的最小值为 0,一切整数都是使 $\rho(x)$ 取最小值的点;$\rho(x)$ 的最大值为 $\dfrac{1}{2}$,一切两相邻整数的中间是使 $\rho(x)$ 取得最大值的点.

设 $(x_1, x_2, \cdots, x_n)$ 为给定的一组实数,我们用 X 表示它,X 到整数集 $\mathbf{Z}$ 的距离是指

$$d(X, \mathbf{Z}) = \min_{1 \leqslant j \leqslant n} \rho(x_j)$$

例 4 设 $f(y) = y^2 + 10y + 36$,对于 $n \geqslant 2$ 和实数组

$$y_1 = -5 + x,\ y_2 = -5 + \sqrt{2}x, \cdots, y_n = -5 + \sqrt{n}x$$

我们用 X 表示数组 $\{f(y_1), f(y_2), \cdots, f(y_n)\}$,那么 $d(X, \mathbf{Z})$ 是 x 的函数,记为

12

$$d(\mathbf{X},\mathbf{Z}) = \varphi(x)$$

试求 $\varphi(x)$ 的最大值.

解 引入 $n+1$ 个函数

$$h_1(x) = f(-5+x) = x^2 + 11$$

$$h_2(x) = f(-5+\sqrt{2}\,x) = 2x^2 + 11$$

$$\vdots$$

$$h_{n+1}(x) = f(-5+\sqrt{n+1}\,x) = (n+1)x^2 + 11$$

显然,若 $x=0$,则 $h_1(0) = h_2(0) = \cdots = h_{n+1}(0)$.因此 $\varphi(x) = 0$.

现设 $x \neq 0$,我们利用第 2 章第 1 节例 7 的方法可以证明(具体过程请读者参照第 2 章第 1 节例 7 自己完成):

存在 $n+1$ 个数 $v_1, v_2, \cdots, v_{n+1}$,使得:

① $h_j(x) - v_j \in \mathbf{Z}(j=1,2,\cdots,n+1)$;

② $v_1, v_2, \cdots, v_{n+1}$ 分布在长为 $\dfrac{n}{n+1}$ 的区间 $[\alpha,\beta]$ 上.

把区间 $[\alpha,\beta]$ n 等分,那么至少有两点,不妨设它们是 v_{j_1} 和 v_{j_2},落在同一小区间上.设 $j_1 > j_2$,则 $1 \leqslant j_1 - j_2 \leqslant n$,并且 $h_{j_1}(x) - h_{j_2}(x) = v_{j_1} - v_{j_2} +$ 整数.

由于

$$h_{j_1}(x) - h_{j_2}(x) = (j_1 - j_2)x^2 = h_{j_1-j_2}(x) + 整数$$

因此

$$h_{j_1-j_2}(x) = v_{j_1} - v_{j_2} + 整数$$

注意到 $|v_{j_1} - v_{j_2}| \leqslant \dfrac{1}{n+1}$,故 $h_{j_1-j_2}(x)$ 与整数集 $\mathbf{Z}$ 的距离 $\rho(h_{j_1-j_2}(x)) \leqslant$

$\dfrac{1}{n+1}$.这就证明了

$$\varphi(x) \leqslant \frac{1}{n+1} \tag{8}$$

另一方面,由于

$$h_j\left(\frac{1}{\sqrt{n+1}}\right) = \frac{j}{n+1} + 11 \quad (j=1,2,\cdots,n)$$

因此,数组

$$\left\{\rho\left(h_1\left(\frac{1}{\sqrt{n+1}}\right)\right), \rho\left(h_2\left(\frac{1}{\sqrt{n+1}}\right)\right), \cdots, \rho\left(h_n\left(\frac{1}{\sqrt{n+1}}\right)\right)\right\}$$

与整数集 $\mathbf{Z}$ 的最短距离为 $\dfrac{1}{n+1}$.于是我们又证明了当 $x = \dfrac{1}{\sqrt{n+1}}$ 时,式(8)中

等号成立.

因此，函数 $\varphi(x)$ 的最大值为

$$\varphi_{\max}(x) = \varphi\left(\frac{1}{\sqrt{n+1}}\right) = \frac{1}{n+1}$$

从分析解题过程学解题
——竞赛中的不等式问题

二次函数的最大值与最小值

2.1 二次函数和抛物线不等式

考察二次函数

$$y = ax^2 + bx + c \quad (a \neq 0)$$

为了方便起见,记 $f(x) = ax^2 + bx + c$,对它进行配平方可以得到

$$f(x) = a\left(x + \frac{b}{2a}\right)^2 + \frac{4ac - b^2}{4a}$$

由上式我们容易得到以下结论:

1° 若 $a > 0$,则当 $x \leqslant -\dfrac{b}{2a}$ 时,y 是单调递减的;当 $x \geqslant -\dfrac{b}{2a}$ 时,y 是单调递增的. 因此,$y = f(x)$ 在全实轴上没有最大值,只有 $x = -\dfrac{b}{2a}$ 是 y 在全实轴上取到最小值的点,其最小值为

$$y_{\min} = f\left(-\frac{b}{2a}\right) = \frac{4ac - b^2}{4a}$$

从而有

$$f(x) \geqslant \frac{4ac - b^2}{4a} \tag{1}$$

2° 若 $a < 0$,则当 $x \leqslant -\dfrac{b}{2a}$ 时,y 是单调递增的;当 $x \geqslant -\dfrac{b}{2a}$ 时,y 是单调递减的. 因此,$y = f(x)$ 在全实轴上没有最小值,只有 $x = -\dfrac{b}{2a}$ 是 y 在全实轴上取到最大值的点,其最大值为

15

$$y_{\max} = f\left(-\frac{b}{2a}\right) = \frac{4ac - b^2}{4a}$$

从而有

$$f(x) \leqslant \frac{4ac - b^2}{4a} \tag{2}$$

上面的讨论是就全实轴而言的,如果考虑实轴上的有限区间 $[\alpha, \beta]$,那么 y 总有最大值和最小值. 显然,利用二次函数的性质我们可以得到以下结论:

1° 若 $a > 0$,则 y 在 $[\alpha, \beta]$ 上的最大值总在区间 $[\alpha, \beta]$ 的端点处达到,也就是说,有

$$y_{\max} = \max_{\alpha \leqslant x \leqslant \beta} f(x) = \max(f(\alpha), f(\beta))$$

从而有

$$f(x) \leqslant \max(f(\alpha), f(\beta)) \tag{3}$$

2° 若 $a > 0$,则 y 在 $[\alpha, \beta]$ 上的最小值可以这样确定:

(a) 若 $-\dfrac{b}{2a} \in [\alpha, \beta]$,则 y 的最小值为

$$y_{\min} = \min_{\alpha \leqslant x \leqslant \beta} f(x) = f\left(-\frac{b}{2a}\right) = \frac{4ac - b^2}{4a}$$

从而有

$$f(x) \geqslant \frac{4ac - b^2}{4a} \tag{4}$$

(b) 若 $-\dfrac{b}{2a} \notin [\alpha, \beta]$,则 y 的最小值在区间 $[\alpha, \beta]$ 的端点处达到,也即有

$$y_{\min} = \min_{\alpha \leqslant x \leqslant \beta} f(x) = \min(f(\alpha), f(\beta))$$

从而有

$$f(x) \geqslant \min(f(\alpha), f(\beta)) \tag{5}$$

3° 若 $a < 0$,则 y 在 $[\alpha, \beta]$ 上的最小值总在区间的端点处达到,也就是说,有

$$y_{\min} = \min_{\alpha \leqslant x \leqslant \beta} f(x) = \min(f(\alpha), f(\beta))$$

从而有

$$f(x) \geqslant \min(f(\alpha), f(\beta)) \tag{6}$$

4° 若 $a < 0$,则 y 在 $[\alpha, \beta]$ 上的最大值可以这样确定:

(a) 若 $-\dfrac{b}{2a} \in [\alpha, \beta]$,则 y 的最大值为

$$y_{\max} = \max_{\alpha \leqslant x \leqslant \beta} f(x) = f\left(-\frac{b}{2a}\right) = \frac{4ac - b^2}{4a}$$

从而有

16

$$f(x) \leqslant \frac{4ac - b^2}{4a} \tag{7}$$

(b) 若 $-\frac{b}{2a} \notin [\alpha, \beta]$，则 y 的最大值在区间 $[\alpha, \beta]$ 的端点处达到，也即有

$$y_{\max} = \max_{\alpha \leqslant x \leqslant \beta} f(x) = \max(f(\alpha), f(\beta))$$

从而有

$$f(x) \leqslant \max(f(\alpha), f(\beta)) \tag{8}$$

由不等式 (3)(4)(5)(6)(7)(8) 我们可以得到：

当 $a > 0$ 时，在有限区间 $[\alpha, \beta]$ 上成立

$$\frac{4ac - b^2}{4a} \leqslant f(x) \leqslant \max(f(\alpha), f(\beta)) \tag{9}$$

当 $a < 0$ 时，在有限区间 $[\alpha, \beta]$ 上成立

$$\min(f(\alpha), f(\beta)) \leqslant f(x) \leqslant \frac{4ac - b^2}{4a} \tag{10}$$

我们把上面这些不等式称为抛物线不等式. 它们是解决有关二次函数的极值和不等式问题的有力工具.

例 1 设有建筑材料可筑成一道长为 l 的围墙. 现在要用这些材料在房屋旁边依墙围一矩形场地，问怎样围所得面积最大？

解 假设与房屋邻接的两边长为 x（如图 2.1），那么所围面积为

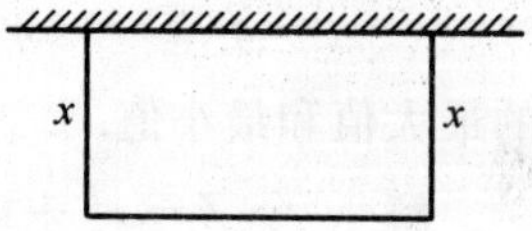

$$S = x(l - 2x)$$

即

$$S = -2x^2 + lx \quad \left(0 < x < \frac{l}{2}\right)$$

图 2.1

所以当且仅当 $x = \frac{l}{4}$ 时，S 取到最大值 $S_{\max} = \frac{1}{8}l^2$.

例 2 设 $x \in [0, 1]$，$f(x) = x^2 - ax + \frac{a}{2}(a \geqslant 0)$，令 $F(a) = \min_{0 \leqslant x \leqslant 1} f(x)$，试求 $F(a)$ 的最大值.

解 由于

$$f(x) = x^2 - ax + \frac{a}{2} = \left(x - \frac{a}{2}\right)^2 + \frac{a}{2} - \frac{a^2}{4}$$

于是，若 $\frac{a}{2} \in [0, 1]$，即 $0 \leqslant a \leqslant 2$，则

$$\min_{0 \leqslant x \leqslant 1} f(x) = \frac{a}{2} - \frac{a^2}{4}$$

若 $\dfrac{a}{2} \notin [0,1]$，即 $a > 2$，则

$$\min_{0 \leqslant x \leqslant 1} f(x) = \min(f(0), f(1)) = \min\left(\dfrac{a}{2}, 1 - \dfrac{a}{2}\right) = 1 - \dfrac{a}{2}$$

所以

$$F(a) = \begin{cases} \dfrac{a}{2} - \dfrac{a^2}{4} & (0 \leqslant a \leqslant 2) \\[3mm] 1 - \dfrac{a}{2} & (a > 2) \end{cases}$$

显然，若 $a > 2$，则 $F(a) < 0$；

若 $0 \leqslant a \leqslant 2$，则

$$F(a) = \dfrac{a}{2} - \dfrac{a^2}{4} = -\dfrac{1}{4}(a-1)^2 + \dfrac{1}{4}$$

所以

$$\max_{0 \leqslant a \leqslant 2} F(a) = F(1) = \dfrac{1}{4}$$

综上可知，当 $a = 1$ 时，$F(a)$ 达到最大值 $\dfrac{1}{4}$.

例3 设 x 为实数，试求函数

$$f(x) = (x^2 + 4x + 5)(x^2 + 4x + 2) + 2x^2 + 8x + 1$$

的最大值和最小值.

解 令 $Z = x^2 + 4x$，则

$$f(x) = (Z + 5)(Z + 2) + 2Z + 1 = F(Z)$$

即

$$F(Z) = Z^2 + 9Z + 11 = \left(Z + \dfrac{9}{2}\right)^2 - \dfrac{37}{4}$$

由于 $Z = x^2 + 4x = (x + 2)^2 - 4 \geqslant -4$，故

$$\min_{Z \geqslant -4} F(Z) = F(-4) = -9$$

此时 $x = -2$，即当 $x = -2$ 时，$f(x)$ 有最小值 -9.

显然，$f(x)$ 没有最大值.

例4 设 $x > 0, y > 0, x + y = a$ 为定值，求

$$Z = \left(1 + \dfrac{1}{x}\right)\left(1 + \dfrac{1}{y}\right)$$

的最小值.

解 由展开式易得

18

$$Z = 1 + \frac{1+a}{xy} = 1 + \frac{1+a}{x(a-x)}$$

由于

$$x(a-x) = -x^2 + ax = -\left(x - \frac{a}{2}\right)^2 + \frac{a^2}{4}$$

故当且仅当 $x = \frac{a}{2}$ 时，$x(a-x)$ 取最大值 $\frac{a^2}{4}$，从而 Z 取最小值 $\left(1 + \frac{2}{a}\right)^2$.

例 5　在底边为 a，两腰之和为 l 的三角形中找出面积最大的三角形.

解　不妨设 $\triangle ABC$ 中 $|BC| = a$（定值），$|AB| = x$，$|AC| = l - x$，作高 AH（如图 2.2 所示），记 $h = |AH|$，$y = |BH|$，则

$$h^2 = x^2 - y^2 = (l-x)^2 - (a-y)^2$$

由后一等式得

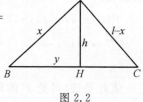

图 2.2

$$y = \frac{l}{a}x - \frac{l^2 - a^2}{2a}$$

把它代入 $h^2 = x^2 - y^2$ 得

$$h^2 = \frac{l^2 - a^2}{a^2}\left[\frac{a^2}{4} - \left(x - \frac{l}{2}\right)^2\right]$$

由此可见，当且仅当 $x = \frac{l}{2}$ 时，高 h 取到最大值

$$h_{\max} = \frac{\sqrt{l^2 - a^2}}{2}$$

由于高 h 最大时，面积也最大，因此，当且仅当 $x = \frac{l}{2}$ 时，即 $|AB| = |AC|$ 时，$\triangle ABC$ 的面积最大

$$S_{\max} = \frac{1}{2}ah_{\max} = \frac{a\sqrt{l^2 - a^2}}{4}$$

例 6　设 x_1, x_2, x_3, x_4, x_5 分布在长为 l 的区间上，试求

$$P = \sum_{1 \leqslant i < j \leqslant 5}(x_i - x_j)^2$$

的最大值.

先解释一下这里的记号 $\displaystyle\sum_{1 \leqslant i < j \leqslant 5}$，它表示对所有可能的 $(x_i - x_j)^2$ 作和，但在编排时应该 $i < j$ 且 i, j 在 1 到 5 之间取值. 因此，把 P 具体写出来就是

$$P = (x_1 - x_2)^2 + (x_1 - x_3)^2 + (x_1 - x_4)^2 + (x_1 - x_5)^2 + (x_2 - x_3)^2 +$$
$$(x_2 - x_4)^2 + (x_2 - x_5)^2 + (x_3 - x_4)^2 + (x_3 - x_5)^2 + (x_4 - x_5)^2$$

现在来求 P 的最大值.

解 不妨设 x_1, x_2, x_3, x_4, x_5 在区间 $[a, b]$ 上取值,其中 $b = a + l$,记

$$P = P(x_1, x_2, x_3, x_4, x_5)$$

容易看出,将 P 按 x_1 展开得到一个关于 x_1 的二次多项式,但这个多项式中 x_1^2 项的系数为 $4 > 0$.因此,当我们暂时固定其他变量而仅让 x_1 变动时,P 的最大值应在区间两端 $x_1 = a$ 或 $x_1 = b$ 处达到,这表明有

$$P \leqslant \max(P(a, x_2, x_3, x_4, x_5), P(b, x_2, x_3, x_4, x_5))$$

同理,有

$$P(a, x_2, x_3, x_4, x_5) \leqslant \max(P(a, a, x_3, x_4, x_5), P(a, b, x_3, x_4, x_5))$$
$$P(b, x_2, x_3, x_4, x_5) \leqslant \max(P(b, a, x_3, x_4, x_5), P(b, b, x_3, x_4, x_5))$$

$$\vdots$$

依此类推,可见 P 的最大值必定在所有 x_j 都取区间 $[a, b]$ 端点值时达到.当 x_j 都取值 a 或 b 时,P 只有下列三种可能值:

① 五点同在一个端点,即一切 x_j 等于 a 或等于 b,显然 $P = 0$.

② 一点取在一端,另四点取另一端,即四个 $x_j = a$,另一个 $x_j = b$;或四个 $x_j = b$,另一个 $x_j = a$.此时 $P = 4l^2$.

③ 两点取在一端,另三点取在另一端,这时 $P = 6l^2$.

因此,当且仅当两点取在区间 $[a, b]$ 的一端,余下的三点取在另一端时,P 达到最大值 $6l^2$.

在本题的论证过程中,我们应用了局部调整的思想和方法.

例 7 设 u_1, u_2, u_3, u_4, u_5 为给定的五个实数,证明:必存在五个实数 v_1, v_2, v_3, v_4, v_5,使得:

(1)$u_j - v_j \in \mathbf{N}$(自然数集),$j = 1, 2, 3, 4, 5$;

(2)$P = \sum_{1 \leqslant i < j \leqslant 5} (v_i - v_j)^2 < 4$.

证明 以 $[x]$ 表示不超过 x 的最大整数(通常称 $[x]$ 为 x 的整数部分),对于每个 u_j 记 $k_j = [u_j]$,$w_j = u_j - k_j (j = 1, 2, 3, 4, 5)$,那么五个数 w_j 都密集在长度为 1 的区间 $[0, 1)$ 上,并且与 u_j 相差一个整数.

下面,我们在与 u_j 相差整数的前提下,进一步提高 w_j 的密集程度,为此选取整组 $w_1', w_2', w_3', w_4', w_5'$ 如下:

1° 若 w_1, w_2, w_3, w_4, w_5 分布在长度为 $\dfrac{4}{5}$ 的区间上,那么取 $w_j' = w_j (j = 1, 2, 3, 4, 5)$.

20

$2°$ 若 w_1, w_2, w_3, w_4, w_5 分布在长度大于 $\frac{4}{5}$ 的区间上,记 $\alpha = \min(w_1, w_2, w_3, w_4, w_5)$, $\beta = \max(w_1, w_2, w_3, w_4, w_5)$,那么 $\beta - \alpha > \frac{4}{5}$, w_1, w_2, w_3, w_4, w_5 五点把区间 $[\alpha, \beta]$ 分成四个小区间,其中至少有一个小区间,例如 $[w_l, w_k]$ 长度大于 $\frac{1}{5}$. 当 $w_j \geqslant w_k$ 时,取 $w'_j = w_j - 1$;当 $w_j \leqslant w_k$ 时,取 $w'_j = w_j$(也即把所有 w_k 右边的 w_j 和 w_k 本身向左移动距离 1,所有 w_l 左边的 w_j 和 w_l 本身保持不变,得到新的五点记作 w'_j).

显然, $w'_1, w'_2, w'_3, w'_4, w'_5$ 分布在长度不超过 $\frac{4}{5}$ 的区间 $[w_k - 1, w_l]$ 上.

综上可知,我们可选取一组实数 $w'_1, w'_2, w'_3, w'_4, w'_5$,使得:

(1)' $u_j - w'_j \in \mathbf{Z}$(整数集), $j = 1, 2, 3, 4, 5$;

(2)' w'_j 分布在长度不超过 $\frac{4}{5}$ 的区间上.

由例 6

$$\sum_{1 \leqslant i < j \leqslant 5} (w'_i - w'_j)^2 \leqslant 6 \cdot \left(\frac{4}{5}\right)^2 = \frac{96}{25} < 4$$

取充分大的自然数 M,使

$$u_j - w'_j + M \in \mathbf{Z} \quad (j = 1, 2, 3, 4, 5)$$

(例如,可取 $M = |u_1 - w'_1| + |u_2 - w'_2| + |u_3 - w'_3| + |u_4 - w'_4| + |u_5 - w'_5| + 1$)令 $v_j = w'_j - M (j = 1, 2, 3, 4, 5)$,则 v_1, v_2, v_3, v_4, v_5 满足条件(1)和(2).

本题到此证毕.

例 8 (1)设三个正数 a, b, c 满足

$$(a^2 + b^2 + c^2)^2 > 2(a^4 + b^4 + c^4)$$

求证: a, b, c 一定是某个三角形的三条边长.

(2)设 n 个正实数 $a_1, a_2, \cdots, a_n$ 满足

$$(a_1^2 + a_2^2 + \cdots + a_n^2)^2 > (n-1)(a_1^4 + a_2^4 + \cdots + a_n^4)$$

其中 $n \geqslant 3$.

证明:这些数中的任何三个一定是某个三角形的三条边长.

证明 (1)由于 a, b, c 是正数,故它们是三角形的三条边长当且仅当

$$(a + b - c)(b + c - a)(c + a - b) > 0$$

展开运算可知,这个条件等价于

$$a^2 b + a b^2 + b^2 c + b c^2 + a^2 c + a c^2 > a^3 + b^3 + c^3 + 2abc$$

两边同乘以 $a+b+c$,我们不难把上面的不等式等价转化为

$$(a^2+b^2+c^2)^2 > 2(a^4+b^4+c^4)$$

（2）对 n 用归纳法：

$n=3$ 时,即为（1）中结论.

假设命题对于 $n \geqslant 3$ 成立,我们证明命题对于 $n+1$ 也成立. 设 $n+1$ 个正数 $a_1,a_2,\cdots,a_{n+1}$ 满足

$$(a_1^2+a_2^2+\cdots+a_{n+1}^2)^2 > n(a_1^4+a_2^4+\cdots+a_{n+1}^4) \tag{11}$$

下面我们证明

$$\Big(\sum_{\substack{i=1\\i \neq j}}^{n+1} a_i^2\Big)^2 > n\sum_{\substack{i=1\\i \neq j}}^{n+1} a_i^4$$

其中 j 是 1 到 $n+1$ 中任意确定的自然数.

不失一般性,我们仅考虑 $j=n+1$ 的情形.

记

$$A_k = a_1^2+a_2^2+\cdots+a_k^2$$
$$B_k = a_1^4+a_2^4+\cdots+a_k^4$$

则式（11）变为

$$A_{n+1}^2 > nB_{n+1}$$

又

$$A_n^2 = (A_{n+1}-a_{n+1}^2)^2 = A_{n+1}^2 - 2A_{n+1}a_{n+1}^2 + a_{n+1}^4$$

所以

$$A_n^2 > nB_{n+1} - 2A_{n+1}a_{n+1}^2 + a_{n+1}^4$$
$$= n(B_n + a_{n+1}^4) - 2(A_n + a_{n+1}^2)a_{n+1}^2 + a_{n+1}^4$$
$$= nB_n + (n-1)a_{n+1}^4 - 2A_n a_{n+1}^2$$

对于二次函数

$$f(x) = (n-1)x^2 - 2A_n x + nB_n$$

由于 $n-1 > 0$,故

$$f(x) \geqslant f\Big(-\frac{b}{2a}\Big) = nB_n - \frac{A_n^2}{n-1}$$

所以

$$A_n^2 > nB_n - \frac{A_n^2}{n-1}$$

即

$$A_n^2 > (n-1)B_n$$

也就是

$$\left(\sum_{i=1}^{n} a_i^2\right)^2 > (n-1) \sum_{i=1}^{n} a_i^4$$

同理可以证明 j 取其他值时的情形.

这样,根据归纳假设便可推知 $a_1, a_2, \cdots, a_{n+1}$ 中任意三数 a_i, a_j, a_k 都是三角形的三边长,即命题对于 $n+1$ 成立.

于是,原命题对于任意的自然数 $n(n \geqslant 3)$ 成立.

2.2　配方法和判别式法

上一节的开头,我们用配方法得到了二次函数的最值公式. 配方法作为数学解题中的重要方法和手段,它在涉及二次函数的最值问题中,也是非常有用的.

例 1　求 $Z = 4x^2 + 4xy + 4y^2 - 4x - 14y + 18$ 的最小值.

解　$Z = 4x^2 + 4(y-1)x + (y-1)^2 - (y-1)^2 + 4y^2 - 14y + 18$
$= (2x + y - 1)^2 + 3y^2 - 12y + 17$
$= (2x + y - 1)^2 + 3(y-2)^2 + 5 \geqslant 5$

故当 $2x + y - 1 = 0$ 且 $y - 2 = 0$,即 $x = -\dfrac{1}{2}, y = 2$ 时,Z 有最小值 5.

例 2　求抛物线 $y = x^2$ 到直线 $l: x - y - 2 = 0$ 之间的最短距离.

解　设 M 为 $y = x^2$ 上任意一点,则其坐标为 (x, x^2). 再设点 M 到直线 l 的距离为 d,则由点到直线的距离公式可得

$$d = \frac{1}{\sqrt{2}} |x - x^2 - 2|$$
$$= \frac{1}{\sqrt{2}} \left| -\left(x - \frac{1}{2}\right)^2 - \frac{7}{4} \right|$$
$$= \frac{1}{\sqrt{2}} \left| \left(x - \frac{1}{2}\right)^2 + \frac{7}{4} \right|$$
$$\geqslant \frac{1}{\sqrt{2}} \times \frac{7}{4} = \frac{7\sqrt{2}}{8}$$

上式等号当且仅当 $x = \dfrac{1}{2}$ 时成立.

因此,抛物线 $y = x^2$ 到直线 $l: x - y - 2 = 0$ 的最短距离为

$$d_{\min} = \frac{7\sqrt{2}}{8}$$

例 3 试求函数 $f(x,y) = x^2 + xy + y^2$ 在区域 $|x| + |y| \leqslant 1$ 中的最大值和最小值.

解 由 $|x| + |y| \leqslant 1$,有

$$|x| \leqslant 1 - |y| \leqslant 1 + |y|$$
$$|y| \leqslant 1 - |x| \leqslant 1 + |x|$$

因此

$$-1 \leqslant |x| - |y| \leqslant 1$$

从而

$$
\begin{aligned}
f(x,y) &= x^2 + xy + y^2 \\
&\leqslant x^2 + |xy| + y^2 \\
&= \frac{1}{4}(|x| - |y|)^2 + \frac{3}{4}(|x| + |y|)^2 \\
&\leqslant \frac{1}{4} + \frac{3}{4} = 1
\end{aligned}
$$

又当 $x=0, y=1$ 或 $x=1, y=0$ 时上式等号成立.

所以 $f_{\max}(x,y) = f(0,1) = f(1,0) = 1$.

另一方面

$$f(x,y) = \left(x + \frac{y}{2}\right)^2 + \frac{3}{4}y^2 \geqslant 0$$

显然,当 $x = y = 0$ 时,有 $f(x,y) = 0$.

所以 $f_{\min}(x,y) = f(0,0) = 0$.

例 4 设 z 为复数,且 $|z| = 1$,$f(z) = |z^2 - z + 2|$,试求 $f(z)$ 的最大值.

解 由于 $|z| = 1$,故可令

$$z = \cos\theta + \mathrm{i}\sin\theta \quad (0 \leqslant \theta < 2\pi)$$

于是

$$
\begin{aligned}
f(z) &= |z^2 - z + 2| \\
&= |\cos 2\theta + \mathrm{i}\sin 2\theta - \cos\theta - \mathrm{i}\sin\theta + 2| \\
&= |\cos 2\theta - \cos\theta + 2 + (\sin 2\theta - \sin\theta)\mathrm{i}| \\
&\leqslant \sqrt{(\cos 2\theta - \cos\theta + 2)^2 + (\sin 2\theta - \sin\theta)^2} \\
&= \sqrt{8\cos^2\theta - 6\cos\theta + 2} \\
&= \sqrt{8\left(\cos\theta - \frac{3}{8}\right)^2 + \frac{7}{8}}
\end{aligned}
$$

所以当 $\cos\theta=-1$，即 $z=-1$ 时，$f_{\max}(z)=4$.

例 5 设 $f(x)=\cos^2 x+2a\sin x+b$，已知 $f(x)$ 的最大值为 10，最小值为 7，试求 a,b 的值.

解 $\quad f(x)=1-\sin^2 x+2a\sin x+b$

$$=-(\sin x-a)^2+a^2+b+1$$

令 $\sin x=t$，则 $-1\leqslant t\leqslant 1$，上式成为

$$f(t)=-(t-a)^2+a^2+b+1$$

由二次抛物线极值可知，$f(t)$ 取得最值的 t 与 a 有关. 为此，我们分三种情形讨论：

① 若 $a>1$，此时 $f(t)$ 在 $[-1,1]$ 上单调递增，从而

$$f_{\max}(t)=f(1),f_{\min}(t)=f(-1)$$

即

$$\begin{cases}2a+b=10\\-2a+b=7\end{cases}$$

解之，$a=\dfrac{3}{4}$，$b=\dfrac{17}{2}$. 这与 $a>1$ 矛盾，即 $a>1$ 不可能.

② 若 $a<-1$，此时 $f(t)$ 在 $[-1,1]$ 上单调递减，从而

$$f_{\max}(t)=f(-1),f_{\min}(t)=f(1)$$

即

$$\begin{cases}-2a+b=10\\2a+b=7\end{cases}$$

解之，$a=-\dfrac{3}{4}$，$b=\dfrac{17}{2}$. 这与 $a<-1$ 矛盾，即 $a<-1$ 也不可能.

③ 若 $-1\leqslant a\leqslant 1$，此时 $f(t)$ 的最大值必在 $t=a$ 处达到，即

$$f_{\max}(t)=f(a)=a^2+b+1$$

而 $f(t)$ 的最小值，则可能在 $t=-1$ 或 $t=1$ 处达到.

若 $f_{\min}(t)=f(-1)=-2a+b$，解方程组

$$\begin{cases}a^2+b+1=10 & \qquad(1)\\-2a+b=7 & \qquad(2)\end{cases}$$

由式(2)，得 $b=7+2a$，代入式(1)并整理，得

$$a^2+2a-2=0$$

解之，$a=-1\pm\sqrt{3}$. 由于 $|a|\leqslant 1$，故 $a=-1+\sqrt{3}$（舍去 $-1-\sqrt{3}$），此时 $b=5+2\sqrt{3}$.

25

若 $f_{\min}=f(1)=2a+b$, 仿上同理可解得

$$a=1-\sqrt{3}, b=5+2\sqrt{3}$$

由上述讨论可知, a,b 的值有两组

$$\begin{cases} a=-1+\sqrt{3} \\ b=5+2\sqrt{3} \end{cases}, \begin{cases} a=1-\sqrt{3} \\ b=5+2\sqrt{3} \end{cases}$$

大家知道, 实系数一元二次方程

$$ax^2+bx+c=0 \quad (a\neq 0)$$

当且仅当 $\Delta=b^2-4ac\geqslant 0$ 时, 才有实根. 应用这一原理, 并当能取到等号时, 我们也可以求出二次函数的最值.

事实上, 对 $y=ax^2+bx+c(a\neq 0)$, 我们把 y 看作参数, 将之变形为关于 x 的一元二次方程

$$ax^2+bx+c-y=0$$

由于 x 为实数, 故

$$\Delta=b^2-4a(c-y)\geqslant 0$$

即

$$4ay\geqslant 4ac-b^2$$

故当 $a>0$ 时

$$y\geqslant \frac{4ac-b^2}{4a}$$

当 $a<0$ 时

$$y\leqslant \frac{4ac-b^2}{4a}$$

容易验证, 当 $x=-\dfrac{b}{2a}$ 时, $y=\dfrac{4ac-b^2}{4a}$. 因此:

当 $a>0$ 时, $y_{\min}=\dfrac{4ac-b^2}{4a}$;

当 $a<0$ 时, $y_{\max}=\dfrac{4ac-b^2}{4a}$.

显然, 这与上一节所得的结论是一致的.

我们把这种应用一元二次方程根的判别式来求解函数极值的方法称为判别式法. 判别式法不仅可以用来解决二次函数的极值问题, 还可以求解某些特殊形式的函数之最值问题(如果经过适当的代数变形, 目标函数 y 也即要求极值的函数能出现在某个有实根的一元二次方程的系数中, 那么就可以利用不等式 $\Delta\geqslant 0$ 来求解 y 的极值).

26

例 6 求函数 $f(x) = \dfrac{\sec^2 x - \tan x}{\sec^2 x + \tan x}$ 的最值.

解 令 $y = f(x)$，将原式变形为

$$(y-1)\tan^2 x + (y+1)\tan x + y - 1 = 0$$

若 $y = 1$，则由上式得 $\tan x = 0$，即 $x = n\pi (n \in \mathbf{Z})$;

若 $y \neq 1$，则由上式是一个关于 $\tan x$ 的一元二次方程，由于 $\tan x$ 是实数，故

$$\Delta = (y+1)^2 - 4(y-1)^2 \geqslant 0$$

即

$$3y^2 - 10y + 3 \leqslant 0$$

解之，$\dfrac{1}{3} \leqslant y \leqslant 3$（注意，这里 $y \neq 1$）.

若 $y = \dfrac{1}{3}$，则 $-\dfrac{2}{3}\tan^2 x + \dfrac{4}{3}\tan x - \dfrac{2}{3} = 0$，即

$$\tan^2 x - 2\tan x + 1 = 0$$

解之，$x = n\pi + \dfrac{\pi}{4}(n \in \mathbf{Z})$，故 $f_{\min}(x) = f\left(n\pi + \dfrac{\pi}{4}\right) = \dfrac{1}{3}$.

若 $y = 3$，则 $2\tan^2 x + 4\tan x + 2 = 0$，即

$$\tan^2 x + 2\tan x + 1 = 0$$

解之，$x = n\pi - \dfrac{\pi}{4}(n \in \mathbf{Z})$，故 $f_{\max}(x) = f\left(n\pi - \dfrac{\pi}{4}\right) = 3$.

例 7 已知直线 $l: y = 4x$ 和点 $P(6,4)$，在直线 l 上求一点 Q，使过 PQ 的直线与直线 l，以及 x 轴在第一象限内围成的三角形面积最小.

解 如图 2.3 所示，设 Q 点坐标为 (x_1, y_1)，则 $y_1 = 4x_1$，这样直线 PQ 的方程为

$$\frac{y-4}{4x_1-4} = \frac{x-6}{x_1-6}$$

又设直线 PQ 交 x 轴于 $M(x_2, 0)$，则

$$\frac{0-4}{4x_1-4} = \frac{x_2-6}{x_1-6}$$

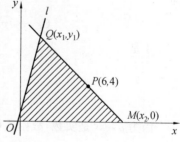

图 2.3

所以 $x_2 = \dfrac{5x_1}{x_1-1}$，即点 M 的坐标为 $\left(\dfrac{5x_1}{x_1-1}, 0\right)$.

我们的问题是要求 $\triangle OMQ$ 的面积 S 之最小值.

由于

$$S = \frac{1}{2} y_1 \cdot x_2 = \frac{1}{2} \cdot 4x_1 \cdot \frac{5x_1}{x_1 - 1}$$

即

$$S = \frac{10x_1^2}{x_1 - 1}$$

从而得到

$$10x_1^2 - Sx_1 + S = 0 \tag{3}$$

由于 x_1 是实数,故

$$S^2 - 40S \geqslant 0$$

即 $S(S - 40) \geqslant 0$.

注意到 $S > 0$,故有 $S - 40 \geqslant 0$,即 $S \geqslant 40$.将之代入式(3) 可得

$$x_1^2 - 4x_1 + 4 = 0$$

所以 $x_1 = 2$.

这就是说,当 $x_1 = 2$ 时,S 达到最小值.而由 $y_1 = 4x_1$ 得 $y_1 = 8$,故所求点 Q 的坐标为 $(2,8)$.

例8 设 u, v 是正实数,$i = \sqrt{-1}$.试问:在所有使方程

$$x^2 + (\sqrt{v} + ui)x + 1 + \sqrt{v}i = 0$$

至少有一个实数解的正实数对 (u, v) 中,何时 $u + v$ 最小?

解 设 α 为方程的实数解,则

$$\alpha^2 + (\sqrt{v} + ui)\alpha + 1 + \sqrt{v}i = 0$$

即

$$(\alpha^2 + \sqrt{v}\alpha + 1) + i(\alpha u + \sqrt{v}) = 0$$

于是

$$\begin{cases} \alpha^2 + \sqrt{v}\alpha + 1 = 0 & (4) \\ \alpha u + \sqrt{v} = 0 & (5) \end{cases}$$

因为 $\alpha, \sqrt{v}$ 是实数,故由式(4) 得

$$\Delta_1 = (\sqrt{v})^2 - 4 \geqslant 0$$

即 $v \geqslant 4$.

又由式(5) 得 $\alpha = -\frac{\sqrt{v}}{u}$,将之代入式(4),得

$$v - uv + u^2 = 0 \tag{6}$$

28

令 $t=u+v$，则 $v=t-u$，将之代入式(6)，得

$$2u^2-(1+t)u+t=0 \qquad (7)$$

由于 u,t 是实数，故

$$\Delta_2=(1+t)^2-8t\geqslant 0$$

解之，得 $t\geqslant 3+2\sqrt{2}$ 或 $t\leqslant 3-2\sqrt{2}$. 注意到 $u>0,v\geqslant 4$，故 $t=u+v>4$，从而应舍去 $t\leqslant 3-2\sqrt{2}$，所以 $t\geqslant 3+2\sqrt{2}$.

将 $t=3+2\sqrt{2}$ 代入式(7)，解得 $u=1+\dfrac{\sqrt{2}}{2}$，由于 $v=t-u$，故有

$$v=3+2\sqrt{2}-1-\frac{\sqrt{2}}{2}=2+\frac{3\sqrt{2}}{2}$$

因此，当 $u=1+\dfrac{\sqrt{2}}{2},v=2+\dfrac{3\sqrt{2}}{2}$ 时，$t_{\min}=3+2\sqrt{2}$.

综上所述，当 $u=1+\dfrac{\sqrt{2}}{2},v=2+\dfrac{3\sqrt{2}}{2}$ 时，$u+v$ 达到最小. 此时 $(u+v)_{\min}=3+2\sqrt{2}$.

判别式法还可以用来求解某些有理函数和无理函数的极值. 例如，对于形如 $f(x)=\dfrac{ax^2+bx+c}{dx^2+ex+f}$ 的二次分式函数，应用判别式法求解其极值问题将是十分方便的. 下面我们给出一例，详细的讨论留在下一章中.

例 9　试求函数

$$f(x)=\frac{x^2-2x-3}{2x^2+2x+1}$$

的最值.

解　令 $y=f(x)$，由原式可得

$$(2y-1)x^2+2(y+1)x+(y+3)=0 \qquad (8)$$

若 $y=\dfrac{1}{2}$，则 $x=-\dfrac{7}{6}$；

若 $y\neq\dfrac{1}{2}$，由于 x,y 是实数，故判别式 $\Delta\geqslant 0$，即

$$\Delta=4(y+1)^2-4(2y-1)(y+3)\geqslant 0$$

也即

$$-y^2-3y+4\geqslant 0$$

解之，$-4\leqslant y\leqslant 1$(注意，此处 $y\neq\dfrac{1}{2}$).

令 $y=-4$，将之代入式(8)得 $x=-\dfrac{1}{3}$；再令 $y=1$，又可得 $x=-2$.

所以
$$f_{\max}(x)=f(-2)=1$$
$$f_{\min}(x)=f\left(-\dfrac{1}{3}\right)=-4$$

配方法和判别式法在不等式证明中同样具有十分重要的作用.

例 10 已知三次方程
$$x^3+ax^2+bx+c=0$$
有三个实根. 证明：$a^2-3b\geqslant 0$，并且 $\sqrt{a^2-3b}$ 不大于最大的根与最小的根的差.

证明 不妨设三次方程的三个实根为 $x_1<x_2<x_3$，由韦达定理，有
$$x_1+x_2+x_3=-a$$
$$x_1\cdot x_2+x_2\cdot x_3+x_3\cdot x_1=b$$

于是
$$
\begin{aligned}
a^2-3b&=(x_1+x_2+x_3)^2-3(x_1x_2+x_2x_3+x_3x_1)\\
&=x_1^2+x_2^2+x_3^2-x_1x_2-x_2x_3-x_3x_1\\
&=\frac{1}{2}\big[(x_1-x_2)^2+(x_2-x_3)^2+(x_3-x_1)^2\big]\\
&\geqslant 0
\end{aligned}
$$

另一方面，欲证 $\sqrt{a^2-3b}$ 不大于最大根与最小根的差，则只需证明
$$\sqrt{a^2-3b}\leqslant x_3-x_1$$
即
$$a^2-3b\leqslant x_3^2-2x_3x_1+x_1^2 \tag{9}$$

由于
$$
\begin{aligned}
&x_3^2-2x_3x_1+x_1^2-(a^2-3b)\\
=&x_3^2-2x_3x_1+x_1^2-(x_1+x_2+x_3)^2+3(x_1x_2+x_2x_3+x_3x_1)\\
=&-x_2^2+x_1x_2+x_2x_3-x_3x_1\\
=&(x_3-x_2)(x_2-x_1)\geqslant 0
\end{aligned}
$$

因此，式(9)成立.

例 11 设 $x_1>0,x_2>0,x_1y_1-z_1^2>0,x_2y_2-z_2^2>0$. 试证明
$$\frac{8}{(x_1+x_2)(y_1+y_2)-(z_1+z_2)^2}\leqslant\frac{1}{x_1y_1-z_1^2}+\frac{1}{x_2y_2-z_2^2}$$

30

并确定等号成立的条件.

证明　令 $x_1 y_1 - z_1^2 = D_1$，$x_2 y_2 - z_2^2 = D_2$，则

$$(x_1 + x_2)(y_1 + y_2) - (z_1 + z_2)^2$$

$$= x_1 y_1 + x_2 y_1 + x_1 y_2 + x_2 y_2 - z_1^2 - 2z_1 z_2 - z_2^2$$

$$= D_1 + D_2 + x_1 y_2 + x_2 y_1 - 2z_1 z_2$$

$$= D_1 + D_2 + \frac{x_1}{x_2} x_2 y_2 + \frac{x_2}{x_1} x_1 y_1 - 2z_1 z_2$$

$$= D_1 + D_2 + \frac{x_1}{x_2}(D_2 + z_2^2) + \frac{x_2}{x_1}(D_1 + z_1^2) - 2z_1 z_2$$

$$= (\sqrt{D_1} + \sqrt{D_2})^2 + \left(\frac{x_1}{x_2} D_2 - 2\sqrt{D_1 D_2} + \frac{x_2}{x_1} D_1\right) +$$

$$\frac{x_1}{x_2} z_2^2 - 2z_1 z_2 + \frac{x_2}{x_1} z_1^2$$

$$\geqslant (\sqrt{D_1} + \sqrt{D_2})^2 + \left(\sqrt{\frac{x_1}{x_2} D_2} - \sqrt{\frac{x_2}{x_1} D_1}\right)^2 +$$

$$\left(\sqrt{\frac{x_1}{x_2}} \cdot z_2 - \sqrt{\frac{x_2}{x_1}} \cdot z_1\right)^2$$

$$\geqslant (\sqrt{D_1} + \sqrt{D_2})^2 > 0$$

于是

$$\frac{8}{(x_1 + x_2)(y_1 + y_2) - (z_1 + z_2)^2} \leqslant \frac{8}{(\sqrt{D_1} + \sqrt{D_2})^2}$$

$$\leqslant \frac{2}{\sqrt{D_1 D_2}} = 2\sqrt{\frac{1}{D_1} \cdot \frac{1}{D_2}}$$

$$\leqslant \frac{1}{D_1} + \frac{1}{D_2}$$

$$= \frac{1}{x_1 y_1 - z_1^2} + \frac{1}{x_2 y_2 - z_2^2}$$

等号仅当

$$\begin{cases} \sqrt{\dfrac{x_1}{x_2} D_2} = \sqrt{\dfrac{x_2}{x_1} D_1} \\ \sqrt{\dfrac{x_1}{x_2}} \cdot z_2 = \sqrt{\dfrac{x_2}{x_1}} \cdot z_1 \\ D_1 = D_2 \end{cases}$$

即

$$\begin{cases} x_1 = x_2 \\ y_1 = y_2 \\ z_1 = z_2 \end{cases}$$

时成立.

在本例的证明过程中,我们多次地运用了配方的方法,构思精巧,独具匠心,十分值得大家细细品味.

例 12 设 $a_1, a_2, \cdots, a_n$ 和 $b_1, b_2, \cdots, b_n$ 是给定的两组实数,证明

$$(a_1 b_1 + a_2 b_2 + \cdots + a_n b_n)^2 \leqslant (a_1^2 + a_2^2 + \cdots + a_n^2)(b_1^2 + b_2^2 + \cdots + b_n^2)$$

其中等号当且仅当所有 a_i 和 b_i 都成比例时成立.

这里,我们说所有的 a_i 和 b_i 都成比例是指存在不全为零的实数 λ 和 μ,使得

$$\lambda a_i = \mu b_i \quad (i = 1, 2, \cdots, n)$$

根据这个定义我们可以知道:

1° 倘若 $\{a_i\}$ 全为零,那么它与一切实数组 $\{b_i\}$ 成比例(如取 $\lambda = 1, \mu = 0$);

2° 倘若 $\{a_i\}$ 不全为零,那么 $\{a_i\}$ 和 $\{b_i\}$ 成比例,当且仅当存在实数 λ,使

$$\lambda a_i = b_i \quad (i = 1, 2, \cdots, n)$$

因此,如果规定 $a_i = 0$ 时,$b_i = 0$,那么所有的 a_i 和 b_i 都成比例,也可以写成

$\dfrac{b_i}{a_i} = \lambda (i = 1, 2, \cdots, n)$.

现在我们来证明例 12.

证法 1 由于

$$(a_1^2 + a_2^2 + \cdots + a_n^2)(b_1^2 + b_2^2 + \cdots + b_n^2) - (a_1 b_1 + a_2 b_2 + \cdots + a_n b_n)^2$$

$$= \sum_{i=1}^{n} a_i^2 \sum_{i=1}^{n} b_i^2 - \left(\sum_{i=1}^{n} a_i b_i \right)^2$$

$$= \frac{1}{2} \sum_{i=1}^{n} a_i^2 \sum_{j=1}^{n} b_j^2 + \frac{1}{2} \sum_{j=1}^{n} a_j^2 \sum_{i=1}^{n} b_i^2 - \sum_{i=1}^{n} a_i b_i \sum_{j=1}^{n} a_j b_j$$

$$= \frac{1}{2} \left(\sum_{i=1}^{n} a_i^2 \sum_{j=1}^{n} b_j^2 + \sum_{j=1}^{n} a_j^2 \sum_{i=1}^{n} b_i^2 - 2 \sum_{i=1}^{n} a_i b_i \sum_{j=1}^{n} a_j b_j \right)$$

$$= \frac{1}{2} \sum_{i=1}^{n} \sum_{j=1}^{n} (a_i^2 b_j^2 - 2 a_i b_j a_j b_i + a_j^2 b_i^2)$$

$$= \frac{1}{2} \sum_{i=1}^{n} \sum_{j=1}^{n} (a_i b_j - a_j b_i)^2 \geqslant 0$$

故

$$(a_1 b_1 + a_2 b_2 + \cdots + a_n b_n)^2 \leqslant (a_1^2 + a_2^2 + \cdots + a_n^2)(b_1^2 + b_2^2 + \cdots + b_n^2)$$

32

等号仅当

$$\sum_{i=1}^{n} \sum_{j=1}^{n} (a_i b_j - a_j b_i)^2 = 0$$

即

$$a_i b_j = b_i a_j$$

亦即 $b_i = \lambda a_i (\lambda$ 为常数$, i = 1, 2, \cdots, n)$ 时成立.

我们也可以用判别式法来证明此题:

证法 2　不妨设 $a_1^2 + a_2^2 + \cdots + a_n^2 \neq 0.$ 由恒等式

$$\sum_{i=1}^{n} a_i^2 x^2 - 2 \sum_{i=1}^{n} a_i b_i x + \sum_{i=1}^{n} b_i^2$$

$$= \sum_{i=1}^{n} (a_i^2 x^2 - 2 a_i b_i x + b_i^2)$$

$$= \sum_{i=1}^{n} (a_i x - b_i)^2$$

可知,对于一切实数 x,二次函数

$$f(x) = \sum_{i=1}^{n} a_i^2 x^2 - 2 \sum_{i=1}^{n} a_i b_i x + \sum_{i=1}^{n} b_i^2$$

恒大于或等于零.

因此,$f(x)$ 只能有复根或重根,没有相异的实根,从而

$$\Delta = b^2 - 4ac \leqslant 0$$

即

$$4 \left(\sum_{i=1}^{n} a_i b_i \right)^2 - 4 \sum_{i=1}^{n} a_i^2 \sum_{i=1}^{n} b_i^2 \leqslant 0$$

所以

$$\left(\sum_{i=1}^{n} a_i b_i \right)^2 \leqslant \sum_{i=1}^{n} a_i^2 \sum_{i=1}^{n} b_i^2$$

例 12 便是著名的柯西(Cauchy)不等式,这是一个应用十分广泛的不等式,我们将在第 6 章中专门讨论.

运用判别式法证明不等式,我们主要依据下面两点:

1° 若二次方程

$$ax^2 + bx + c = 0 \quad (a \neq 0)$$

有实根,则其判别式 $\Delta = b^2 - 4ac \geqslant 0$;

2° 对于二次函数

$$f(x) = ax^2 + bx + c \quad (a \neq 0)$$

$$\left.\begin{array}{l} 若\ a>0, f(x)\geqslant 0 \\ 若\ a<0, f(x)\leqslant 0 \end{array}\right\} 则\ \Delta=b^2-4ac\leqslant 0;$$

$$\left.\begin{array}{l} 若\ a>0, f(x)\leqslant 0 \\ 若\ a<0, f(x)\geqslant 0 \end{array}\right\} 则\ \Delta=b^2-4ac\geqslant 0.$$

因此,应用判别式法证明不等式的关键就在于如何构造一个可以利用的二次方程或二次抛物线函数.如在例 12 的证法 2 中,我们根据原不等式的特征构造了一个二次三项式(即二次函数),利用二次函数的性质结合判别式,其解题过程显得简捷而明快.

例 13 设实数 a,b,c,d,e 满足
$$a+b+c+d+e=8$$
$$a^2+b^2+c^2+d^2+e^2=16$$

求证:$0\leqslant e\leqslant\dfrac{16}{5}$,并确定等号成立的条件.

证明 从题设的两个式子中消去 a,得
$$(8-b-c-d-e)^2+b^2+c^2+d^2+e^2=16$$
即
$$2b^2-2(8-c-d-e)b+(8-c-d-e)^2+c^2+d^2+e^2-16=0$$
由于 b 是实数,故
$$\Delta_b=4(8-c-d-e)^2-8[(8-c-d-e)^2+c^2+d^2+e^2-16]\geqslant 0$$
于是,有
$$f(c)=3c^2-2(8-d-e)c+(8-d-e)^2-2(16-d^2-e^2)\leqslant 0$$
注意到 $3>0$,且 c 是实数,故
$$\Delta_c=4(8-d-e)^2-4\times 3[(8-d-e)^2-2(16-d^2-e^2)]\geqslant 0$$
于是,又有
$$f(d)=4d^2-2(8-e)d+(8-e)^2-3(16-e^2)\leqslant 0$$
由于 $4>0$,d 是实数,故同理有
$$\Delta_d=4(8-e)^2-4\times 4[(8-e)^2-3(16-e^2)]\geqslant 0$$
即
$$5e^2-16e\leqslant 0$$

所以 $0\leqslant e\leqslant\dfrac{16}{5}$.

容易得到:当 $a=b=c=d=2$ 时,$e=0$;

当 $a=b=c=d=\dfrac{6}{5}$ 时,$e=\dfrac{16}{5}$.

34

上面的证明过程,我们既构造了二次方程,又构造了二次函数(由于我们利用已知条件巧妙地构造了一个二次方程,即以其中一个字母为变量,从而运用判别式的性质构造二次函数就十分自然了),把用判别式证明不等式的技巧表现得淋漓尽致,真是美不胜收!

例 13 其实就是第 7 届美国数学奥林匹克的一个试题,它原来是求 e 的最大值.该题还有其他多种解法,比如利用柯西不等式也十分简便(见第 6 章柯西不等式例 7).善于思考的读者可能还会提出进一步的问题:是否能将例 13 推广到一般的情形呢?

这就是说,如果实数 $a_1, a_2, \cdots, a_k$,满足

$$a_1 + a_2 + \cdots + a_k = l$$
$$a_1^2 + a_2^2 + \cdots + a_k^2 = m$$

那么 $a_i (i = 1, 2, \cdots, k)$ 的取值范围又将如何确定?

再进一步:

当 l, m 满足何种条件时,上面的问题才会有解?

上述问题的回答,我们把它放在第 6 章中讨论.

当然,各种方法和技巧不是孤立的使用手段,我们在实际解题时往往需要将它们有机地结合起来,比如例 12 中,我们既用了配方技巧,又用了判别式法.

下面,我们再举一个配方法和判别式法结合运用的例子.

例 14 设 A, B, C 是 $\triangle ABC$ 的三个内角,x, y, z 是实数,证明

$$x^2 + y^2 + z^2 \geqslant 2xy\cos C + 2yz\cos A + 2zx\cos B$$

证法 1 考察二次函数

$$f(x) = x^2 - 2(y\cos C + z\cos B)x + y^2 + z^2 - 2yz\cos A$$

由于其判别式

$$
\begin{aligned}
\Delta &= 4(y\cos C + z\cos B)^2 - 4(y^2 + z^2 - 2yz\cos A) \\
&= 4[-y^2\sin^2 C - z^2\sin^2 B + 2yz(\cos B\cos C + \cos A)] \\
&= -4(y^2\sin^2 C - 2yz\sin B\sin C + z^2\sin^2 B) \\
&= -4(y\sin C - z\sin B)^2 \leqslant 0
\end{aligned}
$$

注意到二次抛物线的开口向上,故

$$f(x) \geqslant 0$$

即

$$x^2 + y^2 + z^2 \geqslant 2xy\cos C + 2yz\cos A + 2zx\cos B$$

证法 2 我们也可用直接配方的手段证明本题

$$x^2 + y^2 + z^2 - 2xy\cos C - 2yz\cos A - 2zx\cos B$$

35

$$= x^2 - 2(y\cos C + z\cos B)x + y^2 + z^2 - 2yz\cos A$$
$$= [x - (y\cos C + z\cos B)]^2 - (y\cos C + z\cos B)^2 +$$
$$\quad y^2 + z^2 - 2yz\cos A$$
$$= E^2 + y^2\sin^2 C + z^2\sin^2 B - 2yz\sin B\sin C$$
$$= E^2 + (y\sin C - z\sin B)^2 \geqslant 0$$

其中 $E = x - (y\cos C + z\cos B)$.

显然,等号当且仅当

$$E = 0 \text{ 且 } y\sin C - z\sin B = 0$$

即

$$\begin{cases} x = y\cos C + z\cos B & (10) \\ y\sin C = z\sin B & (11) \end{cases}$$

时成立

由式(11) 得

$$y = \frac{\sin B}{\sin C}z$$

将之代入式(10) 得

$$x = \left(\frac{\sin B\cos C}{\sin C} + \cos B\right)z = \frac{\sin A}{\sin C}z$$

从而有

$$x : y : z = \sin A : \sin B : \sin C$$

这就是不等式等号成立的充要条件.

36

有理函数和无理函数问题

3.1　有理函数

我们首先来考察由二次多项式 ax^2+1 与一次函数 x 的商产生的有理函数 $r(x)=\dfrac{ax^2+1}{x}=ax+\dfrac{1}{x}(a>0)$.

例1　设 $a>0$,讨论函数 $r(x)$ 在 $(0,+\infty)$ 中的单调性和极值.

解　设 $0<x_1<x_2<+\infty$ 则

$$r(x_2)-r(x_1)=ax_2+\frac{1}{x_2}-ax_1-\frac{1}{x_1}=(x_2-x_1)\left(a-\frac{1}{x_1x_2}\right)$$

由此可见:

$1°$ 若 $0<x_1<x_2\leqslant\dfrac{1}{\sqrt{a}}$,则

$$r(x_2)-r(x_1)<(x_2-x_1)\left(a-\frac{1}{x_2^2}\right)$$

$$\leqslant(x_2-x_1)\left[a-\left(\sqrt{a}\right)^2\right]=0$$

故在区间 $\left(0,\dfrac{1}{\sqrt{a}}\right]$ 上 $r(x)$ 是严格单调递减的;

$2°$ 若 $\dfrac{1}{\sqrt{a}}\leqslant x_1<x_2<+\infty$,则

$$r(x_2)-r(x_1)>(x_2-x_1)\left(a-\frac{1}{x_1^2}\right)\geqslant0$$

故在区间 $\left[\dfrac{1}{\sqrt{a}},+\infty\right)$ 上 $r(x)$ 是严格单调递增的.

37

因此,当且仅当 $x = \dfrac{1}{\sqrt{a}}$ 时,$r(x)$ 取最小值 $r_{\min} = r\left(\dfrac{1}{\sqrt{a}}\right) = 2\sqrt{a}$.

这也是它的极小值.

例 2 某溢洪闸门,水道截面形状如图 3.1 所示,其面积 S 为一定值.问:在什么条件下这个截面周长最短?

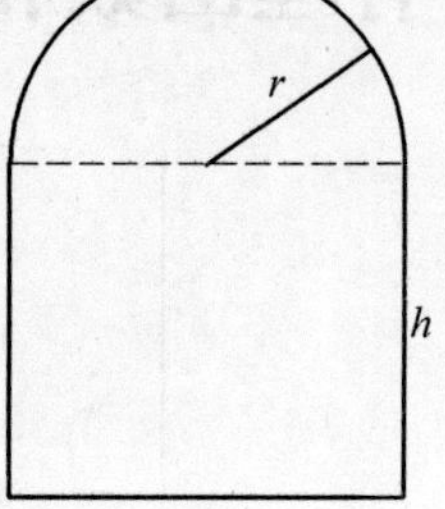

解 设半圆的半径为 r,矩形的高为 h(如图 3.1),以 l 表示周长,则

$$S = 2rh + \frac{1}{2}\pi r^2 \qquad (1)$$

$$l = 2h + 2r + \pi r \qquad (2)$$

由式(1),我们得到 $h = \dfrac{2S - \pi r^2}{4r}$,将之代入式(2)得

$$l = \frac{2S - \pi r^2}{2r} + 2r + \pi r = S\left(\frac{\pi + 4}{2S}r + \frac{1}{r}\right)$$

图 3.1

根据例 1,当且仅当 $r = \sqrt{\dfrac{2S}{\pi + 4}}$ 时,l 取最小值 $l_{\min} = \sqrt{2S(\pi + 4)}$.

例 3 设 $x, y > 0$,$x + y = \theta$ 为定值,$0 < \theta \leqslant 2$. 又记 $r(x) = x + \dfrac{1}{x}$,求 $z = r(x)r(y)$ 的最小值.

解 展开得

$$z = \left(x + \frac{1}{x}\right)\left(y + \frac{1}{y}\right) = xy + \frac{1}{xy} + \frac{y}{x} + \frac{x}{y} = r(xy) + r\left(\frac{y}{x}\right) \qquad (3)$$

由例 1 知

$$r\left(\frac{y}{x}\right) \geqslant 2 \qquad (4)$$

另一方面,由二次抛物线极值可知,$xy = x(\theta - x) \leqslant \dfrac{\theta^2}{4} \leqslant 1$.

再由例 1,$r(t)$ 在 $\left(0, \dfrac{\theta^2}{4}\right]$ 内是严格单调递减的. 因此,对于满足 $0 < xy \leqslant \dfrac{\theta^2}{4}$ 的 xy,有

$$r(xy) \geqslant r\left(\frac{\theta^2}{4}\right) \qquad (5)$$

于是,由式(3)(4)(5)可得

$$z \geqslant r\left(\frac{\theta^2}{4}\right) + 2 = r^2\left(\frac{\theta}{2}\right)$$

38

当且仅当 $x=y=\dfrac{\theta}{2}$ 时,式(4)和式(5)中等号成立.

所以,当且仅当 $x=y=\dfrac{\theta}{2}$ 时,必取最小值 $r^2\left(\dfrac{\theta}{2}\right)$.

本题是由匈牙利数学奥林匹克试题改编而来的.

例 4　设 $0<\theta\leqslant 1,0\leqslant s<\theta$,试讨论函数 $\psi(s)=r(\theta-s)r(\theta+s)$ 的单调性和极值,其中 $r(t)=t+\dfrac{1}{t}$.

解　由例3可知,当且仅当 $s=0$ 时,$\psi(s)$ 取最小值 $r^2(\theta)$.为了讨论 $\psi(s)$ 的单调性,我们展开

$$\psi(s)=\theta^2-s^2+\frac{1}{\theta^2-s^2}+\frac{\theta-s}{\theta+s}+\frac{\theta+s}{\theta-s}=r(\theta^2-s^2)+r\left(\frac{\theta-s}{\theta+s}\right)$$

由例1知,当 $0<t\leqslant 1$ 时,$r(t)$ 是严格单调递减函数.又当 $0\leqslant s<\theta$ 时,θ^2-s^2 是 s 的严格单调递减函数.因此,在 $[0,\theta)$ 上,$r(\theta^2-s^2)$ 是 s 的严格单调递增函数.同理,在 $[0,\theta)$ 上,$r\left(\dfrac{\theta-s}{\theta+s}\right)$ 也是 s 的严格单调递增函数.

综上可知,$\psi(s)$ 是 $[0,\theta)$ 上的严格单调递增函数.当 $s=0$ 时,$\psi(s)$ 达到最小值 $r^2(\theta)$.

例 5　设 $0<\theta\leqslant 2,x_1,x_2,\cdots,x_n>0$ 且 $x_1+x_2+\cdots+x_n=\theta$ 为常数,求 $z=r(x_1)r(x_2)\cdots r(x_n)$ 的最小值,其中 $r(t)=t+\dfrac{1}{t}$.

解　根据例3可知,只要两个 x_j 不相等,例如 $x_1\neq x_2$,那么当我们用 $\bar{x}=\dfrac{x_1+x_2}{2}$ 代替 x_1 和 x_2 时,x 的值就会变小.由此可以猜想:

当 $x_1=x_2=\cdots=x_n$ 时,z 达到最小值 $r^n\left(\dfrac{\theta}{n}\right)$.

为了证明上述猜想,我们只需证明:

当 $x_1,x_2,\cdots,x_n$ 不全相等时,必有

$$z=r(x_1)r(x_2)\cdots r(x_n)>r^n\left(\frac{\theta}{n}\right) \tag{6}$$

事实上,当 $x_1,x_2,\cdots,x_n$ 不全相等时,必有 x_{j_1} 和 x_{j_2},使 $x_{j_1}<\dfrac{\theta}{n}<x_{j_2}$.

下面我们分两种情形讨论:

① 若 $x_{j_2}-\dfrac{\theta}{n}\geqslant\dfrac{\theta}{n}-x_{j_1}$,则根据例4,当我们以 $\dfrac{\theta}{n}$ 代 x_{j_1},而以 $x_{j_1}+x_{j_2}-\dfrac{\theta}{n}$ 代 x_{j_2} 后,z 的值将变小而 x_j 的总和不变.

39

② 若 $x_{j_2} - \dfrac{\theta}{n} < \dfrac{\theta}{n} - x_{j_1}$，则同理由例 4 可知，当我们以 $\dfrac{\theta}{n}$ 代 x_{j_2}，以 $x_{j_1} +$

$x_{j_2} - \dfrac{\theta}{n}$ 代 x_{j_1} 后，z 的值也将变小而 x_j 的总和不变.

经过一次这样的代换后，z 的自变量中增加了一个等于 $\dfrac{\theta}{n}$ 的变量而 z 的值

变小. 从而经过有限次这样的代换后，所有 x_j 都等于 $\dfrac{\theta}{n}$，z 的值变小. 因此式（6）

成立.

这里，我们又一次应用了局部调整原理.

例 6　求函数 $y = \dfrac{x^2 - x + 1}{x^2 + x + 1}$ 的最大值和最小值.

解法 1　若 $x = 0$，则 $y = 1$.

若 $x \neq 0$，则可化为

$$y = \frac{x - 1 + \dfrac{1}{x}}{x + 1 + \dfrac{1}{x}} = \frac{r(x) - 1}{r(x) + 1} = 1 + \frac{-2}{r(x) + 1}$$

其中 $r(x) = x + \dfrac{1}{x}$.

于是，我们只需讨论 $r(x)$ 的极值即可.

余下部分的工作，请读者自己完成.

我们在第 2 章第 2 节中曾经提到，形如 $f(x) = \dfrac{ax^2 + bx + c}{dx^2 + ex + f}$ 的二次分式函

数，可以应用判别式法来解决它的极值问题.

因此，例 6 也可用判别式法来解：

解法 2　去分母后，原式变形为 $(y-1)x^2 + (y+1)x + y - 1 = 0$.

若 $y = 1$，则 $x = 0$.

若 $y \neq 1$，因为 x 为实数，故其判别式 $\Delta \geqslant 0$，即 $(y+1)^2 - 4(y-1)^2 \geqslant 0$，

化简，得 $3y^2 - 10y + 3 \leqslant 0$.

解之，$\dfrac{1}{3} \leqslant y \leqslant 3$（注意，这里 $y \neq 1$），若 $y = \dfrac{1}{3}$，则 $x = 1$；若 $y = 3$，则 $x =$

-1. 所以 $y_{\max} = 3$，$y_{\min} = \dfrac{1}{3}$.

比较例 6 的两种解法，显然判别式法是十分方便的.

这里需要提醒读者注意的是，判别式法是通过对函数值域的考察来判断其

40

极值的,它对由不等式 $\Delta \geqslant 0$ 中解出的值域范围,没有明确指出什么时候函数能取到极值.因此,我们必须将求得的极值代入到所得的方程中,求出与之相应的 x 值.并将其代入原来的函数式中进行检验.只有当相应的自变量 x 值存在,而且满足原来的函数式(未经过代数变形)时,我们才能确定为目标函数的极值.关于这一点,在用判别式法求解无理函数的极值时显得尤为重要(稍后,我们将讨论无理函数的极值问题).

例 7 设 a 和 b 都是异于零的实数,求函数 $y = ax + \dfrac{b}{x}$ 在 $(0, +\infty)$ 内的最大值和最小值.

显然,例 1 是本题的特殊情形,这里我们用判别式法来解.

解 因为 $x \neq 0$,故由 y 的定义式两边乘以 x 并整理得 $ax^2 - yx + b = 0$.由于 x 为实数,故 $\Delta \geqslant 0$,即

$$y^2 - 4ab \geqslant 0 \tag{7}$$

下面,我们分三种情形讨论:

① 若 $a > 0, b > 0$,则由 y 的定义式可知,$y > 0$.

因此由式(7)导出 $y \geqslant 2\sqrt{ab}$,而且当 $x = \sqrt{\dfrac{b}{a}}$ 时,$y = 2\sqrt{ab}$. 故当 $x = \sqrt{\dfrac{b}{a}}$ 时,y 取最小值 $2\sqrt{ab}$.

显然,此时 y 没有最大值.

② 若 $a < 0, b < 0$,则由 y 的定义式可知,$y < 0$.

因此由式(7)导出 $y \leqslant -2\sqrt{ab}$,而且当 $x = \sqrt{\dfrac{b}{a}}$ 时,$y = -2\sqrt{ab}$. 故当 $x = \sqrt{\dfrac{b}{a}}$ 时,y 取最大值 $-2\sqrt{ab}$.

此时 y 没有最小值.

③ 若 $a \cdot b < 0$,则式(7)恒成立.因此,对于一切 y 值总有 x 使 $y = ax + \dfrac{b}{x}$,即 y 既无最大值,也无最小值.

3.2　无理函数

现在我们来讨论无理函数的极值.

关于求无理函数的极值,一个最基本的思路就是,利用根式的有关性质和

41

运算法则,将其化归为有理函数或整式函数,然后进行求解.

然而,需要提醒注意的是,经过乘方等运算后得到的有理函数或整式函数,其定义域一般已被扩大.因此,求解时一定要根据其原有的定义域进行检验,即将所求得的"极值"及相应的 x 值,代入原函数中,看看是否满足原函数.只有这样,我们才能完全确定它的极值.

例1 求函数 $y=x-\sqrt{x}$ 的最小值.

解 由 y 的定义式可推得 $(y-x)^2=x$,把它展开后得

$$x^2-(1+2y)x+y^2=0$$

由于 x,y 为实数,故 $\Delta_x \geqslant 0$,即 $(1+2y)^2-4y^2 \geqslant 0$.

解之,$y \geqslant -\dfrac{1}{4}$.另一方面,当 $x=\dfrac{1}{4}$ 时,$y=-\dfrac{1}{4}$.因此,y 的最小值为 $-\dfrac{1}{4}$.

例2 求函数 $y=x+4+\sqrt{5-x^2}$ 的最值.

解 原式移项,两边平方并整理后得

$$2x^2+(8-2y)x+y^2-8y+11=0 \tag{1}$$

由于 x 是实数,故 $\Delta_x=(8-2y)^2-8(y^2-8y+11) \geqslant 0$,即 $y^2-8y+6 \leqslant 0$.

解之,$4-\sqrt{10} \leqslant y \leqslant 4+\sqrt{10}$.

将 $y=4-\sqrt{10}$ 代入式(1),解得 $x=-\dfrac{\sqrt{10}}{2}$,但在原函数中,当 $x=-\dfrac{\sqrt{10}}{2}$ 时,$y=4$,因而 $4-\sqrt{10}$ 不是 y 的最小值.那么,y 是否存在最小值呢?我们说其回答是肯定的.事实上,由于 y 的定义域为 $-\sqrt{5} \leqslant x \leqslant \sqrt{5}$,故

$$y=x+4+\sqrt{5-x^2} \geqslant x+4 \geqslant 4-\sqrt{5}$$

而当 $x=-\sqrt{5}$ 时,$y=4-\sqrt{5}$,所以 $y_{\min}=4-\sqrt{5}$.

将 $y=4+\sqrt{10}$ 代入式(1),解得 $x=\dfrac{\sqrt{10}}{2}$,将之代入原函数检验可知,

$y_{\max}=4+\sqrt{10}$(此时 $x=\dfrac{\sqrt{10}}{2}$).

上面的例子,由于在去根式的过程中,所使用的代数运算(两边平方)不可逆,从而导致由 $\Delta \geqslant 0$ 解得的 y 扩大了原来函数的值域.

例3 设 $a<b$,求函数 $y=\sqrt{x-a}+\sqrt{b-x}$ 在区间 $[a,b]$ 上的最大值和最小值.

解 由 y 的定义式平方并整理后得

$$y^2+(a-b)=2\sqrt{(x-a)(b-x)} \tag{2}$$

42

由式(2),注意到 $y > 0$,我们得到 $y \geqslant \sqrt{b-a}$,又当 $x=a$ 或 $x=b$ 时,$y = \sqrt{b-a}$.故 y 有最小值 $\sqrt{b-a}$.

把式(2)再平方得

$$4x^2 - 4(a+b)x + y^4 + 2(a-b)y^2 + (a+b)^2 = 0$$

由于 x 是上述方程的解,当且仅当

$$16(a+b)^2 - 16[y^4 + 2(a-b)y^2 + (a+b)^2] \geqslant 0$$

即

$$y^2[y^2 + 2(a-b)] \leqslant 0$$

由于 $y > 0$,故由上式可推出 $y \leqslant \sqrt{2(b-a)}$.又当 $x = \dfrac{a+b}{2}$ 时,$y = \sqrt{2(b-a)}$.

因此 y 的最大值 $y_{\max} = \sqrt{2(b-a)}$.

例 4 求函数 $y = \sqrt{25-x^2} + \sqrt{x^2+7}$ 的最大值.

解 显然,函数的定义域为 $-5 \leqslant x \leqslant 5$.令 $u = \sqrt{25-x^2}$,$v = \sqrt{x^2+7}$,则

$$\begin{cases} u + v = y \\ u \cdot v = \dfrac{y^2}{2} - 16 \end{cases}$$

从而 u, v 为二次方程 $z^2 - yz + \left(\dfrac{y^2}{2} - 16\right) = 0$ 的实根,因此

$$\Delta = y^2 - 4\left(\dfrac{y^2}{2} - 16\right) = 64 - y^2 \geqslant 0$$

解之,$-8 \leqslant y \leqslant 8$.注意到 $y > 0$,故当 $u = v$,即 $25 - x^2 = x^2 + 7$.

也就是 $x = \pm 3$ 时(显然在定义域内),$y_{\max} = 8$.

例 5 如图 3.2 所示,AB 为铁路,CP 为公路,h 为 C 到铁路的垂直距离 CA,d 为 AB 段铁道长.已知汽车和火车的速度分别是 v_1 和 v_2 $(v_1 < v_2)$,那么,将物资由 C 运往 B 至少需要多少时间? 为此,转运站 P 应设在何处?

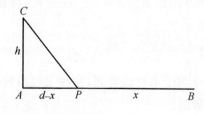

图 3.2

解 设转运站 P 离 B 的距离为 x,由 C 经 P 至 B 所需时间为 T,则

$$T = \frac{x}{v_2} + \frac{\sqrt{h^2 + (d-x)^2}}{v_1} \qquad (3)$$

其中 $0 \leqslant x \leqslant d$.

于是问题便归结为求函数 T 的最小值及对应的 x 值.

我们将式(3)改写成

$$T - \frac{x}{v_2} = \frac{\sqrt{h^2 + (d-x)^2}}{v_1}$$

两边平方,整理得

$$\left(\frac{1}{v_1^2} - \frac{1}{v_2^2}\right)x^2 + \left(\frac{2T}{v_2} - \frac{2d}{v_1^2}\right)x + \frac{h^2 + d^2}{v_1^2} - T^2 = 0$$

由于 x 为实数,故

$$\left(\frac{2T}{v_2} - \frac{2d}{v_1^2}\right)^2 - 4\left(\frac{1}{v_1^2} - \frac{1}{v_2^2}\right)\left(\frac{h^2 + d^2}{v_1^2} - T^2\right) \geqslant 0$$

即

$$\left(T - \frac{d}{v_2}\right)^2 - h^2\left(\frac{1}{v_1^2} - \frac{1}{v_2^2}\right) \geqslant 0 \qquad (4)$$

由于 $v_1 < v_2, 0 \leqslant x \leqslant d$,因此

$$T = \frac{x}{v_2} + \frac{\sqrt{h^2 + (d-x)^2}}{v_1} > \frac{x}{v_2} + \frac{d-x}{v_1} > \frac{x}{v_2} + \frac{d-x}{v_2} = \frac{d}{v_2}$$

于是,由式(4)解得

$$T \geqslant \frac{d}{v_2} + \frac{h\sqrt{v_2^2 - v_1^2}}{v_1 v_2}$$

而当 $x = d - \dfrac{hv_1}{\sqrt{v_2^2 - v_1^2}}$ 时,$T = \dfrac{d}{v_2} + \dfrac{h\sqrt{v_2^2 - v_1^2}}{v_1 v_2}$,所以

$$T_{\min} = \frac{d}{v_2} + \frac{h\sqrt{v_2^2 - v_1^2}}{v_1 v_2}$$

这就是说,转运站 P 离 B 的距离为 $d - \dfrac{hv_1}{\sqrt{v_2^2 - v_1^2}}$ 时,将物资由 C 运往 B 的时间

最短,这个最短时间为 $\dfrac{d}{v_2} + \dfrac{h\sqrt{v_2^2 - v_1^2}}{v_1 v_2}$.

我们从上面的几个例子中可以看到,某些无理函数的极值问题,应用判别式法求解也是十分有效的.

对于一些特殊形式的无理函数,我们也可以用三角代换的方法求解它们的极值问题.

44

例 6　求 $y = x - 2 + \sqrt{4 - x^2}$ 的最大值和最小值.

解　由于函数的定义域为 $-2 \leqslant x \leqslant 2$,故可令 $x = 2\cos\theta (0 \leqslant \theta \leqslant \pi)$,则

$$y = 2\cos\theta - 2 + \sqrt{4 - 4\cos^2\theta}$$
$$= 2(\cos\theta + \sin\theta - 1)$$
$$= 2\sqrt{2}\sin\left(\theta + \frac{\pi}{4}\right) - 2 \quad (0 \leqslant \theta \leqslant \pi)$$

由此可见,当 $\theta = \frac{\pi}{4}$,即 $x = \sqrt{2}$ 时,y 取到最大值 $y_{max} = 2\sqrt{2} - 2$;当 $\theta = \pi$,即 $x = -2$ 时,y 取到最小值 $y_{min} = -4$.

本题也可以用判别式法来解,但不如用代换法简单.

利用三角代换可以消去一些特殊形式的根式.例如:

对形如 $\sqrt{a^2 - x^2}$ $(a > 0)$ 的根式,可令 $x = a\cos\theta$ 或 $x = a\sin\theta$;

对形如 $\sqrt{x^2 - a^2}$ $(a > 0)$ 的根式,可令 $x = a\csc\theta$ 或 $x = a\sec\theta$;

对形如 $\sqrt{x^2 + a^2}$ $(a > 0)$ 的根式,可令 $x = a\tan\theta$ 或 $x = a\cot\theta$.等等.

例 7　求 $y = x + 4 + \sqrt{4 - 2x - x^2}$ 的极值.

解　由 y 的定义式可知 $4 - 2x - x^2 \geqslant 0$,即 $(x + 1)^2 \leqslant 5$.

为此,令 $x + 1 = \sqrt{5}\cos\theta (0 \leqslant \theta \leqslant \pi)$,则

$$y = 3 + \sqrt{5}\cos\theta + \sqrt{5}\sin\theta = 3 + \sqrt{10}\cos\left(\theta - \frac{\pi}{4}\right)$$

由于 $0 \leqslant \theta \leqslant \pi$,故 $-\frac{\pi}{4} \leqslant \theta - \frac{\pi}{4} \leqslant \frac{3}{4}\pi$.

因此,当 $\theta - \frac{\pi}{4} = 0$,即 $\theta = \frac{\pi}{4}$,亦即 $x = \frac{\sqrt{10}}{2} - 1$ 时,y 取到最大值,$y_{max} = 3 + \sqrt{10}$;当 $\theta - \frac{3}{4}\pi = 0$,即 $\theta = \pi$,亦即 $x = -1 - \sqrt{5}$ 时,y 取到最小值,$y_{min} = 3 - \sqrt{5}$.

作为本章的尾声,下面我们选取几个综合性的问题,以供读者揣摩.

例 8　设 $f(x) = \sqrt{1 + x^2}$,对于 $x \neq y$,记 $F(x, y) = \frac{|f(x) - f(y)|}{|x - y|}$,试证:$F(x, y) < 1$,并且 1 是 $F(x, y)$ 的最小上界.

证明　由 $f(x)$ 的定义可见

$$F(x, y) = \left| \frac{\sqrt{1 + x^2} - \sqrt{1 + y^2}}{x - y} \right| = \frac{|x + y|}{\sqrt{1 + x^2} + \sqrt{1 + y^2}}$$

由于 $|x+y| \leqslant |x|+|y| < \sqrt{1+x^2} + \sqrt{1+y^2}$,所以 $F(x,y) < 1$.

下面我们证明 1 是 $F(x,y)$ 的最小上界,也就是说,假如 ε 是任意小的正数(不妨设 $0 < \varepsilon < 1$),那么总可以找到 $x,y(x \neq y)$,使 $F(x,y) > 1 - \varepsilon$.

令 $y=0$,则只要找到 x,使 $F(x,y) = F(x,0) = \left| \dfrac{\sqrt{1+x^2}-1}{x} \right| > 1 - \varepsilon$,即

$$\frac{|x|}{1 + \sqrt{1+x^2}} > 1 - \varepsilon.$$

不妨设 $x > 1$,则经演算后可把上式化为 $x > \dfrac{2(1-\varepsilon)}{\varepsilon}$.

因此,只需取 $x = 1 + \dfrac{2(1-\varepsilon)}{\varepsilon}$,便可得 $F(x,y) > 1 - \varepsilon$.由此可见,没有比 1 更小的上界.

例 9 试求函数 $f(x) = \sqrt{x^4 - 3x^2 - 6x + 13} - \sqrt{x^4 - x^2 + 1}$ 的最大值.
(1992 年全国高中数学联赛试题)

解 由

$$f(x) = \sqrt{x^4 - 3x^2 - 6x + 13} - \sqrt{x^4 - x^2 + 1}$$
$$= \sqrt{(x-3)^2 + (x^2-2)^2} - \sqrt{x^2 + (x^2-1)^2}$$

可知函数 $y = f(x)$ 的几何意义是:

抛物线 $y = x^2$ 上的点 $P(x,x^2)$ 分别到点 $A(3,2)$ 和点 $B(0,1)$ 的距离之差(如图 3.3).

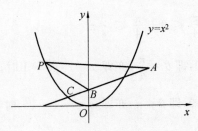

图 3.3

由于点 A 在抛物线下方,点 B 在抛物线上方,故直线 AB 和抛物线相交,交点由方程组 $\begin{cases} y = x^2 \\ \dfrac{y-1}{x-0} = \dfrac{2-1}{3-0} \end{cases}$ 决定,消去 y 得方程

$$3x^2 - x - 3 = 0 \tag{5}$$

由于上述方程的常数项为负,故方程必有负根.

46

注意到三角形两边之差小于第三边,故当点 P 位于方程(5)的负根所对应的交点 C 时,$f(x)$ 有最大值 $|AB| = \sqrt{3^2 + 1^2} = \sqrt{10}$.

例 10 已知正实数 a, b, c, d, e 和 p, q 满足 $0 < p \leqslant a, b, c, d, e \leqslant q$. 试证明

$$(a + b + c + d + e)\left(\frac{1}{a} + \frac{1}{b} + \frac{1}{c} + \frac{1}{d} + \frac{1}{e}\right) \leqslant 25 + 6\left(\sqrt{\frac{p}{q}} - \sqrt{\frac{q}{p}}\right)^2$$

并指出等号成立的条件.(美国数学奥林匹克试题)

证明 令

$$y = f(a, b, c, d, e) = (a + b + c + d + e)\left(\frac{1}{a} + \frac{1}{b} + \frac{1}{c} + \frac{1}{d} + \frac{1}{e}\right)$$

则我们只需证明

$$\max f(a, b, c, d, e) = 25 + 6\left(\sqrt{\frac{p}{q}} - \sqrt{\frac{q}{p}}\right)^2$$

其中,$0 < p \leqslant a, b, c, d, e \leqslant q$.

由于问题中的 a, b, c, d, e 五个字母都是变量,这就给我们的讨论带来了很多困难. 为此,我们采用局部调整法,暂时固定 b, c, d, e 而让 a 在 $[p, q]$ 上变动.

设 $m = b + c + d + e, n = \frac{1}{b} + \frac{1}{c} + \frac{1}{d} + \frac{1}{e}$,则

$$y = (a + m)\left(\frac{1}{a} + n\right) = an + \frac{m}{a} + mn + 1$$

上式便是关于变量 a 的一元函数.

由上一节中的例 7 知,$y = g(a)$ 在 $\left(0, \sqrt{\frac{m}{n}}\right]$ 上单调递减, 在 $\left[\sqrt{\frac{m}{n}}, +\infty\right)$ 上单调递增. 因此,y 在 $[p, q]$ 上的最大值只能在区间的端点 p 或 q 处达到.

同理,当我们取定 a 为 p 或 q 后,固定 c, d, e,可知 b 取 p 或 q 时,才能使 y 达到最大. 如此继续,可知只有当 a, b, c, d, e 均取 p 或 q 时,y 才能达到最大值.

下面我们进一步求出 y 的最大值.

设 a, b, c, d, e 中有 k 个取值 p,则有 $5 - k$ 个取值 q($k = 0, 1, 2, 3, 4, 5$). 于是

$$y = [kp + (5 - k)q]\left(\frac{k}{p} + \frac{5 - k}{q}\right) = k^2 + (5 - k)^2 + k(5 - k)\left(\frac{p}{q} + \frac{q}{p}\right)$$

这是一个关于 k 的二次函数,因此我们只需求出这个二次函数的最大值.

注意到原不等式的右端,也即最大值应是 $25 + 6\left(\sqrt{\frac{p}{q}} - \sqrt{\frac{q}{p}}\right)^2$,则

$$y = k^2 + (5-k)^2 + k(5-k)\left[\left(\sqrt{\frac{p}{q}} - \sqrt{\frac{q}{p}}\right)^2 + 2\right]$$

$$= 25 + k(5-k)\left(\sqrt{\frac{p}{q}} - \sqrt{\frac{q}{p}}\right)^2$$

$$\leqslant 25 + 6\left(\sqrt{\frac{p}{q}} - \sqrt{\frac{q}{p}}\right)^2$$

其中,等号成立当且仅当 $k=2$ 或 $k=3$. 所以

$$(a+b+c+d+e)\left(\frac{1}{a}+\frac{1}{b}+\frac{1}{c}+\frac{1}{d}+\frac{1}{e}\right) \leqslant 25 + 6\left(\sqrt{\frac{p}{q}} - \sqrt{\frac{q}{p}}\right)^2$$

其中,等号成立当且仅当 a,b,c,d,e 中有两数或三数为 p,其余为 q.

我们不难将例 10 推广到更一般的情形:

若 $0 < p \leqslant a_i \leqslant q (i=1,2,\cdots,n)$,则

$$(a_1+a_2+\cdots+a_n)\left(\frac{1}{a_1}+\frac{1}{a_2}+\cdots+\frac{1}{a_n}\right) \leqslant n^2 + \left[\frac{n}{2}\right] \cdot \left[\frac{n+1}{2}\right]\left(\sqrt{\frac{p}{q}} - \sqrt{\frac{q}{p}}\right)^2$$

等号当且仅当 a_i 中有 $\left[\dfrac{n}{2}\right]$ 或 $\left[\dfrac{n+1}{2}\right]$ 个为 p,其余为 q 时成立,其中 $[x]$ 表示不超过 x 的最大整数.

证明请读者自行完成.

在例 10 中,我们首先应用局部调整的思想解决了题中 y 达到最大值的条件问题,然后利用这个条件分析 y 取最大值所应满足的必要条件,再进一步找到 y 取最大值的充要条件,从而获得问题的圆满解决. 这个过程所反映的一些数学思想和方法,十分值得大家借鉴和体味.

例 11 给定一个正棱柱,它的底面是 $2n$ 边形 $A_1A_2\cdots A_{2n}$ 和 $B_1B_2\cdots B_{2n}$,其外接圆半径为 R. 证明:如果棱 A_iB_i 的长度变化,那么当 $A_iB_i=2R\cos\dfrac{\pi}{2n}$ 时,直线 A_1B_{n+1} 和通过 A_1,A_3,B_{n+2} 的平面所成的角最大.(保加利亚数学奥林匹克试题)

证明 由于对角线 A_1B_{n+1},通过正棱柱的中心 O,故 A_1B_{n+1} 与平面 $A_1A_3B_{n+2}$ 所成的角即为 A_1O 与平面 $A_1A_3B_{n+2}$ 所成的角.

为了求出这个角,我们先求 O 在平面 $A_1A_3B_{n+2}$ 上的正投影. 注意到对棱面 $A_2A_{n+2}B_{n+2}B_2$ 平分 A_1A_3,也就垂直交平面 $A_1A_3B_{n+2}$ 于 MB_{n+2}(如图 3.4),因此,O 到 MB_{n+2} 的垂足 N 就是所述的正投影. 从而,$\angle OA_1N$ 就是 A_1B_{n+1} 与平面 $A_1A_3B_{n+2}$ 所成的角.

设柱体的高为 h,那么

48

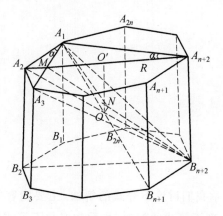

图 3.4

$$|OA_1| = |OA_2| = \sqrt{|OO'|^2 + |O'A_2|^2} = \sqrt{\frac{h^2}{4} + R^2}$$

不难看出，$S_{\triangle A_2 OM} = S_{\triangle OB_{n+2}M}$，因此

$$|ON| = \frac{|A_2M| \cdot |OO'|}{|MB_{n+2}|} = \frac{|A_1A_2| \, |OO'| \sin \alpha}{\sqrt{|MA_{n+2}|^2 + |A_{n+2}B_{n+2}|^2}}$$

$$= \frac{2R \cdot \frac{1}{2}h \cdot \sin^2 \alpha}{\sqrt{(2R - 2R\sin^2 \alpha)^2 + h^2}}$$

$$= \frac{hR \sin^2 \alpha}{\sqrt{4R^2 \cos^4 \alpha + h^2}}$$

其中 $\alpha = \dfrac{\pi}{2n}$（见图 3.4）. 于是

$$\sin \angle OA_1 N = \frac{|ON|}{|OA_1|} = \frac{hR \sin^2 \alpha}{\sqrt{4R^2 \cos^4 \alpha + h^2} \sqrt{\frac{1}{4}h^2 + R^2}}$$

由于 $\angle OA_1 N$ 为锐角，故它和 $\sin \angle OA_1 N$ 同时达到最大值. 为此，我们只需考虑 $y = (4R^2 \cos^4 \alpha + h^2) \left(\dfrac{1}{4} + \dfrac{R^2}{h^2} \right)$ 的最小值.

由展开得 $y = \dfrac{1}{4}h^2 + \dfrac{4R^4 \cos^4 \alpha}{h^2} + R^2(1 + \cos^4 \alpha)$.

由上一节中的例 7 知，当 $h^2 = \sqrt{16R^4 \cos^4 \alpha} = 4R^2 \cos^2 \alpha$，即 $h = 2R \cos \alpha$ 时，y 达到最小值，也就是 $\sin \angle OA_1 N$ 达到最大值.

因此，当 $A_i B_i = 2R\cos \dfrac{\pi}{2n}$ 时，直线 $A_1 B_{n+1}$ 与平面 $A_1 A_3 B_{n+2}$ 所成的角最大.

49

解不等式

第 4 章

本章我们讨论不等式的解法,主要内容为有理不等式的解法、无理不等式的解法、指数和对数不等式的解法和绝对值不等式的解法.

解不等式根据的是不等式的性质和不等式的同解原理.

解不等式与解方程以及函数的图像、性质有着较为密切的联系,它们互相转化、相互渗透,又有所区别.

4.1 一次与二次不等式(组)

一元一次不等式经过化简后,一般可以表示成:

(1) $ax+b>0(a>0)$,不等式解为 $x>-\dfrac{a}{b}$;

(2) $ax+b<0(a>0)$,不等式解为 $x<-\dfrac{a}{b}$.

一元二次不等式经过化简后,一般可以表示成:

(3) $ax^2+bx+c>0(a>0)$,若 $\Delta=b^2-4ac<0$,不等式(3)的解为全体实数;若 $\Delta=b^2-4ac=0$,不等式(3)的解为 $x\neq-\dfrac{b}{2a}$ 的实数;若 $\Delta=b^2-4ac>0$,不等式(3)的解为 $x>x_2$ 或者 $x<x_1$(其中 $x_1<x_2$ 是对应的一元二次方程的两个根).

(4) $ax^2+bx+c<0(a>0)$,若 $\Delta=b^2-4ac\leqslant 0$,不等式(4)无解;若 $\Delta=b^2-4ac>0$,不等式(4)的解为 $x_1<x<x_2$(其中 $x_1<x_2$ 是对应的一元二次方程的两个根).

例 1 解关于 x 的不等式 $\dfrac{3x+3}{a^2}-2>\dfrac{1-2x}{a}$.

解 由题设知 $a\neq 0$,去分母并整理得 $(2a+3)x>(2a+3)(a-1)$.

当 $2a+3>0$,即 $a>-\dfrac{3}{2}(a\neq 0)$ 时,$x>a-1$;

当 $2a+3=0$,即 $a=-\dfrac{3}{2}$ 时,该不等式无解;

当 $2a+3<0$,即 $a<-\dfrac{3}{2}$ 时,$x<a-1$.

附注 对于求解含有字母系数的不等式,要分情况讨论.

例 2 已知不等式 $(2a-b)x+3a-4b<0$ 的解为 $x>\dfrac{4}{9}$,求不等式 $(a-4b)x+2a-3b>0$ 的解.

解 已知不等式为 $(2a-b)x<4b-3a$. 由题设知 $\begin{cases}2a-b<0\\ \dfrac{4b-3a}{2a-b}=\dfrac{4}{9}\end{cases}$,所以

$$\begin{cases}2a<b\\ b=\dfrac{7}{8}a\end{cases}$$

由 $2a<\dfrac{7}{8}a$,可得 $a<0$,从而 $a<0,b=\dfrac{7}{8}a$.

于是,不等式 $(a-4b)x+2a-3b>0$ 等价于

$$\left(a-\dfrac{7}{2}a\right)x+2a-\dfrac{21}{8}a>0$$

即 $-\dfrac{5}{2}ax>\dfrac{5}{8}a$,解得 $x>-\dfrac{1}{4}$. 故所求的不等式解为 $x>-\dfrac{1}{4}$.

例 3 若不等式 $\dfrac{1}{p}x^2+qx+p>0$ 的解为 $2<x<4$,求实数 p,q 的值.

解 由题意知 $p<0$ 且 $2,4$ 是方程 $\dfrac{1}{p}x^2+qx+p=0$ 的两个根,则由韦达定理有

$$\begin{cases}2+4=-pq\\ 2\times 4=p^2\\ p<0\end{cases}$$

解得

$$\begin{cases} p = -2\sqrt{2} \\ q = \dfrac{3\sqrt{2}}{2} \end{cases}$$

例 4　设 a 为参数，解关于 x 的一元二次不等式 $ax^2 - (a+1)x + 1 < 0$.

解　① 当 $a = 0$ 时，原不等式化为 $-x + 1 < 0$，解为 $x > 1$.

② 当 $a \neq 0$ 时，则不等式可化为 $a\left(x - \dfrac{1}{a}\right)(x - 1) < 0$.

(a) 若 $a > 0$，则不等式可化为 $\left(x - \dfrac{1}{a}\right)(x - 1) < 0$.

当 $\dfrac{1}{a} > 1$，即 $0 < a < 1$ 时，解为 $1 < x < \dfrac{1}{a}$；

当 $\dfrac{1}{a} < 1$，即 $a > 1$ 时，解为 $\dfrac{1}{a} < x < 1$；

当 $\dfrac{1}{a} = 1$，即 $a = 1$ 时，不等式无解.

(b) 若 $a < 0$，则不等式可化为 $\left(x - \dfrac{1}{a}\right)(x - 1) > 0$，解为 $x > 1$ 或 $x < \dfrac{1}{a}$.

综上，$a = 0$ 时，不等式的解为 $x > 1$；$a > 1$ 时，不等式的解为 $\dfrac{1}{a} < x < 1$；$0 < a < 1$ 时，不等式的解为 $1 < x < \dfrac{1}{a}$；$a = 1$ 时，不等式无解；$a < 0$ 时，不等式的解为 $x > 1$ 或 $x < \dfrac{1}{a}$.

附注　本例我们对 a 的讨论分三层：

① a 是否为 0；

② a 的正负性，这是由于在进一步的变形中，不等式两边需除以 a，由不等式的性质知，除数的符号将影响不等号的方向；

③ $\dfrac{1}{a}$ 与 1 的大小关系.

例 5　已知不等式 $ax^2 + bx + c > 0$ 的解是 $\alpha < x < \beta$（其中 $\alpha > 0$）. 试求不等式 $cx^2 - bx + a > 0$ 的解.

解　由题意，不等式 $ax^2 + bx + c > 0$ 的解是 $\alpha < x < \beta$，则可得 $a < 0$，且

$$ax^2 + bx + c = a(x - \alpha)(x - \beta)$$

52

由韦达定理得

$$\begin{cases} \alpha + \beta = -\dfrac{b}{a} \\ \alpha \cdot \beta = \dfrac{c}{a} \end{cases}$$

从而有

$$cx^2 - bx + a = a\alpha\beta x^2 + a(\alpha + \beta)x + a$$
$$= a[\alpha\beta x^2 + (\alpha + \beta)x + 1]$$
$$= a(\alpha x + 1)(\beta x + 1)$$

又因为 $a < 0, \beta > \alpha > 0$,故 $0 > -\dfrac{1}{\beta} > -\dfrac{1}{\alpha}$.

于是,所求不等式的解为 $-\dfrac{1}{\alpha} < x < -\dfrac{1}{\beta}$.

附注 实际上,如果一元二次方程 $ax^2 + bx + c = 0(a \neq 0)$ 的两根为 α,β,那么方程 $cx^2 - bx + a = 0$ 的两根为 α,β 的倒数的相反数 $-\dfrac{1}{\alpha}$,$-\dfrac{1}{\beta}$.

例 6 欲使不等式 $(m-1)x^2 + (3-m)x - 2 < 0$ 与不等式 $x^2 - 3x + 2 < 0$ 无公共解,求 m 的取值范围.

解 不等式 $x^2 - 3x + 2 < 0$ 的解是 $1 < x < 2$.

不等式 $(m-1)x^2 + (3-m)x - 2 < 0$,即

$$[(m-1)x + 2](x-1) < 0 \tag{1}$$

① 当 $m = 1$ 时,不等式 $x - 1 < 0$,即 $x < 1$,符合题意;

② 当 $m - 1 > 0$,即 $m > 1$ 时,不等式(1)之解为 $\dfrac{2}{1-m} < x < 1$,符合题意;

③ 当 $m - 1 < 0$,即 $m < 1$ 时,我们分两种情况讨论:

若 $\dfrac{2}{1-m} < 1$,即 $m < -1$ 时,不等式(1)之解为 $x > 1$,或 $x < \dfrac{2}{1-m}$,不合题意;

若 $\dfrac{2}{1-m} > 1$,即 $-1 < m < 1$ 时,不等式(1)之解为 $x > \dfrac{2}{1-m}$,或 $x < 1$,欲使不等式 $(m-1)x^2 + (3-m)x - 2 < 0$ 与不等式 $x^2 - 3x + 2 < 0$ 无公共解,则需 $\dfrac{2}{1-m} \geq 2$,从而 $0 \leq m < 1$.

综上所述,欲使不等式 $(m-1)x^2 + (3-m)x - 2 < 0$ 与不等式 $x^2 - 3x + 2 < 0$ 无公共解,m 的取值范围是 $m \geq 0$.

习　　题

1. 解不等式 $x - \dfrac{5}{2} > x(x-2) - \dfrac{1}{4}$.

2. 解不等式 $x^2 - 5|x| + 6 > 0$.

3. 解关于 x 的不等式 $56 + x^2 + ax > a^2$.

4. 已知关于 x 的不等式 $x^2 - mx + n \leqslant 0$ 的解是 $-5 \leqslant x \leqslant 1$，求 m, n 的值.

5. 若关于 x 的不等式组

$$\begin{cases} x^2 - x - 2 > 0 \\ 2x^2 + (2k+5)x + 5k < 0 \end{cases}$$

的整数解是 $x = -2$，求实数 k 的取值范围.

6. 已知二次函数 $y = ax^2 + bx + c\,(a \neq 0)$ 的图像与直线 $y = 25$ 有交点，且不等式 $ax^2 + bx + c > 0$ 的解为 $-\dfrac{1}{2} < x < \dfrac{1}{3}$，求 a, b, c 的取值范围.

4.2　有理不等式的解法

例 1　解不等式 $(x+1)(x-6)(4-x)(x^2+x+1) > 0$.

解　对任意 x，$x^2 + x + 1 > 0$，因此原不等式与不等式 $(x+1)(x-4)(x-6) < 0$ 同解.

用数轴标根法（如图 4.1）.

图 4.1

原不等式的解集为 $\{x \mid x < -1 \text{ 或 } 4 < x < 6\}$.

附注　高于二次的不等式称为高次不等式. 解高次不等式一般都将多项式尽可能地分解，使每个因式成为一次式或二次式，而且各因式中 x 的最高次数的那一项的系数应为正数.

例 2　解不等式 $\dfrac{1}{x^2 - x} \leqslant \dfrac{1}{|x|}$.

解 ① 当 $x > 0$ 时,原不等式化为

$$\begin{cases} \dfrac{1}{x^2-x} \leqslant \dfrac{1}{x} \\ x > 0 \end{cases} \Rightarrow \begin{cases} \dfrac{1}{x-1} \leqslant 1 \\ x > 0 \end{cases} \Rightarrow \begin{cases} \dfrac{x-2}{x-1} \geqslant 0 \\ x > 0 \end{cases} \Rightarrow \begin{cases} x \geqslant 2 \text{ 或 } x < 1 \\ x > 0 \end{cases}$$

$$\Rightarrow x \geqslant 2 \text{ 或 } 0 < x < 1$$

② 当 $x < 0$ 时,原不等式化为

$$\begin{cases} \dfrac{1}{x^2-x} \leqslant \dfrac{1}{-x} \\ x < 0 \end{cases} \Rightarrow \begin{cases} \dfrac{1}{x-1} \geqslant -1 \\ x < 0 \end{cases} \Rightarrow \begin{cases} x > 1 \text{ 或 } x \leqslant 0 \\ x < 0 \end{cases} \Rightarrow x < 0$$

综上,原不等式的解集为 $\{x \mid x < 0 \text{ 或 } 0 < x < 1 \text{ 或 } x \geqslant 2\}$.

附注 解分式不等式时都是把它化成同解的整式不等式. 例如不等式 $\dfrac{f(x)}{g(x)} > 1$ 与不等式 $\dfrac{f(x)-g(x)}{g(x)} > 0$ 同解,也就是与 $[f(x)-g(x)] \cdot g(x) > 0$ 同解.

一般情况下分式不等式是不能去分母的,但若能判定分母恒大于 0 或恒小于 0,则可以去分母.

例 3 解不等式 $\dfrac{x^3-x^2}{2+x-x^2} \geqslant 0$.

解 原不等式化为

$$\begin{cases} x^2(x-1)(2+x-x^2) \geqslant 0 \\ 2+x-x^2 \neq 0 \end{cases} \Rightarrow \begin{cases} x^2(x+1)(x-1)(x-2) \leqslant 0 \\ x \neq -1 \text{ 且 } x \neq 2 \end{cases}$$

用数轴标根法(如图 4.2).

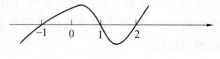

图 4.2

原不等式解集为 $\{x \mid x = 0 \text{ 或 } x < -1 \text{ 或 } 1 \leqslant x < 2\}$.

例 4 若关于 x 的不等式 $\dfrac{x^2+(2a^2+2)x-a^2+4a-7}{x^2+(a^2+4a-5)x-a^2+4a-7} < 0$ 的解集是一些区间的并集,且这些区间的长度的和不小于 4,求实数 a 的取值范围.

解 $-a^2+4a-7 = -(a-2)^2-3 < 0$,令

$$f(x) = x^2+(2a^2+2)x-a^2+4a-7$$

$$g(x) = x^2+(a^2+4a-5)x-a^2+4a-7$$

则方程 $f(x)=0$ 及 $g(x)=0$ 都各有两个实根,容易判断这两个方程的根均为一

正一负,而且互不相等.

设 $f(x)=0$ 的根为 $x_1,x_2,x_1x_2<0$,不妨设 $x_1<x_2$.又设 $g(x)=0$ 的根为 x_3,x_4,则 $x_3x_4<0$,令 $x_3<x_4$,由韦达定理,有

$$(x_3+x_4)-(x_1+x_2)=-(a^2+4a-5)+2a^2+2=a^2-4a+7>0$$

所以 $x_3+x_4-(x_1+x_2)>0$.

下面我们证明 $\begin{cases} x_4>x_2 \\ x_3>x_1 \end{cases}$.用反证法:

设 $x_4\leqslant x_2\Rightarrow\dfrac{x_4}{x_2}\leqslant 1$,又 $\dfrac{x_4}{x_2}=\dfrac{x_1}{x_3}\leqslant 1(x_3<0)\Rightarrow x_1\geqslant x_3$,这样便有

$$\begin{cases} x_4\leqslant x_2 \\ x_3\leqslant x_1 \end{cases}\Rightarrow x_3+x_4\leqslant x_1+x_2$$

此与已有事实 $x_3+x_4>x_1+x_2$ 矛盾,故 $x_4>x_2$.再由 $x_4>x_2$ 及 $x_1x_2=x_3x_4$,得 $x_3>x_1$.因此有 $x_1<x_3<0<x_2<x_4$.

原不等式等价于 $f(x)\cdot g(x)<0$,由数轴标根法(如图 4.3),得原不等式解为 $(x_1,x_3)\bigcup(x_2,x_4)$,区间长度之和为 $x_4-x_2+x_3-x_1=(x_3+x_4)-(x_1+x_2)=a^2-4a+7$.

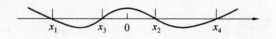

图 4.3

由题设 $a^2-4a+7\geqslant 4\Rightarrow a\geqslant 3$ 或 $a\leqslant 1$,这就是 a 的取值范围.

附注 区间的长度取决于数轴上点与点的距离.因此本题我们应用韦达定理,从整体着眼研究根的分布.如果求每个根的数值势必会使我们陷入烦冗的计算之中,并且解题效率极低.

4.3 无理不等式的解法

例1 设函数 $f(x)=\sqrt{x^2+1}-ax$,其中 $a>0$,解不等式 $f(x)\leqslant 1$.

解 $\sqrt{x^2+1}\leqslant 1+ax$,由此得 $ax\geqslant 0$(已知常数 $a>0$),$1+ax>0$,所以原不等式等价于

$$\begin{cases} x^2+1\leqslant(1+ax)^2 \\ x\geqslant 0 \end{cases}\Rightarrow\begin{cases} (a^2-1)x+2a\geqslant 0 \\ x\geqslant 0 \end{cases}$$

56

所以,当 $0 < a < 1$ 时,所求不等式的解集为 $\{x \mid 0 \leqslant x \leqslant \dfrac{2a}{1-a^2}\}$;当 $a \geqslant 1$ 时,所求不等式的解集为 $\{x \mid x \geqslant 0\}$.

例 2 设 $a > 0$,解关于 x 的不等式 $\sqrt{a(a-x)} > a - 2x$.

解 原不等式化为

$$\begin{cases} a - x \geqslant 0 \\ a - 2x < 0 \end{cases} \tag{1}$$

或

$$\begin{cases} a - x > 0 \\ a - 2x \geqslant 0 \\ a(a-x) > (a-2x)^2 \end{cases} \tag{2}$$

从不等式组(1)解得 $\dfrac{a}{2} < x \leqslant a$,从不等式组(2)解得 $0 < x \leqslant \dfrac{a}{2}$,因此原不等式解集为 $\{x \mid 0 < x \leqslant a\}$.

附注 解无理不等式时,为了化成有理不等式,一般都有乘方.但这时候一定要注意式子的取值范围,否则乘方后会破坏不等式的同解性.例如 $x = 2$ 是不等式 $\sqrt{x} > -8$ 的一个解,但是 $x = 2$ 不是不等式 $x > (-8)^2$ 的解.

一般地

$$\begin{cases} \sqrt{f(x)} > \sqrt{\varphi(x)} \Leftrightarrow \begin{cases} \varphi(x) \geqslant 0 \\ f(x) > \varphi(x) \end{cases} \\ \\ \sqrt{f(x)} > \varphi(x) \Leftrightarrow \begin{cases} f(x) \geqslant 0 \\ \varphi(x) < 0 \end{cases} \text{或} \begin{cases} f(x) > [\varphi(x)]^2 \\ \varphi(x) \geqslant 0 \end{cases} \\ \\ \sqrt{f(x)} < \varphi(x) \Leftrightarrow \begin{cases} f(x) \geqslant 0 \\ \varphi(x) > 0 \\ f(x) < [\varphi(x)]^2 \end{cases} \end{cases}$$

另外在解题过程中,集合之间的"交""并"关系也必须理清楚,这样才能保证答案的正确性.

例 3 解不等式 $\sqrt{a(a-2x)} > 1 - x \ (a > 0)$.

解 原不等式化为

$$\begin{cases} a - 2x \geqslant 0 \\ 1 - x < 0 \end{cases} \tag{3}$$

或

$$\begin{cases} a - 2x > 0 \\ 1 - x \geqslant 0 \\ a(a - 2x) > (1 - x)^2 \end{cases} \quad (4)$$

不等式组(3) 化为

$$\begin{cases} x \leqslant \dfrac{a}{2} \\ x > 1 \end{cases}$$

① 如 $0 < a \leqslant 2$ 时,解集为 $\varnothing$;

② 如 $a > 2$ 时,解集为 $1 < x \leqslant \dfrac{a}{2}$.

不等式组(4) 化为

$$\begin{cases} x < \dfrac{a}{2} \\ x \leqslant 1 \\ x^2 - (2 - 2a)x + 1 - a^2 < 0 \quad (\Delta = 8a(a-1)) \end{cases}$$

① 当 $\Delta \leqslant 0$,即 $0 < a \leqslant 1$ 时,解集为 $\varnothing$;

② 当 $\begin{cases} \Delta > 0 \\ 1 < a \leqslant 2 \end{cases}$ 时,原不等式二化为

$$\begin{cases} x < \dfrac{a}{2} \\ 1 - a - \sqrt{2a(a-1)} < x < 1 - a + \sqrt{2a(a-1)} \end{cases}$$

由于 $1 - a + \sqrt{2a(a-1)} \leqslant \dfrac{a}{2}(a = 2$ 时取等号$)$,因此不等式解为

$$1 - a - \sqrt{2a(a-1)} < x < 1 - a + \sqrt{2a(a-1)}$$

③ 当 $\begin{cases} \Delta > 0 \\ a > 2 \end{cases}$ 时,原不等式二化为

$$\begin{cases} x \leqslant 1 \\ 1 - a - \sqrt{2a(a-1)} < x < 1 - a + \sqrt{2a(a-1)} \end{cases}$$

由于 $\sqrt{2a(a-1)} > a(a > 2$ 时$)$,因此不等式解为

$$1 - a - \sqrt{2a(a-1)} < x \leqslant 1$$

将不等式组(3),(4)的解合并便得原不等式解为:

当 $0 < a \leqslant 1$ 时,$x \in \varnothing$;

当 $1 < a \leqslant 2$ 时,$1 - a - \sqrt{2a(a-1)} < x < 1 - a + \sqrt{2a(a-1)}$;

当 $a > 2$ 时, $1 - a - \sqrt{2a(a-1)} < x \leqslant \dfrac{a}{2}$.

附注 对含参数的不等式,除了原有的基本解法,还要学会讨论,讨论要把握住时机和线索.本题就是以 a 的取值为线索,条理清楚有分有合,不重复不遗漏,步步紧扣,一气呵成.善于讨论是学好数学的必备基本功.

例 4 解不等式 $\dfrac{x}{\sqrt{1+x^2}} + \dfrac{1-x^2}{1+x^2} > 0$.

解法 1 原不等式化为

$$x\sqrt{1+x^2} > x^2 - 1$$

① 如果 $x < 0$,则有

$$\begin{cases} x < 0 \\ x^2 - 1 < 0 \\ (1-x^2)^2 > x^2(1+x^2) \end{cases} \Rightarrow \begin{cases} -1 < x < 0 \\ -\dfrac{\sqrt{3}}{3} < x < \dfrac{\sqrt{3}}{3} \end{cases} \Rightarrow -\dfrac{\sqrt{3}}{3} < x < 0$$

② 如果 $x \geqslant 0$,则有

$$\begin{cases} x \geqslant 0 \\ x^2 - 1 < 0 \end{cases} \text{或} \begin{cases} x \geqslant 0 \\ x^2 - 1 \geqslant 0 \\ x^2(1+x^2) > (x^2-1)^2 \end{cases}$$

得 $x \geqslant 0$.

综合 ①② 得原不等式的解为 $x > -\dfrac{\sqrt{3}}{3}$.

解法 2 三角代换,令 $x = \tan\theta, \theta \in \left(-\dfrac{\pi}{2}, \dfrac{\pi}{2}\right)$,原不等式化为

$$2\sin^2\theta - \sin\theta - 1 < 0 \Rightarrow \sin\theta > -\dfrac{1}{2} \quad \left(-\dfrac{\pi}{6} < \theta < \dfrac{\pi}{2}\right)$$

$$\Rightarrow \tan\theta > -\dfrac{\sqrt{3}}{3}$$

即 $x > -\dfrac{\sqrt{3}}{3}$.

4.4 指数和对数不等式的解法

例 1 解不等式 $4^x + 6^x > 9^x$.

思考和分析 这是一个指数不等式.注意到其底数 $4, 6, 9$ 有如下关系

$\left(\dfrac{4}{9}\right)=\left(\dfrac{2}{3}\right)^2, \dfrac{6}{9}=\dfrac{2}{3}, \dfrac{9}{9}=1$,因此类似于解指数方程,可以将不等式两边同除以 9^x.

解 原不等式化为 $\left(\dfrac{4}{9}\right)^x+\left(\dfrac{6}{9}\right)^x>1$. 令 $\left(\dfrac{2}{3}\right)^x=u$,则 $\left(\dfrac{4}{9}\right)^x=u^2(u>0)$,则有

$$u^2+u-1>0 \Rightarrow \left(u-\dfrac{-1+\sqrt{5}}{2}\right)\cdot\left(u+\dfrac{1+\sqrt{5}}{2}\right)>0$$

$$\Rightarrow u>\dfrac{-1+\sqrt{5}}{2} \Rightarrow \left(\dfrac{2}{3}\right)^x>\dfrac{-1+\sqrt{5}}{2}$$

原不等式的解为 $x<\log_{\frac{2}{3}}\dfrac{\sqrt{5}-1}{2}$.

附注 $y=\left(\dfrac{2}{3}\right)^x$ 为减函数,疏忽了这一点,解的最后一步就会出错. 解指数不等式一般应先解出 a^x 的范围,进而再求 x 的范围.

例 2 不等式 $1+2^x<3^x$ 的解是_____.

解 原不等式化为 $\left(\dfrac{1}{3}\right)^x+\left(\dfrac{2}{3}\right)^x<1$.

当 $x=1$ 时,$\left(\dfrac{1}{3}\right)^1+\left(\dfrac{2}{3}\right)^1=1$,所以 $x=1$ 不是不等式的解.

当 $x<1$ 时,$\left(\dfrac{1}{3}\right)^x>\left(\dfrac{1}{3}\right)^1$,$\left(\dfrac{2}{3}\right)^x>\left(\dfrac{2}{3}\right)^1 \Rightarrow \left(\dfrac{1}{3}\right)^x+\left(\dfrac{2}{3}\right)^x>\dfrac{1}{3}+\dfrac{2}{3}(=1)$,因此 $x<1$ 也不是不等式的解.

当 $x>1$ 时,$\left(\dfrac{1}{3}\right)^x<\left(\dfrac{1}{3}\right)^1$,$\left(\dfrac{2}{3}\right)^x<\left(\dfrac{2}{3}\right)^1 \Rightarrow \left(\dfrac{1}{3}\right)^x+\left(\dfrac{2}{3}\right)^x<1$,也就是 $1+2^x<3^x$,因此原不等式的解为 $x>1$.

例 3 解不等式 $2\sqrt{5\cdot6^x-2\cdot9^x-3\cdot4^x}+3^x<2^{x+1}$.

解 原不等式化为

$$\begin{cases} 5\cdot6^x-2\cdot9^x-3\cdot4^x\geqslant0 \\ 2\cdot2^x>3^x \\ (2^{x+1}-3^x)^2>4(5\cdot6^x-2\cdot9^x-3\cdot4^x) \end{cases} \Rightarrow \begin{cases} \left(3^x-\dfrac{3}{2}\cdot2^x\right)(3^x-2^x)\leqslant0 \\ 3^x<2\cdot2^x \\ (3\cdot3^x-4\cdot2^x)^2>0 \end{cases} \Rightarrow$$

$$\begin{cases} 2^x\leqslant3^x\leqslant\dfrac{3}{2}\cdot2^x \\ 3\cdot3^x\neq4\cdot2^x \end{cases} \Rightarrow \begin{cases} 0\leqslant x\leqslant1 \\ x\neq\log_{\frac{3}{2}}\dfrac{4}{3} \end{cases}$$

60

因此原不等式的解为 $\{x \mid 0 \leqslant x \leqslant 1$ 且 $x \neq \log_{\frac{3}{2}} \frac{4}{3}\}$.

例 4 若 $0 < a < 1$,解不等式 $\log_a x > 6\log_x a - 1$.

解 令 $\log_a x = u$,由对数换底公式得 $\log_x a = \dfrac{1}{u}$,原不等式化为

$$u > \frac{6}{u} - 1 \Rightarrow \frac{u^2 + u - 6}{u} > 0 \Rightarrow u(u-2)(u+3) > 0$$

由数轴标根法得(如图 4.4),$-3 < u < 0$ 或 $u > 2$,注意到 $0 < a < 1 \Rightarrow$ 原不等式解集为 $\{x \mid 1 < x < a^{-3}$ 或 $0 < x < a^2\}$.

图 4.4

附注 由 $u > 2$,得 $\log_a x > 2 \Rightarrow x < a^2$,注意到 $y = \log_a x$ 中,$x > 0$,因此这部分的结果应是 $0 < x < a^2$. 如仅写成 $x < a^2$ 那就不正确了.

例 5 设 $y = \log_{\frac{1}{2}} \left[a^{2x} + 2(ab)^x - b^{2x} + 1\right](a > 0, b > 0)$,求使 y 为负值的 x 的取值范围.

解 据已知

$$a^{2x} + 2(ab)^x - b^{2x} + 1 > 1 \Rightarrow a^{2x} + 2a^x b^x - b^{2x} > 0$$

$$\Rightarrow \left(\frac{a}{b}\right)^{2x} + \left(\frac{a}{b}\right)^x \cdot 2 - 1 > 0$$

$$\Rightarrow \left[\left(\frac{a}{b}\right)^x + 1 + \sqrt{2}\right] \cdot \left[\left(\frac{a}{b}\right)^x + 1 - \sqrt{2}\right] > 0$$

$$\Rightarrow \left(\frac{a}{b}\right)^x > \sqrt{2} - 1$$

① 当 $a = b$ 时,解为 $x \in \mathbf{R}$;

② 当 $a > b$ 时,解为 $x > \log_{\frac{a}{b}}(\sqrt{2} - 1)$;

③ 当 $a < b$ 时,解为 $x < \log_{\frac{a}{b}}(\sqrt{2} - 1)$.

例 6 解不等式 $\sqrt{3\log_a x - 2} < 2\log_a x - 1(a > 0, a \neq 1)$.

解 原不等式等价于

$$\begin{cases} 3\log_a x - 2 \geqslant 0 \\ 2\log_a x - 1 > 0 \\ 3\log_a x - 2 < (2\log_a x - 1)^2 \end{cases} \Rightarrow \begin{cases} \log_a x \geqslant \dfrac{2}{3} \\ \log_a x > \dfrac{1}{2} \\ \log_a x < \dfrac{3}{4} \text{ 或 } \log_a x > 1 \end{cases}$$

$$\Rightarrow \frac{2}{3} \leqslant \log a^x < \frac{3}{4} \text{ 或 } \log a^x > 1$$

当 $a > 1$ 时,得所求解是 $\{x \mid a^{\frac{2}{3}} \leqslant x < a^{\frac{3}{4}}\} \bigcup \{x \mid x > a\}$;

当 $0 < a < 1$ 时,得所求解是 $\{x \mid a^{\frac{3}{4}} < x \leqslant a^{\frac{2}{3}}\} \bigcup \{x \mid 0 < x < a\}$.

例 7 已知 $a > 0, a \neq 1$,试求使方程 $\log_a(x - ak) = \log_{a^2}(x^2 - a^2)$ 有解的 k 的取值范围.

解 原方程的解 x 应满足

$$\begin{cases} (x - ak)^2 = x^2 - a^2 \\ x - ak > 0 \\ x^2 - a^2 > 0 \end{cases} \Rightarrow \begin{cases} (x - ak)^2 = x^2 - a^2 & (1) \\ x - ak > 0 & (2) \end{cases}$$

由式(1)得 $2kx = a(1 + k^2)$. 当 $k = 0$ 时无解;当 $k \neq 0$ 时,解为 $x = \dfrac{a(1 + k^2)}{2k}$,

将此解代入式(2)得

$$\frac{a(1 + k^2)}{2k} - ak > 0 \Rightarrow \frac{1 + k^2}{2k} - k > 0 \Rightarrow \frac{k^2 - 1}{k} < 0 \Rightarrow k < -1 \text{ 或 } 0 < k < 1$$

即当 k 在集合 $(-\infty, -1) \bigcup (0, 1)$ 内取值时,原方程有解.

例 8 解不等式 $\log_{4x^2} x^2 \cdot \log_{8x^2} x^4 \leqslant 1$.

解 令 $|x| = u$,原不等式化为

$$\log_{2u} u \cdot (2\log_{2\sqrt{2}u} u) \leqslant 1 \Rightarrow \frac{2\lg u \lg u}{(\lg u + \lg 2)(\lg u + \lg 2\sqrt{2})} \leqslant 1$$

$$\Rightarrow \frac{(\lg u - 3\lg 2)(\lg u + \lg\sqrt{2})}{(\lg u + \lg 2)(\lg u + \lg 2\sqrt{2})} \leqslant 0$$

则有

$$\lg (2\sqrt{2})^{-1} < \lg u < \lg 2^{-1} \Rightarrow \frac{\sqrt{2}}{4} < |x| < \frac{1}{2}$$

或

$$-\lg\sqrt{2} \leqslant \lg u \leqslant 3\lg 2 \Rightarrow \frac{\sqrt{2}}{2} \leqslant |x| \leqslant 8$$

因此原不等式解为

$$\{x \mid -\frac{1}{2} < x < -\frac{\sqrt{2}}{4} \text{ 或 } \frac{\sqrt{2}}{4} < x < \frac{1}{2} \text{ 或 } \frac{\sqrt{2}}{2} \leqslant x \leqslant 8 \text{ 或 } -8 \leqslant x \leqslant -\frac{\sqrt{2}}{2}\}$$

4.5　绝对值不等式的解法

例 1　解不等式：

(1) $|x^2 + 3x| + x^2 - 2 \geqslant 0$；

(2) $|x^2 - 2| \leqslant 2x + 1$；

(3) $|x - 1| + |x - 2| > x + 3$.

解　(1) 原不等式化为

$$x^2 + 3x \geqslant 2 - x^2 \tag{1}$$

或

$$x^2 + 3x \leqslant -(2 - x^2) \tag{2}$$

对于式(1)解得 $x \geqslant \dfrac{1}{2}$ 或 $x \leqslant -2$，对于式(2)解得 $x \leqslant -\dfrac{2}{3}$. 取其并集，因此原不等式解集为 $\left\{ x \mid x \leqslant -\dfrac{2}{3} \text{ 或 } x \geqslant \dfrac{1}{2} \right\}$.

(2) 原不等式化为

$$\begin{cases} x^2 - 2 \leqslant 2x + 1 \\ x^2 - 2 \geqslant -(2x + 1) \end{cases} \Rightarrow \begin{cases} x^2 - 2x - 3 \leqslant 0 \\ x^2 + 2x - 1 \geqslant 0 \end{cases} \Rightarrow \begin{cases} -1 \leqslant x \leqslant 3 \\ x \geqslant \sqrt{2} - 1 \text{ 或 } x \leqslant -1 - \sqrt{2} \end{cases}$$

因此，原不等式解集为 $\{ x \mid \sqrt{2} - 1 \leqslant x \leqslant 3 \}$.

(3) 分析：$|x - 1| = 0$ 则 $x = 1$，$|x - 2| = 0$ 则 $x = 2$. 数 1 和 2 将数轴分为三段，依据绝对值的定义，通过分段讨论把绝对值的不等式化为不含绝对值的不等式.

解法 1：划分区间分类讨论：

当 $x < 1$ 时，原不等式化为 $\begin{cases} x < 1 \\ 1 - x + 2 - x > x + 3 \end{cases} \Rightarrow x < 0$；

当 $1 \leqslant x \leqslant 2$ 时，原不等式化为 $\begin{cases} 1 \leqslant x \leqslant 2 \\ x - 1 + 2 - x > x + 3 \end{cases} \Rightarrow x \in \varnothing$；

当 $x > 2$ 时，原不等式化为 $\begin{cases} x > 2 \\ x - 1 + x - 2 > x + 3 \end{cases} \Rightarrow x > 6$.

综上，原不等式解集为 $\{ x \mid x < 0 \text{ 或 } x > 6 \}$

解法 2：构造函数，画图像：

令 $f(x) = |x - 1| + |x - 2|$，$g(x) = x + 3$，可得

63

$$f(x) = \begin{cases} 2x - 3 & (x > 2) \\ 1 & (1 \leqslant x \leqslant 2) \\ -2x + 3 & (x < 1) \end{cases}$$

在同一坐标系内作出 $y = f(x)$ 和 $y = g(x)$ 的图像(如图 4.5),可求得 $A(0,3)$,$B(6,9)$.因为 $f(x) > g(x)$,所以原不等式解集为 $\{x \mid x < 0 \text{ 或 } x > 6\}$.

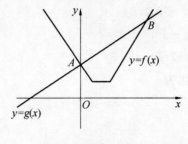

图 4.5

附注 本例三个小题的解法在对待含绝对值的不等式上,具有普遍意义,是通法.

一般地,$\mid f(x) \mid > g(x)$ 与 $\begin{cases} f(x) > g(x) \\ f(x) < -g(x) \end{cases}$ 同解,$\mid f(x) \mid < g(x)$ 与

$\begin{cases} f(x) < g(x) \\ f(x) > -g(x) \end{cases}$ 同解.有些不等式用图像法既准确又直观,在特定条件下这种做法是其他方法不能取代的.

例 2 (1) 不等式 $\mid x \mid^3 - 2x^2 - 4 \mid x \mid + 3 < 0$ 的解集是_____.

(2) 不等式组 $\begin{cases} x > 0 \\ \dfrac{3-x}{3+x} > \left| \dfrac{2-x}{2+x} \right| \end{cases}$ 的解集为_____.

(3) $\mid x^2 - 2x + 3 \mid < x + 1$ 的解集为_____.

解 (1) $x \in \mathbf{R}$,$x^2 = \mid x \mid^2$,由原不等式分解可得 $(\mid x \mid - 3)(\mid x \mid^2 + \mid x \mid - 1) < 0$,由此得所求不等式解集为 $\left\{ x \mid -3 < x < \dfrac{1 - \sqrt{5}}{2} \text{ 或 } \dfrac{\sqrt{5} - 1}{2} < x < 3 \right\}$.

(2) 原不等式化为 $\begin{cases} x > 0 \\ \dfrac{2-x}{2+x} < \dfrac{3-x}{3+x} \\ \dfrac{2-x}{2+x} > \dfrac{x-3}{x+3} \end{cases} \Rightarrow \begin{cases} x > 0 \\ x > 0 \\ x^2 - 6 < 0 \end{cases} \Rightarrow 0 < x < \sqrt{6}$,因此原不等式的解集为 $\{x \mid 0 < x < \sqrt{6}\}$.

64

（3）原不等式化为 $\begin{cases} x^2-2x+3 < x+1 \\ x^2-2x+3 > -(x+1) \end{cases} \Rightarrow \begin{cases} 1 < x < 2 \\ x \in \mathbf{R} \end{cases} \Rightarrow 1 < x < 2$，

因此原不等式的解集为 $\{x \mid 1 < x < 2\}$.

例3 $x \in \mathbf{R}$，解不等式 $\dfrac{\mid x-4 \mid - \mid x-1 \mid}{\mid x-3 \mid - \mid x-2 \mid} < \dfrac{\mid x-3 \mid + \mid x-2 \mid}{\mid x-4 \mid}$.

解 原不等式化为

$$\begin{cases} \mid x-3 \mid > \mid x-2 \mid \\ x \neq 4 \\ (x-4)^2 - \mid x-1 \mid \cdot \mid x-4 \mid < (x-3)^2 - (x-2)^2 \end{cases} \tag{3}$$

或

$$\begin{cases} \mid x-3 \mid < \mid x-2 \mid \\ x \neq 4 \\ (x-4)^2 - \mid x^2-5x+4 \mid > (x-3)^2 - (x-2)^2 \end{cases} \tag{4}$$

不等式组（3）无解，不等式组（4）的解为 $3 < x < 4$ 或 $4 < x < 7$. 综上，原不等式的解为 $\{x \mid 3 < x < 4 \text{ 或 } 4 < x < 7\}$.

例4 实数 a, b 满足什么条件时，不等式 $\mid \mid a \mid - (a+b) \mid < \mid a - \mid a+b \mid \mid$ 成立.

解 原不等式等价于

$$a^2 - 2 \mid a \mid (a+b) + (a+b)^2 < a^2 - 2a \mid a+b \mid + (a+b)^2$$
$$\Rightarrow a \mid a+b \mid < \mid a \mid (a+b)$$

注意到 $\mid x \mid \geqslant x$，因此得

$$a < 0 \Rightarrow -(-a) \mid a+b \mid < \mid a \mid (a+b)$$

约去 $-a$ 得

$$-\mid a+b \mid < a+b \Rightarrow a+b > 0 \Rightarrow b > -a > 0$$

故当 $b > -a > 0$ 时不等式 $\mid \mid a \mid - (a+b) \mid < \mid a - \mid a+b \mid \mid$ 成立.

65

不等式问题的常用方法和技巧

第 5 章

现实世界中,不等是大量的、绝对的,而相等却显得微乎其微.因此,不等关系是比相等关系更为普遍的一种关系.从某种意义上来说,对不等关系的研究和探讨要比研究相等关系更为重要.

不等式理论是等式理论的继续和发展.它既是解决实际问题的有力工具,又是从事理论研究的重要"利器".无论在初等数学中,还是在高等数学的各个研究领域内,不等式理论都有着十分显著的地位和作用.

不等式问题的思路开阔,方法灵活,技巧性强.特别是一些难度较大的问题,往往需要运用创造性思维和巧妙的技能方可解决.

正是由于不等式在数学中的特殊地位和解题方法的高度技巧性,这方面的题材倍受数学竞赛命题者的青睐,使之成为奥林匹克数学的重要内容.翻阅一下历年来的国内外数学奥林匹克竞赛试题,不论在体现最高水平的国际数学奥林匹克竞赛(IMO)中,还是在其他各级各类的数学竞赛中,我们可以见到大量的与不等式有关的问题.例如,在 1993 年的全国高中数学联赛中,第二试的三个试题,全部是与不等式有关的问题.

不等式问题千变万化,五光十色,丰富多彩.解决不等式问题的方法因题而异,灵活多样,技巧性强,但是,它也有一些基本的常用方法和技巧,只要我们熟练地掌握好这些基本的方法和技巧,相当一部分问题也就可以迎刃而解了.

不等式问题大致可以分为两类：一是条件不等式的求解，即解不等式；二是绝对不等式的证明．关于条件不等式的求解，我们已在第 4 章中详细介绍，显然它们是我们今后解决问题的有力工具．由于数学竞赛中出现的不等式问题，大量的是绝对不等式问题，下面我们重点讨论有关绝对不等式的证明．

本章我们通过一些国内外数学竞赛试题，讨论和介绍不等式证明的常用方法和技巧．

5.1　比　较　法

比较法是不等式证明中最基本的方法之一，它通常有两种形式：

(1) 差比较法．

欲证 $A > B$，只需证明 $A - B > 0$；

欲证 $A < B$，只需证明 $A - B < 0$．

(2) 商比较法．

若 $B > 0$，欲证 $A > B$，只需证明 $\dfrac{A}{B} > 1$；

若 $B > 0$，欲证 $A < B$，只需证明 $\dfrac{A}{B} < 1$．

例 1　设 a, b 是实数，试证明不等式 $\dfrac{1}{2}(a+b)^2 + \dfrac{1}{4}(a+b) \geqslant a\sqrt{b} + b\sqrt{a}$．

(苏联数学奥林匹克试题)

证明　因为

$$\frac{1}{2}(a+b)^2 + \frac{1}{4}(a+b) - (a\sqrt{b} + b\sqrt{a})$$

$$= \frac{1}{2}(a+b)\left(a+b+\frac{1}{2}\right) - \sqrt{ab}(\sqrt{a}+\sqrt{b})$$

$$\geqslant \sqrt{ab}\left(a+b+\frac{1}{2}\right) - \sqrt{ab}(\sqrt{a}+\sqrt{b})$$

$$= \sqrt{ab}\left[\left(\sqrt{a}-\frac{1}{2}\right)^2 + \left(\sqrt{b}-\frac{1}{2}\right)^2\right] \geqslant 0$$

所以

$$\frac{1}{2}(a+b)^2 + \frac{1}{4}(a+b) \geqslant a\sqrt{b} + b\sqrt{a}$$

这里，我们用到了几何与算术平均不等式 $a+b \geqslant 2\sqrt{ab}\ (a,b>0)$．

关于几何与算术平均不等式的详细论述，我们将在第 7 章中进行.

例 2 设 x,y 是正实数，证明：$(x+y)(x^4+y^4) \geqslant (x^2+y^2)(x^3+y^3)$.
（苏联数学奥林匹克试题）

证明 因为

$$(x+y)(x^4+y^4)-(x^2+y^2)(x^3+y^3)$$
$$=x^4y+xy^4-x^2y^3-x^3y^2$$
$$=xy(x-y)^2(x+y) \geqslant 0$$

所以

$$(x+y)(x^4+y^4) \geqslant (x^2+y^2)(x^3+y^3)$$

例 3 设 n 是自然数，$n>1$，试证明：$\log_n(n+1) > \log_{n+1}(n+2)$.

证明 由于 $\log_n(n+1)>0$，故只需证明 $\dfrac{\log_{n+1}(n+2)}{\log_n(n+1)}<1$.

又

$$\frac{\log_{n+1}(n+2)}{\log_n(n+1)} = \log_{n+1}n \cdot \log_{n+1}(n+2)$$

注意到 $(n+1)^2 > n(n+2)$，所以

$$2\log_{n+1}(n+1) > \log_{n+1}n + \log_{n+1}(n+2)$$

所以

$$1 > \frac{\log_{n+1}n + \log_{n+1}(n+2)}{2} > \left(\frac{\log_{n+1}n + \log_{n+1}(n+2)}{2}\right)^2$$
$$> \log_{n+1}n \cdot \log_{n+1}(n+2)$$

即

$$\log_n(n+1) > \log_{n+1}(n+2)$$

例 4 设 a,b,c 是正数，证明：$a^a b^b c^c \geqslant (abc)^{\frac{1}{3}(a+b+c)}$.（美国数学奥林匹克试题）

证明 由于不等式关于 a,b,c 对称，因此我们不妨假定 $a \geqslant b \geqslant c$.
又因为

$$\frac{a^a b^b c^c}{(abc)^{\frac{1}{3}(a+b+c)}} = a^{\frac{a-b}{3}+\frac{a-c}{3}} \cdot b^{\frac{b-a}{3}+\frac{b-c}{3}} \cdot c^{\frac{c-a}{3}+\frac{c-b}{3}} = \left(\frac{a}{b}\right)^{\frac{a-b}{3}} \cdot \left(\frac{b}{c}\right)^{\frac{b-c}{3}} \cdot \left(\frac{a}{c}\right)^{\frac{a-c}{3}} \geqslant 1$$

所以

$$a^a b^b c^c \geqslant (abc)^{\frac{1}{3}(a+b+c)}$$

类似地，我们可以把本题推广为：

设 $a_1,a_2,\cdots,a_n$ 是正实数，则 $a_1^{a_1} a_2^{a_2} \cdots a_n^{a_n} \geqslant (a_1 a_2 \cdots a_n)^{\frac{a_1+a_2+\cdots+a_n}{n}}$.

68

附注 关于字母 $a,b,c,\cdots$ 的不等式,如果把其中任意两个字母的位置对换,这个不等式不变,则称此不等式关于 $a,b,c,\cdots$ 是对称的.

在证明一个对称不等式时,由于各字母处在同等位置,我们可以把字母按照一定的顺序排列起来,例如可设 $a\geqslant b\geqslant c\geqslant\cdots$,也就是说,补充了一个假设条件,这样可给不等式的证明带来很大的方便.

另外,由于对称不等式各个字母处于同等地位,因此,我们可把要证的多个对称的结论只证其中一个.

对称不等式问题在数学竞赛中也是经常出现的,下面我们再看一例.

例5 设 a,b,c 是三角形的三边长,证明

$$a^2(b+c-a)+b^2(a+c-b)+c^2(a+b-c)\leqslant 3abc$$

(第6届IMO试题)

证明 由于不等式关于 a,b,c 对称,故不妨设 $a\geqslant b\geqslant c>0$. 于是

$$3abc-a^2(b+c-a)-b^2(a+c-b)-c^2(a+b-c)$$
$$=a(a-b)(a-c)+b(b-c)(b-a)+c(c-a)(c-b)$$
$$\geqslant a(a-b)(a-c)+b(b-c)(b-a)$$
$$\geqslant b(a-b)(a-c)+b(b-c)(b-a)$$
$$=b(a-b)[(a-c)-(b-c)]=b(a-b)^2\geqslant 0$$

所以

$$a^2(b+c-a)+b^2(a+c-b)+c^2(a+b-c)\leqslant 3abc$$

由上面的几个例子可以看出,比较法证题的基本思路是:作差(商) → 变形 → 判断. 其关键在于第二步 —— 变形. 我们常用的变形手段有配方、因式分解、拆项、加减项、通分等.

例6 设 $a,b,c\in\mathbf{R}$,证明

$$(a^2+b^2+c^2)[(a^2+b^2+c^2)^2-(ab+bc+ca)^2]$$
$$\geqslant(a+b+c)^2[(a^2+b^2+c^2)-(ab+bc+ca)]^2$$

证明 为了变形的方便,我们记

$$x=a+b+c,y=ab+bc+ca$$

则 $a^2+b^2+c^2=x^2-2y$,于是不等式左边变为

$$A=(x^2-2y)(x^2-y)(x^2-3y)$$

不等式右边变为

$$B=x^2[(x^2-2y)-y]^2=x^2(x^2-3y)^2$$

所以

$$A-B=2y^2(x^2-3y)=2y^2[(a+b+c)^2-3(ab+bc+ca)]$$

$$= 2y^2(a^2 + b^2 + c^2 - ab - bc - ca)$$
$$= y^2[(a-b)^2 + (b-c)^2 + (c-a)^2] \geqslant 0$$

从而原不等式成立.

例 7 已知定义在自然数集上的函数 $f(n) = \dfrac{1\,994^n}{n!}$ $(n = 1, 2, \cdots)$. 试求 $f(n)$ 的最大值.

解 由于 $\dfrac{f(n+1)}{f(n)} = \dfrac{1\,994}{n+1}$, 故:

当 $\dfrac{1\,994}{n+1} \geqslant 1$, 即 $n \leqslant 1\,993$ 时, 有 $f(n+1) \geqslant f(n)$.

当 $\dfrac{1\,994}{n+1} < 1$, 即 $n > 1\,993$ 时, 有 $f(n+1) < f(n)$.

所以当 $n = 1\,993$ 时, $f(n)$ 达到最大值 $f_{\max} = f(1\,993) = \dfrac{1\,994^{1\,993}}{1\,993!}$.

5.2　分析与综合法

从求证的不等式出发, 逐步找出使不等式成立的充分条件, 最后将不等式归结为已知的不等式或已知的条件和事实. 我们把这种证明不等式的方法称为分析法.

例 1 已知 $a \geqslant 3$, 求证: $\sqrt{a-3} - \sqrt{a-1} < \sqrt{a-2} - \sqrt{a}$.

证明 为了证明 $\sqrt{a-3} - \sqrt{a-1} < \sqrt{a-2} - \sqrt{a}$, 我们只需证明

$$\sqrt{a-3} + \sqrt{a} < \sqrt{a-2} + \sqrt{a-1}$$

注意到 $a \geqslant 3$, 故上述不等式两边均大于零, 从而我们只需证明

$$(\sqrt{a-3} + \sqrt{a})^2 < (\sqrt{a-2} + \sqrt{a-1})^2$$

即

$$\sqrt{a(a-3)} < \sqrt{(a-2)(a-1)}$$

这样又只需证明 $a^2 - 3a < a^2 - 3a + 2$.

此不等式是十分显然的, 因此原不等式成立.

例 2 给定自然数 a, b, n, 其中 $a > 1, b > 1, n > 1$. 设 A_{n-1}, A_n 是 a 进制数, B_{n-1}, B_n 是 b 进制数, 且 A_{n-1}, A_n 按 a 进制写出来的形式为 $A_{n-1} = x_{n-1} x_{n-2} \cdots x_0$, $A_n = x_n x_{n-1} \cdots x_0$. B_{n-1}, B_n 按 b 进制写出来的形式为 $B_{n-1} = x_{n-1} x_{n-2} \cdots x_0$, $B_n =$

$x_n x_{n-1} \cdots x_0$. 这里 $x_n \neq 0, x_{n-1} \neq 0$.

试证：当 $a > b$ 时，必有如下不等式成立 $\dfrac{A_{n-1}}{A_n} < \dfrac{B_{n-1}}{B_n}$.（第 12 届 IMO 试题）

证明 由进位制的定义有

$$A_n = x_n a^{n-1} + x_{n-1} a^{n-2} + \cdots + x_0$$

$$A_{n-1} = x_{n-1} a^{n-2} + x_{n-2} a^{n-3} + \cdots + x_0$$

故

$$A_n = x_n a^{n-1} + A_{n-1}$$

同理

$$B_n = x_n b^{n-1} + B_{n-1}$$

若 $\dfrac{A_{n-1}}{A_n} < \dfrac{B_{n-1}}{B_n}$ 成立，则 $A_{n-1} B_n - A_n B_{n-1} < 0$，即有

$$A_{n-1}(x_n b^{n-1} + B_{n-1}) - (x_n a^{n-1} + A_{n-1}) B_{n-1} < 0$$

从而有

$$x_n (b^{n-1} A_{n-1} - a^{n-1} B_{n-1}) < 0$$

注意到 $x_n > 0$，故有 $b^{n-1} A_{n-1} - a^{n-1} B_{n-1} < 0$，即

$$b^{n-1}(x_{n-1} a^{n-2} + x_{n-2} a^{n-3} + \cdots + x_0) - a^{n-1}(x_{n-1} b^{n-2} + x_{n-2} b^{n-3} + \cdots + x_0) < 0$$

于是

$$x_{n-1}(a^{n-2} b^{n-1} - a^{n-1} b^{n-2}) + x_{n-2}(a^{n-3} b^{n-1} - a^{n-1} b^{n-3}) + \cdots + x_0(b^{n-1} - a^{n-1}) < 0$$

由于 $a > b > 0$，且 $x_{n-1} > 0, x_{n-2} \geqslant 0, \cdots, x_0 \geqslant 0$，故最后的不等式显然成立. 由此反推回去，步步可逆，故原不等式成立.

本题所采用的方法，我们也称为反推法. 与分析法相反，所谓综合法，就是从已知条件和已知的不等式出发，运用不等式的性质，逐步推求必要条件，直到导出所要证明的不等式.

例 3 已知 $0 < a < 1, x^2 + y = 0$，求证：$\log_a(a^x + a^y) \leqslant \log_a 2 + \dfrac{1}{8}$.（1991 年全国高中数学联赛试题）

证明 因为 $0 < a < 1, a^x > 0, a^y > 0$，故有 $a^x + a^y \geqslant 2\sqrt{a^x a^y} = 2a^{\frac{x+y}{2}}$，从而

$$\log_a(a^x + a^y) \leqslant \log_a(2a^{\frac{x+y}{2}})$$

又

$$\log_a(2a^{\frac{x+y}{2}}) = \log_a 2 + \frac{x+y}{2} = \log_a 2 + \frac{1}{2}x(1-x)$$

$$\leqslant \log_a 2 + \frac{1}{2}\left(\frac{1}{2}\right)^2 = \log_a 2 + \frac{1}{8}$$

所以

$$\log_a(a^x + a^y) \leqslant \log_a 2 + \frac{1}{8}.$$

例 4 证明: $16 < \sum_{k=1}^{80}\frac{1}{\sqrt{k}} < 17.$(1992 年全国高中数学联赛试题)

证明 由 $\sqrt{k-1} < \sqrt{k} < \sqrt{k+1}$,得

$$\sqrt{k-1} + \sqrt{k} < 2\sqrt{k} < \sqrt{k} + \sqrt{k+1}$$

故

$$\frac{1}{\sqrt{k} + \sqrt{k+1}} < \frac{1}{2\sqrt{k}} < \frac{1}{\sqrt{k} + \sqrt{k-1}}$$

亦即

$$2\left(\sqrt{k+1} - \sqrt{k}\right) < \frac{1}{\sqrt{k}} < 2\left(\sqrt{k} - \sqrt{k-1}\right)$$

于是

$$2\left(\sqrt{n+1} - \sqrt{m}\right) < \sum_{k=m}^{n}\frac{1}{\sqrt{k}} < 2\left(\sqrt{n} - \sqrt{m-1}\right)$$

其中 $1 \leqslant m \leqslant n, n, m$ 为自然数.

取 $n = 80, m = 1$,得 $16 < \sum_{k=1}^{80}\frac{1}{\sqrt{k}}$.

取 $n = 80, m = 2$,得

$$16 < \sum_{k=1}^{80}\frac{1}{\sqrt{k}} = 1 + \sum_{k=2}^{80}\frac{1}{\sqrt{k}} < 1 + 2(\sqrt{80} - 1) = 2\sqrt{80} - 1 < 2\sqrt{81} - 1 = 17$$

所以

$$16 < \sum_{k=1}^{80}\frac{1}{\sqrt{k}} < 17$$

利用若干个简单的不等式相加(或相乘),推出较复杂的不等式,这是综合法中常用的手法,希望读者能够予以重视.

分析法和综合法是证明不等式的基本方法,前者的基本思想是"执果导因,逆流而上",而后者的基本思想是"由因导果,顺流而下".分析和综合,在问题比较复杂时,我们往往把它们结合起来使用.当然,我们必须熟悉不等式的性质和常用的基本不等式(以及我们后面将要讨论的一些重要不等式),同时还要善于充分地利用题设条件(特别是隐含的条件),并能熟悉不等式的各种变形技巧.

72

例 5   设实数 a,b,c 满足 $0 < a \leqslant b \leqslant c \leqslant \dfrac{1}{2}$. 证明

$$\frac{1}{a(1-b)} + \frac{1}{b(1-a)} \geqslant \frac{2}{c(1-c)}$$

证明   由于 $0 < a \leqslant b \leqslant c \leqslant \dfrac{1}{2}$,故由二次函数的抛物线不等式,有

$$c(1-c) \geqslant b(1-b), c(1-c) \geqslant a(1-a)$$

于是有

$$\frac{1}{c(1-c)} \leqslant \frac{1}{b(1-b)}, \frac{1}{c(1-c)} \leqslant \frac{1}{a(1-a)}$$

为此,我们只需证明

$$\frac{1}{a(1-b)} + \frac{1}{b(1-a)} \geqslant \frac{1}{b(1-b)} + \frac{1}{a(1-a)}$$

即要证明

$$\frac{1}{b(1-a)} - \frac{1}{b(1-b)} \geqslant \frac{1}{a(1-a)} - \frac{1}{a(1-b)}$$

亦即

$$\frac{a-b}{b(1-a)(1-b)} \geqslant \frac{a-b}{a(1-a)(1-b)}$$

由已知条件知,上式等价于 $\dfrac{1}{b} \leqslant \dfrac{1}{a}$(即 $a \leqslant b$).

由于 $b \geqslant a$ 是已知的,因此原不等式成立.

例 6   设 $x_1 + x_2 + x_3 = p, x_1 x_2 + x_2 x_3 + x_3 x_1 = q$. 证明:

(1) $p^2 \geqslant 3q$;

(2) $\dfrac{p}{3} - \dfrac{2}{3}\sqrt{p^2 - 3q} \leqslant x_i \leqslant \dfrac{p}{3} + \dfrac{2}{3}\sqrt{p^2 - 3q}$ $(i = 1,2,3)$.

证明   (1) 由于

$$(x_1 + x_2 + x_3)^2 = x_1^2 + x_2^2 + x_3^2 + 2(x_1 x_2 + x_2 x_3 + x_3 x_1)$$

故

$$p^2 = x_1^2 + x_2^2 + x_3^2 + 2q$$

即

$$x_1^2 + x_2^2 + x_3^2 = p^2 - 2q$$

从而

$$(x_1 - x_2)^2 + (x_2 - x_3)^2 + (x_3 - x_1)^2$$
$$= 2(x_1^2 + x_2^2 + x_3^2) - 2(x_1 x_2 + x_2 x_3 + x_3 x_1)$$

73

$$= 2(p^2 - 2q) - 2q \geqslant 0$$

所以

$$p^2 - 3q = \frac{1}{2} \left[2(p^2 - 2q) - 2q \right] \geqslant 0$$

即 $p^2 \geqslant 3q$.

(2) 注意到已知条件和所要证明的不等式关于 x_1, x_2, x_3 对称,故我们只需证明对 x_1 不等式成立. 令

$$A = x_2 + x_3 = p - x_1$$
$$B = x_2 x_3 = q - x_1(x_2 + x_3) = q - x_1 p + x_1^2$$

则 x_2, x_3 是方程 $Z^2 - AZ + B = 0$ 的两实根,从而 $\Delta = b^2 - 4ac = A^2 - 4B \geqslant 0$,即

$$(p - x_1)^2 - 4(q - x_1 p + x_1^2) \geqslant 0$$
$$\Rightarrow 3x_1^2 - 2px_1 + 4q - p^2 \leqslant 0$$

所以

$$\frac{2p - \sqrt{4p^2 - 12(4q - p^2)}}{6} \leqslant x_1 \leqslant \frac{2p + \sqrt{4p^2 - 12(4q - p^2)}}{6}$$

即

$$\frac{p}{3} - \frac{2}{3}\sqrt{p^2 - 3q} \leqslant x_i \leqslant \frac{p}{3} + \frac{2}{3}\sqrt{p^2 - 3q}$$

这样,我们也就证明了原不等式.

类似地,我们不难证明 $n(n > 2)$ 个数的情形:

设 $\sum\limits_{i=1}^{n} x_i = p$,$\sum\limits_{1 \leqslant i < j \leqslant n} x_i x_j = q, n > 2$,则:

(1) $p^2 \geqslant \dfrac{2n}{n-1} q$;

(2) $\dfrac{p}{n} - \dfrac{n-1}{n}\sqrt{p^2 - \dfrac{2n}{n-1}q} \leqslant x_i \leqslant \dfrac{p}{n} + \dfrac{n-1}{n}\sqrt{p^2 - \dfrac{2n}{n-1}q}$.

证明留给读者自行完成.

最后,我们看一个综合性的例子.

例 7 设 A 是一个有 n 个元素的集合,A 的 m 个子集 $A_1, A_2, \cdots, A_m$ 两两互不包含,证明:

(1) $\sum\limits_{i=1}^{m} \dfrac{1}{C_n^{|A_i|}} \leqslant 1$;

(2) $\sum\limits_{i=1}^{m} C_n^{|A_i|} \geqslant m^2$. 其中 $|A_i|$ 表示 A_i 所含元素的个数,$C_n^{|A_i|}$ 表示 n 个不

74

同元素取 $|A_i|$ 个的组合数.(1993 年全国高中数学联赛试题)

证明 (1) 由于 $\dfrac{1}{C_n^{|A_i|}} = \dfrac{|A_i|!\ (n-|A_i|)!}{n!}$,故欲证的不等式就变为

$$\sum_{i=1}^m |A_i|!\ (n-|A_i|)! \leqslant n!$$

对于 A_i,我们构造 A 的一些 n 元排列如下:

前 $|A_i|$ 个位置排 A_i 中的元素,后 $n-|A_i|$ 个位置排 $A-A_i$ 中的元素,即形如下面的排列

$$x_1, x_2, \cdots, x_{|A_i|}, y_1, y_2, \cdots, y_{n-|A_i|}$$

其中 $x_k \in A_i (k=1,2,\cdots,|A_i|)$,$y_j \in A-A_i (j=1,2,\cdots,n-|A_i|)$.

显然,这样的排列数为 $|A_i|!\ (n-|A_i|)!$

容易证明:当 $r \neq i$ 时,A_r 对应于上述规定的排列与 A_i 所对应排列均不相同.

事实上,假设有 A_r 所对应的一个排列

$$x_1', x_2', \cdots, x_{|A_r|}', y_1', y_2', \cdots, y_{n-|A_r|}'$$

与 A_i 所对应的一个排列相同,则当 $|A_r| > |A_i|$ 时,有 $A_r \supseteq A_i$;当 $|A_r| \leqslant |A_i|$ 时,又有 $A_i \supseteq A_r$.这都与已知条件 $A_1, A_2, \cdots, A_m$ 两两互不包含矛盾.

由于 A_i 所对应的排列也均不相同,而 A_i 的 n 元排列总数为 $n!$,故

$$\sum_{i=1}^m |A_i|!\ (n-|A_i|)! \leqslant n!$$

所以 $\displaystyle\sum_{i=1}^m \dfrac{1}{C_n^{|A_i|}} \leqslant 1$.

(2) 由柯西不等式知

$$m^2 = \left(\sum_{i=1}^m \frac{1}{\sqrt{C_n^{|A_i|}}} \cdot \sqrt{C_n^{|A_i|}} \right)^2 \leqslant \sum_{i=1}^m \frac{1}{C_n^{|A_i|}} \cdot \sum_{i=1}^m C_n^{|A_i|}$$

再由(1)的结论,我们即得 $\displaystyle\sum_{i=1}^m C_n^{|A_i|} \geqslant m^2$.

5.3 放 缩 法

在上一节例 5 的证明中,我们使用了这样一种变形技巧:为了证明 $A > B$,由于不易直接证明,我们借助一个中间量 C 作比较,证明 $A > C, C > B$,从而 $A > B$ 成立.这种把 B 放大到 C(或者说把 A 缩小到 C)的变形方法,我们称之

为放缩法.它的基本思想是利用不等式的传递性强化命题.

例 1 设 n 是自然数,证明:$1+\dfrac{1}{2^2}+\dfrac{1}{3^2}+\cdots+\dfrac{1}{n^2}>\dfrac{3n+1}{2n+2}$.

证明 由于

$$\frac{1}{k^2}>\frac{1}{k(k+1)}=\frac{1}{k}-\frac{1}{k+1}$$

故

$$1+\frac{1}{2^2}+\frac{1}{3^2}+\cdots+\frac{1}{n^2}>1+\frac{1}{2\cdot 3}+\frac{1}{3\cdot 4}+\cdots+\frac{1}{n(n+1)}$$

$$=1+\left(\frac{1}{2}-\frac{1}{3}\right)+\left(\frac{1}{3}-\frac{1}{4}\right)+\cdots+\left(\frac{1}{n}-\frac{1}{n+1}\right)$$

$$=1+\frac{1}{2}-\frac{1}{n+1}=\frac{3n+1}{2n+2}$$

所以原不等式成立.

例 2 设有 n 个正数 $a_1,a_2,\cdots,a_n$,试证明

$$\frac{1}{a_1}+\frac{2}{a_1+a_2}+\cdots+\frac{n}{a_1+a_2+\cdots+a_n}<4\left(\frac{1}{a_1}+\frac{1}{a_2}+\cdots+\frac{1}{a_n}\right)$$

(苏联数学奥林匹克试题)

证明 我们把 $a_1,a_2,\cdots,a_n$ 按递增顺序排成的一列记为 $b_1,b_2,\cdots,b_n$,则

$$\frac{1}{a_1}\leqslant\frac{1}{b_1}$$

$$\frac{2}{a_1+a_2}\leqslant\frac{2}{b_1+b_2}$$

$$\vdots$$

$$\frac{n-1}{a_1+a_2+\cdots+a_{n-1}}\leqslant\frac{n-1}{b_1+b_2+\cdots+b_{n-1}}$$

$$\frac{n}{a_1+a_2+\cdots+a_n}=\frac{n}{b_1+b_2+\cdots+b_n}$$

且

$$\frac{1}{a_1}+\frac{1}{a_2}+\cdots+\frac{1}{a_n}=\frac{1}{b_1}+\frac{1}{b_2}+\cdots+\frac{1}{b_n}$$

于是我们只需证明

$$\frac{1}{b_1}+\frac{2}{b_1+b_2}+\cdots+\frac{n}{b_1+b_2+\cdots+b_n}<4\left(\frac{1}{b_1}+\frac{1}{b_2}+\cdots+\frac{1}{b_n}\right)$$

继续对上式左端的各项进行放大,我们有

$$\frac{2}{b_1+b_2}\leqslant\frac{2}{b_1+b_1}=\frac{1}{b_1}$$

76

$$\frac{3}{b_1 + b_2 + b_3} < \frac{4}{b_2 + b_3} \leqslant \frac{4}{2b_2} = \frac{2}{b_2}$$

$$\frac{4}{b_1 + b_2 + b_3 + b_4} < \frac{4}{b_3 + b_4} \leqslant \frac{4}{2b_2} = \frac{2}{b_2}$$

$$\frac{5}{b_1 + b_2 + \cdots + b_5} < \frac{6}{b_3 + b_4 + b_5} \leqslant \frac{6}{3b_3} = \frac{2}{b_3}$$

$$\frac{6}{b_1 + b_2 + \cdots + b_6} < \frac{6}{b_4 + b_5 + b_6} \leqslant \frac{6}{3b_3} = \frac{2}{b_3}$$

$$\frac{7}{b_1 + b_2 + \cdots + b_7} < \frac{8}{b_4 + b_5 + b_6 + b_7} \leqslant \frac{8}{4b_4} = \frac{2}{b_4}$$

$$\frac{8}{b_1 + b_2 + \cdots + b_8} < \frac{8}{b_5 + b_6 + b_7 + b_8} \leqslant \frac{8}{4b_4} = \frac{2}{b_4}$$

$$\vdots$$

由此得

$$\frac{1}{b_1} + \frac{2}{b_1 + b_2} + \cdots + \frac{n}{b_1 + b_2 + \cdots + b_n} < \frac{1}{b_1} + \frac{1}{b_1} + \frac{2}{b_2} + \frac{2}{b_2} + \frac{2}{b_3} + \frac{2}{b_3} + \cdots$$

$$= \frac{2}{b_1} + \frac{4}{b_2} + \frac{4}{b_3} + \cdots$$

$$< 4\left(\frac{1}{b_1} + \frac{1}{b_2} + \cdots + \frac{1}{b_n}\right)$$

故原不等式成立.

读者还可以证明更强的结论

$$\frac{1}{a_1} + \frac{2}{a_1 + a_2} + \cdots + \frac{n}{a_1 + a_2 + \cdots + a_n} < 2\left(\frac{1}{a_1} + \frac{1}{a_2} + \cdots + \frac{1}{a_n}\right)$$

例 3 已知实数 $a_1, a_2, \cdots, a_n$ 均不小于 1. 证明

$$\prod_{i=1}^{n}(1 + a_i) \geqslant \frac{2^n}{n+1}\left(1 + \sum_{i=1}^{n} a_i\right)$$

其中, $\prod_{i=1}^{n} x_i$ 表示 n 个数的积, 即 $\prod_{i=1}^{n} x_i = x_1 x_2 \cdots x_n$.

证明 $\prod_{i=1}^{n}(1 + a_i) = \prod_{i=1}^{n} 2\left(\frac{1}{2} + \frac{a_i}{2}\right) = \prod_{i=1}^{n} 2\left(1 + \frac{a_i - 1}{2}\right)$

$$= 2^n \prod_{i=1}^{n}\left(1 + \frac{a_i - 1}{2}\right)$$

$$= 2^n\left(1 + \frac{a_1 - 1}{2}\right)\left(1 + \frac{a_2 - 1}{2}\right)\cdots\left(1 + \frac{a_n - 1}{2}\right)$$

$$\geqslant 2^n\left(1 + \frac{a_1 - 1}{n+1} + \frac{a_2 - 1}{n+1} + \cdots + \frac{a_n - 1}{n+1}\right)$$

77

$$= 2^n \left(\frac{1 + a_1 + a_2 + \cdots + a_n}{n+1} \right)$$

$$= \frac{2^n}{n+1} (1 + a_1 + a_2 + \cdots + a_n)$$

$$= \frac{2^n}{n+1} \left(1 + \sum_{i=1}^{n} a_i \right)$$

例 4 已知 n 是大于 1 的自然数,证明

$$\sqrt{n} < \frac{3}{2} \times \frac{5}{4} \times \frac{7}{6} \times \cdots \times \frac{2n-1}{2n-2} < \sqrt{2n}$$

证明 令

$$A = \frac{3}{2} \times \frac{5}{4} \times \frac{7}{6} \times \cdots \times \frac{2n-1}{2n-2}$$

$$B = \frac{4}{3} \times \frac{6}{5} \times \frac{8}{7} \times \cdots \times \frac{2n}{2n-1}$$

$$C = \frac{2}{1} \times \frac{4}{3} \times \frac{6}{5} \times \cdots \times \frac{2n-2}{2n-3}$$

则 $C > A > B > 0$.

于是

$$A^2 > AB = \frac{3}{2} \times \frac{4}{3} \times \frac{5}{4} \times \frac{6}{5} \times \cdots \times \frac{2n-1}{2n-2} \times \frac{2n}{2n-1} = n$$

所以

$$A > \sqrt{n}$$

同理有

$$A^2 < AC = \frac{2}{1} \times \frac{3}{2} \times \frac{4}{3} \times \frac{5}{4} \times \cdots \times \frac{2n-2}{2n-3} \times \frac{2n-1}{2n-2} = 2n-1 < 2n$$

所以

$$\sqrt{n} < \frac{3}{2} \times \frac{5}{4} \times \frac{7}{6} \times \cdots \times \frac{2n-1}{2n-2} < \sqrt{2n}$$

放缩是不等式证明中的重要变形手段,它的关键在于如何进行适度的"放"或"缩",我们在进行放大或缩小的过程中,确定哪些项(因子)进行放缩,按哪一尺度放缩,直接关系到证明的成败. 因此,我们应特别注意掌握放缩的尺度,既不宜放得过大也不宜缩得太小. 太大了就要过头,可能超出中间量的范围,太小了又起不了什么作用.

例 5 证明:$1 + \frac{1}{2^2} + \frac{1}{3^2} + \cdots + \frac{1}{n^2} < \frac{7}{4}$.

证明 读者一定熟悉下面的不等式

78

$$1+\frac{1}{2^2}+\frac{1}{3^2}+\cdots+\frac{1}{n^2}<2 \qquad\qquad (1)$$

它的证明也是用放缩法

$$1+\frac{1}{2^2}+\frac{1}{3^2}+\cdots+\frac{1}{n^2}<1+\frac{1}{1\cdot 2}+\frac{1}{2\cdot 3}+\cdots+\frac{1}{(n-1)n}$$

$$=1+\left(1-\frac{1}{2}\right)+\left(\frac{1}{2}-\frac{1}{3}\right)+\cdots+\left(\frac{1}{n-1}-\frac{1}{n}\right)$$

$$=2-\frac{1}{n}<2$$

现在我们要证明

$$1+\frac{1}{2^2}+\frac{1}{3^2}+\cdots+\frac{1}{n^2}<\frac{7}{4} \qquad\qquad (2)$$

由于 $\frac{7}{4}<2$, 不等式(2)比不等式(1)更强, 因此如果按对不等式(1)证明的那样进行放大, 我们就达不到不等式(2)所要求的精度.

观察一下上面对不等式(1)的证法: 我们保留了第 1 项, 而从第 2 项开始对各项进行放大. 为此, 如果我们保留前 2 项, 从第 3 项开始进行放大, 就会得到

$$1+\frac{1}{2^2}+\frac{1}{3^2}+\cdots+\frac{1}{n^2}<1+\frac{1}{2^2}+\left(\frac{1}{2}-\frac{1}{3}\right)+\left(\frac{1}{3}-\frac{1}{4}\right)+\cdots+\left(\frac{1}{n-1}-\frac{1}{n}\right)$$

$$=1+\frac{1}{4}+\frac{1}{2}-\frac{1}{n}=\frac{7}{4}-\frac{1}{n}<\frac{7}{4}$$

同样, 如果我们保留前 3 项, 从第 4 项开始进行放大, 又会得到更强的不等式

$$1+\frac{1}{2^2}+\frac{1}{3^2}+\cdots+\frac{1}{n^2}<1+\frac{1}{4}+\frac{1}{9}+\frac{1}{3}-\frac{1}{n}=\frac{61}{36}-\frac{1}{n}<\frac{61}{36}$$

显然, 保留的项数越多, 所得到的不等式也越强(即估计越精确).

附注　用微积分的方法, 我们可以证明 $1+\frac{1}{2^2}+\frac{1}{3^2}+\cdots+\frac{1}{n^2}+\cdots<\frac{\pi^2}{6}$.

由例 5 可以见到, 在应用放缩法证题的实际过程中, 放缩尺度的确定并不是显而易见的, 也不是一成不变的, 往往需要根据具体问题的要求经过多次反复实践和探索才能获得成功. 因此, 丰富的解题经验, 来自于坚持不懈的劳动——解题.

例 6　设 $z_1, z_2, \cdots, z_n$ 为复数, 且满足 $|z_1|+|z_2|+\cdots+|z_n|=1$.

证明: 这 n 个复数中, 必存在若干个复数, 它们和的模不小于 $\frac{1}{6}$. (第 1 届 CMO 试题)

证明 令 $z_k = x_k + \mathrm{i}y_k$（$x_k, y_k$ 是实数，$k=1,2,\cdots,n$），由于 $|z_k| \leqslant |x_k| + |y_k|$，故

$$1 = \sum_{k=1}^{n} |z_k| \leqslant \sum_{k=1}^{n} |x_k| + \sum_{k=1}^{n} |y_k|$$

$$= \sum_{x_k \geqslant 0} |x_k| + \sum_{x_k < 0} |x_k| + \sum_{y_k \geqslant 0} |y_k| + \sum_{y_k < 0} |y_k|$$

因而，上式右端的 4 个和式中，至少有一个不小于 $\dfrac{1}{4}$，不妨设 $\displaystyle\sum_{y_k<0} |y_k| \geqslant \dfrac{1}{4}$，于是把所有虚部为负的复数相加，其模满足

$$\left| \sum_{y_k<0} z_k \right| \geqslant \left| \sum_{y_k<0} y_k \right| = \sum_{y_k<0} |y_k| \geqslant \frac{1}{4} > \frac{1}{6}$$

这里，我们实际上得到了比原命题更强的结果.

例 7 设 $0 < a,b,c \leqslant 1$，证明：$\dfrac{a}{b+c+1} + \dfrac{b}{a+c+1} + \dfrac{c}{a+b+1} + (1-a)(1-b)(1-c) \leqslant 1$.（美国数学奥林匹克试题）

证明 显然，如果把左端直接进行通分只会使问题变得更为复杂，注意到 a,b,c 在题中是对称的，故可不妨设 $0 \leqslant a \leqslant b \leqslant c \leqslant 1$. 于是，有

$$\frac{a}{b+c+1} + \frac{b}{a+c+1} + \frac{c}{a+b+1} \leqslant \frac{a+b+c}{a+b+1}$$

因而，我们可以试着去证明形式上比原不等式简单的

$$\frac{a+b+c}{a+b+1} + (1-a)(1-b)(1-c) \leqslant 1 \tag{3}$$

由于

$$\frac{a+b+c}{a+b+1} + (1-a)(1-b)(1-c) - 1$$

$$= \frac{c-1}{a+b+1} + (1-a)(1-b)(1-c)$$

$$= \frac{1-c}{a+b+1} \left[-1 + (1+a+b)(1-a)(1-b) \right]$$

再施行放大，又有

$$(1+a+b)(1-a)(1-b) \leqslant (1+a+b+ab)(1-a)(1-b)$$

$$= (1+a)(1+b)(1-a)(1-b)$$

$$= (1-a^2)(1-b^2) \leqslant 1$$

即不等式（3）获证，原不等式成立.

这里，放缩显示了不等式证明的高度技巧.

例 7 其实是下面这个不等式的特例：设 $0 \leqslant x_i \leqslant 1(i=1,2,\cdots,n)$，$s = \sum_{i=1}^{n} x_i$，则

$$\sum_{i=1}^{n} \frac{x_i}{1+s-x_i} + \prod_{i=1}^{n}(1-x_i) \leqslant 1 \tag{4}$$

我们顺便也给出它的证明：

不失一般性，不妨设 $0 \leqslant x_1 \leqslant x_2 \leqslant \cdots \leqslant x_n \leqslant 1$，则

$$\sum_{i=1}^{n} \frac{x_i}{1+s-x_i} + \prod_{i=1}^{n}(1-x_i) \leqslant \sum_{i=1}^{n} \frac{x_i}{1+s-x_n} + \prod_{i=1}^{n}(1-x_i)$$

$$= \frac{s}{1+s-x_n} + \prod_{i=1}^{n}(1-x_i)$$

$$= 1 + \frac{x_n-1}{1+s-x_n} + \prod_{i=1}^{n}(1-x_i)$$

$$= 1 + (x_n-1)\left[\frac{1}{1+s-x_n} - \prod_{i=1}^{n-1}(1-x_i)\right]$$

由于 $x_n \leqslant 1$，故我们只需证明 $\dfrac{1}{1+s-x_n} \geqslant \prod_{i=1}^{n-1}(1-x_i)$，即

$$(1+s-x_n)\prod_{i=1}^{n-1}(1-x_i) \leqslant 1$$

事实上

$$(1+s-x_n)\prod_{i=1}^{n-1}(1-x_i) \leqslant \prod_{i=1}^{n-1}(1+x_i)\prod_{i=1}^{n-1}(1-x_i)$$

$$= \prod_{i=1}^{n-1}(1-x_i^2) \leqslant 1$$

即不等式 (4) 成立. 证明到此结束.

例 8 设 $f(n) = \dfrac{\sin 1}{2} + \dfrac{\sin 2}{2^2} + \cdots + \dfrac{\sin n}{2^n}(n \in \mathbf{N})$.

试证明：当 $m > n$ 时，$|f(m) - f(n)| < \dfrac{1}{2}$.

证明 由于 $m > n$，故

$$|f(m) - f(n)| = \left| \frac{\sin(n+1)}{2^{n+1}} + \frac{\sin(n+2)}{2^{n+2}} + \cdots + \frac{\sin m}{2^m} \right|$$

$$\leqslant \left| \frac{\sin(n+1)}{2^{n+1}} \right| + \left| \frac{\sin(n+2)}{2^{n+2}} \right| + \cdots + \left| \frac{\sin m}{2^m} \right|$$

$$\leqslant \frac{1}{2^{n+1}} + \frac{1}{2^{n+2}} + \cdots + \frac{1}{2^m}$$

$$= \frac{1}{2^{n+1}} \left[\frac{1 - \left(\frac{1}{2}\right)^{m-n}}{1 - \frac{1}{2}} \right] = \frac{2}{2^{n+1}} \left[1 - \left(\frac{1}{2}\right)^{m-n} \right]$$

$$< \frac{2}{2^{n+1}} = \frac{1}{2}$$

例 9 设 $\{a_n\}$ 是具有下列性质的实数列：$1 = a_0 \leqslant a_1 \leqslant a_2 \leqslant \cdots \leqslant a_{n-1} \leqslant a_n \leqslant \cdots$，而 $\{b_n\}$ 则由下式定义：$b_n = \sum\limits_{k=1}^{n} \left(1 - \frac{a_{k-1}}{a_k} \right) \frac{1}{\sqrt{a_k}} \ (n = 1, 2, \cdots)$.

证明：对所有 $n = 1, 2, \cdots$，有 $0 \leqslant b_n < 2$.（第 12 届 IMO 试题）

证明 显然 $b_n \geqslant 0 (n = 1, 2, \cdots)$. 下面，我们证明 $b_n < 2$.

由题设可知 $\frac{a_{k-1}}{a_k} \leqslant 1$. 于是

$$\left(1 - \frac{a_{k-1}}{a_k} \right) \frac{1}{\sqrt{a_k}} = \left(\frac{1}{a_{k-1}} - \frac{1}{a_k} \right) \frac{a_{k-1}}{\sqrt{a_k}}$$

$$= \left(\frac{1}{\sqrt{a_{k-1}}} - \frac{1}{\sqrt{a_k}} \right) \left(\frac{1}{\sqrt{a_{k-1}}} + \frac{1}{\sqrt{a_k}} \right) \frac{a_{k-1}}{\sqrt{a_k}}$$

$$= \left(\frac{1}{\sqrt{a_{k-1}}} - \frac{1}{\sqrt{a_k}} \right) \left(\sqrt{\frac{a_{k-1}}{a_k}} + \frac{a_{k-1}}{a_k} \right)$$

$$\leqslant 2 \left(\frac{1}{\sqrt{a_{k-1}}} - \frac{1}{\sqrt{a_k}} \right)$$

所以

$$b_n = \sum_{k=1}^{n} \left(1 - \frac{a_{k-1}}{a_k} \right) \frac{1}{\sqrt{a_k}} \leqslant 2 \sum_{k=1}^{n} \left(\frac{1}{\sqrt{a_{k-1}}} - \frac{1}{\sqrt{a_k}} \right)$$

$$= 2 \left(\frac{1}{\sqrt{a_0}} - \frac{1}{\sqrt{a_n}} \right) = 2 \left(1 - \frac{1}{\sqrt{a_n}} \right) < 2$$

5.4 反 证 法

有些不等式不易直接证明，为此我们常常可以考虑采用反证法，即通过否定结论，导出矛盾，从而肯定原来的结论是正确的.

例 1 设实数 a, b, c 和 A, B, C 满足 $aC - 2bB + cA = 0$ 且 $ac - b^2 > 0$.

求证：$AC - B^2 \leqslant 0$.

分析 欲证的结论初看似乎与 a, b, c 无关，因此不易直接下手（因为无法

82

利用题设条件). 我们考虑从间接下手, 采用反证法.

证明 事实上, 反设 $AC - B^2 > 0$, 则

$$AC > B^2 \geqslant 0 \tag{1}$$

又由条件 $ac - b^2 > 0$, 得

$$ac > b^2 \geqslant 0 \tag{2}$$

式 (1) × (2) 得

$$aAcC > b^2 B^2 \tag{3}$$

由于 $aC - 2bB + cA = 0$, 故

$$aC + cA = 2bB \tag{4}$$

将式 (4) 两边平方, 得

$$a^2 C^2 + 2aAcC + c^2 A^2 = 4 b^2 B^2 \tag{5}$$

又将式 (3) 代入式 (5), 得

$$a^2 C^2 + 2aAcC + c^2 A^2 < 4aAcC$$

所以 $(aC - cA)^2 < 0$, 矛盾.

故 $AC - B^2 \leqslant 0$.

例 2 设 $f(x) = ax^2 + bx + c$, 其中 $a, b, c \in \mathbf{Z}$(整数集). 并且 $|a| = 1$. 若 $x \in \mathbf{Z}$ 时, 总有 $f(x) > 0$, 试证明: $b^2 - 4ac \leqslant 0$.

证明 显然, 由已知条件可知 $a > 0$.

假若 $b^2 - 4ac > 0$, 则由 $a, b, c \in \mathbf{Z}$ 知 $b^2 - 4ac \geqslant 1$, 从而 $f(x) = 0$ 的两实根 x_1, x_2 满足

$$| x_1 - x_2 | = \frac{\sqrt{b^2 - 4ac}}{|a|} = \sqrt{b^2 - 4ac} \geqslant 1$$

因此, 存在 $x_0 \in \mathbf{Z}$, 使 $\min(x_1, x_2) \leqslant x_0 \leqslant \max(x_1, x_2)$.

再由 $a > 0$ 知 $f(x_0) = ax_0^2 + bx_0 + c \leqslant 0$.

这与题设矛盾, 所以 $b^2 - 4ac \leqslant 0$.

反证法是十分常用的间接证明方法之一, 它在不等式的证明中也同样起到了重要的作用.

例 3 设 $f(x) = x^2 + px + q$, 求证: $| f(1) |, | f(2) |, | f(3) |$ 中至少有一个不小于 $\frac{1}{2}$.

证明 若 $| f(1) |, | f(2) |, | f(3) |$ 都小于 $\frac{1}{2}$, 即

$$\begin{cases} |1+p+q| < \dfrac{1}{2} \\ |4+2p+q| < \dfrac{1}{2} \\ |9+3p+q| < \dfrac{1}{2} \end{cases}$$

则

$$\begin{cases} -\dfrac{3}{2} < p+q < -\dfrac{1}{2} & (6) \\ -\dfrac{9}{2} < 2p+q < -\dfrac{7}{2} & (7) \\ -\dfrac{19}{2} < 3p+q < -\dfrac{17}{2} & (8) \end{cases}$$

将式(6)与式(8)相加后再除以 2,得:$-\dfrac{11}{2} < 2p+q < -\dfrac{9}{2}$.

这与式(7)矛盾,证毕.

例 4 已知数列 $a_1,a_2,\cdots,a_{n+1}$,满足:$a_1 = a_{n+1} = 0$,且 $a_{k-1} + a_{k+1} \geqslant 2a_k$ $(k=2,3,\cdots,n)$. 试证:$a_i \leqslant 0 (i=1,2,\cdots,n)$.

证明 由于 $a_1 = a_{n+1} = 0$,故我们只需证明:$a_i \leqslant 0 (i=2,3,\cdots,n)$.

假若在 $a_2,a_3,\cdots,a_n$ 中至少存在一个正数,不妨设 a_r 是第一个出现的正数,则 $a_2 \leqslant 0, a_3 \leqslant 0, \cdots, a_{r-1} \leqslant 0, a_r > 0$. 于是 $a_r - a_{r-1} > 0$.

依题设,有 $a_{k-1} + a_{k+1} \geqslant 2a_k (k=2,3,\cdots,n)$,故

$$a_{k+1} - a_k \geqslant a_k - a_{k-1}$$

从而

$$a_{r+1} - a_r \geqslant a_r - a_{r-1}$$
$$a_{r+2} - a_{r+1} \geqslant a_{r+1} - a_r$$
$$\vdots$$
$$a_n - a_{n-1} \geqslant a_{n-1} - a_{n-2}$$
$$a_{n+1} - a_n \geqslant a_n - a_{n-1}$$

又 $a_r - a_{r-1} > 0$,故

$$a_{r+1} - a_r > 0$$
$$a_{r+2} - a_{r+1} > 0$$
$$\vdots$$
$$a_{n+1} - a_n > 0$$

即 $a_{n+1} > a_n > a_{n-1} > \cdots > a_{r+1} > a_r > 0$,这与题设 $a_{n+1} = 0$ 矛盾,故命题获证.

84

例 5 设 $f(x),g(c)$ 是定义在 $[0,1]$ 上的实值函数,证明:存在 $x_0,y_0 \in [0,1]$,使得 $| x_0 y_0 - f(x_0) - g(y_0) | \geqslant \frac{1}{4}$.

证明 假若这样的 x_0,y_0 不存在,即对所有的 $x,y \in [0,1]$,都有 $| xy - f(x) - g(y) | < \frac{1}{4}$,则取 $x_0 = 0, y_0 = 0$,有

$$| 0 - f(0) - g(0) | < \frac{1}{4}$$

取 $x_0 = 0, y_0 = 1$,有

$$| 0 - f(0) - g(1) | < \frac{1}{4}$$

取 $x_0 = 1, y_0 = 0$,有

$$| 0 - f(1) - g(0) | < \frac{1}{4}$$

取 $x_0 = 1, y_0 = 1$,有

$$| 1 - f(1) - g(1) | < \frac{1}{4}$$

从而

$$1 = | [1 - f(1) - g(1)] - [- f(1) - g(0)] - [- f(0) - g(1)] + [- f(0) - g(0)] |$$
$$\leqslant | 1 - f(1) - g(1) | + | - f(1) - g(0) | + | - f(0) - g(1) | + | - f(0) - g(0) |$$
$$< \frac{1}{4} + \frac{1}{4} + \frac{1}{4} + \frac{1}{4} = 1$$

矛盾!

下面,我们看一个利用反证法解决极值问题的例子.

例 6 函数 $F(x) = | \cos^2 x + 2\sin x \cos x - \sin^2 x + Ax + B |$ 在 $0 \leqslant x \leqslant \frac{3}{2}\pi$ 上的最大值 M 与参数 A,B 有关,问 A,B 取什么值使 M 最小?(1983 年全国高中数学联赛试题)

解 $F(x) = | \cos 2x + \sin 2x + Ax + B | = \left| \sqrt{2} \sin\left(2x + \frac{\pi}{4}\right) + Ax + B \right|$,当 $A = B = 0$ 时,$F(x)$ 成为

$$f(x) = \left| \sqrt{2} \sin\left(2x + \frac{\pi}{4}\right) \right|$$

在区间 $\left[0, \frac{3}{2}\pi\right]$ 上,有三点 $x_1 = \frac{\pi}{8}, x_2 = \frac{5}{8}\pi, x_3 = \frac{9}{8}\pi$,使 $f(x)$ 取最大值 $\sqrt{2}$,我们说它就是要求的最小的 M 之值.

85

为说明这一点,只需证明:对任何不同时为 0 的 A, B,有

$$\max_{0 \leqslant x \leqslant \frac{3}{2}} F(x) > \max_{0 \leqslant x \leqslant \frac{3}{2}} f(x) = \sqrt{2}$$

我们用反证法. 假若 $\max\limits_{0 \leqslant x \leqslant \frac{3}{2}} F(x) \leqslant \sqrt{2}$,则

$$F\left(\frac{\pi}{8}\right) = \left| \sqrt{2} + \frac{\pi}{8} A + B \right| \leqslant \sqrt{2}$$

故

$$\frac{\pi}{8} A + B \leqslant 0 \qquad\qquad (9)$$

同样,由 $F\left(\frac{5}{8}\pi\right) \leqslant \sqrt{2}$ 及 $F\left(\frac{9}{8}\pi\right) \leqslant \sqrt{2}$,得

$$\frac{5}{8}\pi A + B \geqslant 0 \qquad\qquad (10)$$

及

$$\frac{9}{8}\pi A + B \leqslant 0 \qquad\qquad (11)$$

由式 (9)(10) 可得 $A \geqslant 0$,由式 (10)(11) 可得 $A \leqslant 0$,所以 $A = 0$,从而 $B = 0$.
这与题设 A, B 不同时为零矛盾.

5.5　数学归纳法

与自然数 n 有关的不等式问题,我们常常采用数学归纳法.

例 1　已知 a, b 为正实数,且 $\dfrac{1}{a} + \dfrac{1}{b} = 1$. 证明:对一切 $n \in \mathbf{N}$,有 $(a+b)^n - a^n - b^n \geqslant 2^{2n} - 2^{n+1}$. (1988 年全国高中数学联赛试题)

证明　显然当 $n = 1$ 时不等式成立;
设 $n = k$ 时,不等式成立

$$(a+b)^k - a^k - b^k \geqslant 2^{2k} - 2^{k+1} \qquad\qquad (1)$$

当 $n = k+1$ 时

$$(a+b)^{k+1} - a^{k+1} - b^{k+1} = (a+b)\left[(a+b)^k - a^k - b^k\right] + a^k b + a b^k \qquad (2)$$

由于 $\dfrac{1}{a} + \dfrac{1}{b} = 1$,故 $ab = a + b$,又

$$(a+b)\left(\frac{1}{a} + \frac{1}{b}\right) \geqslant 4$$

86

所以

$$ab = a + b \geqslant 4$$

于是

$$a^k b + a b^k \geqslant 2\sqrt{a^k b \cdot a b^k} = 2\sqrt{a^{k+1} b^{k+1}} \geqslant 2\sqrt{4^{k+1}} = 2^{k+2}$$

再由式(1)(2)知

$$(a+b)^{k+1} - a^{k+1} - b^{k+1} \geqslant 4(2^{2k} - 2^{k+1}) + 2^{k+2} = 2^{2k+2} - 2^{k+2}$$

因此,当 $n = k+1$ 时,不等式亦成立.

综上所述. 对一切 $n \in \mathbf{N}$,原不等式成立.

例2 伯努利(Bernoulli)不等式. 设 $a_1, a_2, \cdots, a_n (n \geqslant 2)$ 都大于 -1 且同号,则

$$(1+a_1)(1+a_2)\cdots(1+a_n) > 1 + a_1 + a_2 + \cdots + a_n$$

特别地,当 $a_1 = a_2 = \cdots = a_n = a \neq 0$ 时,有 $(1+a)^n > 1 + na$.

证明 当 $n = 2$ 时,因 a_1, a_2 同号,故 $a_1 a_2 > 0$,所以

$$(1+a_1)(1+a_2) = 1 + a_1 + a_2 + a_1 a_2 > 1 + a_1 + a_2$$

设 $n = k$ 时,不等式成立

$$(1+a_1)(1+a_2)\cdots(1+a_k) > 1 + a_1 + a_2 + \cdots + a_k$$

则当 $n = k+1$ 时

$$(1+a_1)(1+a_2)\cdots(1+a_k)(1+a_{k+1})$$

$$> (1 + a_1 + a_2 + \cdots + a_k)(1+a_{k+1})$$

$$= 1 + a_1 + a_2 + \cdots + a_k + a_{k+1} + a_1 a_{k+1} + a_2 a_{k+1} + \cdots + a_k a_{k+1}$$

$$> 1 + a_1 + a_2 + \cdots + a_k + a_{k+1}$$

从而命题成立.

伯努利不等式是一个极为有用的不等式,下面的例子就可见一斑.

例3 已知非负实数 $x_1, x_2, \cdots, x_n$ 满足 $x_1 + x_2 + \cdots + x_n \leqslant \dfrac{1}{2}$,证明

$$(1-x_1)(1-x_2)\cdots(1-x_n) \geqslant \frac{1}{2}$$

分析 我们当然可以用归纳法证明本题,但利用伯努利不等式将显得更为简洁. 事实上,我们只需证明 $x_1, x_2, \cdots, x_n$ 皆为正数的情形,由 Bernoulli 不等式,有

$$(1-x_1)(1-x_2)\cdots(1-x_n) \geqslant 1 - (x_1 + x_2 + \cdots + x_n) \geqslant 1 - \frac{1}{2} = \frac{1}{2}$$

例4 设 x 为正数,$[x]$ 表示 x 的整数部分,证明

$$[x] + \frac{[2x]}{2} + \cdots + \frac{[nx]}{n} \leqslant [nx]$$

（美国数学奥林匹克试题）

证明　显然，当 $n=1$ 时命题成立.

令

$$a_k = [x] + \frac{[2x]}{2} + \cdots + \frac{[kx]}{k} \tag{3}$$

假若命题在 $n < k$ 时成立，则有

$$a_1 \leqslant [x]$$
$$a_2 \leqslant [2x]$$
$$\vdots$$
$$a_{k-1} \leqslant [(k-1)x]$$

故

$$a_1 + a_2 + \cdots + a_{k-1} \leqslant [x] + [2x] + [(k-1)x] \tag{4}$$

又由式(3)知

$$k(a_k - a_{k-1}) = [kx]$$
$$(k-1)(a_{k-1} - a_{k-2}) = [(k-1)x]$$
$$\vdots$$
$$1 \cdot a_1 = [x]$$

从而有

$$ka_k - a_{k-1} - \cdots - a_1 = [kx] + [(k-1)x] + \cdots [x] \tag{5}$$

由式(4),(5)得

$$ka_k \leqslant [kx] + [(k-1)x] + \cdots + [x] + [x] + [2x] + \cdots + [(k-1)x]$$

由于 $[a] + [b] \leqslant [a+b]$，故

$$ka_k \leqslant [kx] + \underbrace{[kx] + \cdots + [kx]}_{(k-1)\text{个}} = k[kx]$$

所以 $a_k \leqslant [kx]$.

即当 $n=k$ 时，不等式成立. 本题到此证毕.

由上面几例可以看到，数学归纳法是证明与自然数 n 有关的不等式问题的有效方法和工具，但是在数学归纳法的具体实施过程中，特别是在实施由 $n=k$ 推出 $n=k+1$ 这一步时，技巧性是很高的.

例 5　设 $x_i > 0 (i = 1, 2, \cdots, n)$，实数 α, β 满足 $\alpha\beta > 0$，证明

$$\frac{x_1^\beta}{x_2^\alpha} + \frac{x_2^\beta}{x_3^\alpha} + \cdots + \frac{x_{n-1}^\beta}{x_n^\alpha} + \frac{x_n^\beta}{x_1^\alpha} \geqslant x_1^{\beta-\alpha} + x_2^{\beta-\alpha} + \cdots + x_n^{\beta-\alpha}$$

88

证明　当 $n=2$ 时,对于正数 x_1,x_2,由于 α,β 同号,则 $x_1^{\alpha}-x_2^{\alpha}$ 与 $x_1^{\beta}-x_2^{\beta}$ 同号或同为零,即 $(x_1^{\alpha}-x_2^{\alpha})(x_1^{\beta}-x_2^{\beta})\geqslant 0$. 展开并除以正数 $x_1^{\alpha}x_2^{\alpha}$ 整理得

$$\frac{x_1^{\beta}}{x_2^{\alpha}}+\frac{x_2^{\beta}}{x_1^{\alpha}}\geqslant x_1^{\beta-\alpha}+x_2^{\beta-\alpha}$$

这就是说,当 $n=2$ 时命题真.

假若 $n=k$ 时命题真. 我们证明 $n=k+1$ 时命题亦真.

在 $x_1,x_2,\cdots,x_{k+1}$ 这 $k+1$ 个数中,必存在一个最小的,不妨设为 $x_m(1\leqslant m\leqslant k+1)$,即 $x_m\leqslant x_i(i=1,2,\cdots,k+1)$. 我们把 x_m 拿掉,剩下的 k 个数顺序照旧,由归纳假设知,剩下的 k 个数满足不等式

$$\frac{x_1^{\beta}}{x_2^{\alpha}}+\frac{x_2^{\beta}}{x_3^{\alpha}}+\cdots+\frac{x_{m-2}^{\beta}}{x_{m-1}^{\alpha}}+\frac{x_{m-1}^{\beta}}{x_{m+1}^{\alpha}}+\frac{x_{m+1}^{\beta}}{x_{m+2}^{\alpha}}+\cdots+\frac{x_k^{\beta}}{x_{k+1}^{\alpha}}+\frac{x_{k+1}^{\beta}}{x_1^{\alpha}}$$
$$\geqslant x_1^{\beta-\alpha}+x_2^{\beta-\alpha}+\cdots+x_{m-1}^{\beta-\alpha}+x_{m+1}^{\beta-\alpha}+\cdots+x_{k+1}^{\beta-\alpha}$$

从而

$$\frac{x_1^{\beta}}{x_2^{\alpha}}+\frac{x_2^{\beta}}{x_3^{\alpha}}+\cdots+\frac{x_k^{\beta}}{x_{k+1}^{\alpha}}+\frac{x_{k+1}^{\beta}}{x_1^{\alpha}}+\frac{x_{m-1}^{\beta}}{x_m^{\alpha}}-\frac{x_{m-1}^{\beta}}{x_{m+1}^{\alpha}}-\frac{x_m^{\beta}}{x_{m+1}^{\alpha}}$$
$$\geqslant x_1^{\beta-\alpha}+x_2^{\beta-\alpha}+\cdots+x_{k+1}^{\beta-\alpha}-x_m^{\beta-\alpha}$$

下面我们只需证明

$$\frac{x_{m-1}^{\beta}}{x_m^{\alpha}}+\frac{x_m^{\beta}}{x_{m+1}^{\alpha}}-\frac{x_{m-1}^{\beta}}{x_{m+1}^{\alpha}}\geqslant x_m^{\beta-\alpha} \tag{6}$$

事实上,由于 $x_m\leqslant x_{m-1}$,$x_m\leqslant x_{m+1}$,且 α,β 同号,故

$$(x_{m+1}^{\alpha}-x_m^{\alpha})(x_{m-1}^{\beta}-x_m^{\beta})\geqslant 0$$

展开并除以正数 $x_m^{\alpha}x_{m+1}^{\alpha}$ 整理得

$$\frac{x_{m-1}^{\beta}}{x_m^{\alpha}}+\frac{x_m^{\beta}}{x_{m+1}^{\alpha}}-\frac{x_{m-1}^{\beta}}{x_{m+1}^{\alpha}}\geqslant x_m^{\beta-\alpha}$$

故当 $n=k+1$ 时,命题亦真. 这样我们证明了原命题对任意大于 1 的自然数 n 成立.

在上述证明过程中,由于我们巧妙地拿掉了最小数,使得不仅可以充分利用归纳假设,而且得到了有用的不等式(6),从而为顺利完成由 k 推出 $k+1$ 做了铺垫.

在例 5 中,如果令 $\alpha=1,\beta=2$,则不等式就变为

$$\frac{x_1^2}{x_2}+\frac{x_2^2}{x_3}+\cdots+\frac{x_{n-1}^2}{x_n}+\frac{x_n^2}{x_1}\geqslant x_1+x_2+\cdots+x_n$$

这就是 1984 年全国高中数学联赛试题.

下面,我们讨论一些关于递归数列的不等式.

89

例6 设 $\{x_n\}$ 是由 $x_1=2, x_{n+1}=\dfrac{x_n}{2}+\dfrac{1}{x_n}(n \geqslant 1)$ 定义的数列，证明

$$\sqrt{2} < x_n < \sqrt{2} + \frac{1}{n}$$

证明 首先证明 $x_n > \sqrt{2}$.

①$n=1$ 时，显然成立.

② 若 $x_k > \sqrt{2}$，则 $x_{k+1}=\dfrac{x_k}{2}+\dfrac{1}{x_k} \geqslant 2\sqrt{\dfrac{x_k}{2} \cdot \dfrac{1}{x_k}}=\sqrt{2}$.

又上式等号仅当 $\dfrac{x_k}{2}=\dfrac{1}{x_k}$，即 $x_k=\sqrt{2}$ 时成立，这显然不可能. 因此 $x_{k+1} > \sqrt{2}$. 于是命题获证.

现在我们来证明 $x_n < \sqrt{2}+\dfrac{1}{n}$.

①$n=1$ 时，显然成立.

② 若 $n=k$ 时，$x_k < \sqrt{2}+\dfrac{1}{k}$ 成立，则

$$\frac{x_k}{2} < \frac{\sqrt{2}}{2}+\frac{1}{2k}$$

又由前面的证明可知

$$\frac{1}{x_k} < \frac{1}{\sqrt{2}}=\frac{\sqrt{2}}{2}$$

所以

$$x_{k+1}=\frac{x_k}{2}+\frac{1}{x_k} < \frac{\sqrt{2}}{2}+\frac{1}{2k}+\frac{\sqrt{2}}{2}=\sqrt{2}+\frac{1}{2k} < \sqrt{2}+\frac{1}{k+1}$$

综上可知，$\sqrt{2} < x_n < \sqrt{2}+\dfrac{1}{n}(n \in \mathbf{N})$.

例7 设 $0 < a < 1$，定义 $a_1=1+a, a_{n+1}=\dfrac{1}{a_n}+a(n \in \mathbf{N})$. 证明：对一切 $n \in \mathbf{N}$，有 $a_n > 1$.

思考和分析 显然，当 $n=1$ 时，$a_1=1+a > 1$.

但是，由 $a_k > 1$，很难由递归公式 $a_{k+1}=\dfrac{1}{a_k}+a$，推出 $a_{k+1} > 1$. 这是因为由 $a_k > 1$，只能得出 $\dfrac{1}{a_k} < 1$，从而递归难以实施. 为了能够使得通过递归推出 $a_{k+1} > 1$，我们就必须限制 a_k 的范围，即设法求得 a_k 的一个上界. 事实上，若已

90

经知道了 a_k 的上界和下界,即若有 $0 < A < a_k < B$,就可以由递归式推出 $a + \frac{1}{B} < a_{k+1} < a + \frac{1}{A}$,从而问题的解决便有希望了.

为了获得上、下界,我们可以进一步分析数列的前几项

$$1 < a_1 = 1 + a = \frac{1 - a^2}{1 - a} < \frac{1}{1 - a}$$

$$a_2 = \frac{1}{a_1} + a = \frac{1}{1 + a} + a$$

$$= \frac{1 + a + a^2}{1 + a} = \frac{1 - a^3}{1 + a} \cdot \frac{1}{1 - a} < \frac{1}{1 - a}$$

由此启发我们可以尝试将命题强化为

$$1 < a_n < \frac{1}{1 - a} \quad (n \in \mathbf{N}) \tag{7}$$

这样,递推的实施也就有了铺垫.

下面我们来证明加强了的命题(7).

① $n = 1$ 时,显然成立.

② 假设 $n = k$ 时,有 $1 < a_k < \frac{1}{1 - a}(0 < a < 1)$,则

$$a_{k+1} = \frac{1}{a_k} + a < 1 + a < \frac{1}{1 - a}$$

同时

$$a_{k+1} > \frac{1}{\frac{1}{1 - a}} + a = 1$$

即有

$$1 < a_{k+1} < \frac{1}{1 - a}$$

这样,我们也就证明了不等式(7).

像例 7 那样,先证明强化或削弱了的命题,然后再退(进)到原来的命题上去,这种思想方法,在不等式证明中也是极为普遍的,希望读者能通过具体的解题实践去领会和熟悉它.

例 8 给定一个自然数 n,定义数列:$a_0 = \frac{1}{2}$,$a_{k+1} = a_k + \frac{1}{n} a_k^2 (0 \leqslant k \leqslant n - 1)$.证明:$1 - \frac{1}{n} < a_n < 1$.

本题也可以用加强命题的手法来解决,我们把它留给读者作为练习.

在数学竞赛中,用数学归纳法证明不等式往往需要和其他各种方法结合起来,这样才能解决那些难度大、技巧灵活的不等式问题.

下面的例题是第 5 届中国数学奥林匹克第一天竞赛的压轴题,难度比较大.

例 9 设函数 $f(x)$ 对 $x \geqslant 0$ 有定义,且满足:

① 对任何 $x, y \geqslant 0, f(x)f(y) \leqslant y^2 f\left(\dfrac{x}{2}\right) + x^2 f\left(\dfrac{y}{2}\right)$.

② 存在常数 $M > 0$,当 $0 \leqslant x \leqslant 1$ 时,$|f(x)| \leqslant M$.

试证明:$f(x) \leqslant x^2$.(第 5 届 CMO 试题)

证明 若存在 $x_0 \geqslant 0$,使得 $f(x_0) > x_0^2$.

由 ① 可得 $f^2(0) \leqslant 0$,即 $f(0) = 0$. 从而由 $f(x)$ 的定义知,$x_0 > 0$.

又由 ① 可知

$$f^2(x_0) \leqslant 2x_0^2 f\left(\frac{x_0}{2}\right)$$

于是

$$f\left(\frac{x_0}{2}\right) \geqslant \frac{f^2(x_0)}{2x_0^2} > \frac{1}{2}x_0^2$$

$$f\left(\frac{x_0}{4}\right) \geqslant \frac{f^2\left(\frac{x_0}{2}\right)}{2\left(\frac{x_0}{2}\right)^2} > \frac{1}{2}x_0^2$$

$$f\left(\frac{x_0}{8}\right) \geqslant \frac{f^2\left(\frac{x_0}{4}\right)}{2\left(\frac{x_0}{4}\right)^2} > 2x_0^2$$

$$f\left(\frac{x_0}{16}\right) \geqslant \frac{f^2\left(\frac{x_0}{8}\right)}{2\left(\frac{x_0}{8}\right)^2} > 128x_0^2$$

$$\vdots$$

由此我们猜想

$$f\left(\frac{x_0}{2^n}\right) > 2^{2^n - 2n - 1} x_0^2 \quad (n \in \mathbf{N}) \tag{8}$$

容易利用数学归纳法证明.

事实上,当 $n = 1$ 时,显然式(8)成立

假若 $n = k$ 时,式(8)成立

92

$$f\left(\frac{x_0}{2^k}\right) > 2^{2^k - 2k - 1} x_0^2$$

则由 ① 及归纳假设有

$$f\left(\frac{x_0}{2^{k+1}}\right) \geqslant \frac{f^2\left(\frac{x_0}{2^k}\right)}{2\left(\frac{x_0}{2^k}\right)^2} > \frac{(2^{2^k - 2k - 1} x_0^2)^2}{\frac{x_0^2}{2^{2k-1}}} = 2^{2^{k+1} - 2(k+1) - 1} x_0^2$$

因此,当 $n = k + 1$ 时,式(8)亦成立,从而式(8)对任意的自然数 n 成立.

显然,存在 $n_0 \in \mathbf{N}$,使得当 $n \geqslant n_0$ 时,有 $0 < \frac{x_0}{2^n} < 1$.

由 ② 及式(8)知,当 $n \geqslant n_0$ 时

$$2^{2^n - 2n - 1} x_0^2 < M \tag{9}$$

由于 M 是常数,因此式(9)显然不可能对任何 $n \geqslant n_0$ 都成立.矛盾!

故原命题成立.

例 9 可谓数学归纳法与反证法结合的范例.

5.6　代换方法

变量代换是数学中一种常用的解题思想和方法,在不等式证明中也是如此.对于某些难度较高的不等式问题,如果适当地引入一些参数进行代换,可以简化或改变原有的结构,从而易于使问题转化,暴露出症结之所在,给问题的解决带来新的启迪和转机.

例 1　设 $a > 1$,n 是大于 1 的自然数,证明:$\sqrt[n]{a} - 1 < \dfrac{a-1}{n}$.

分析　由于直接处理 $\sqrt[n]{a}$ 不容易,使得数学归纳法等方法难以奏效.为此,我们设法进行代换(换元):

令 $x = \sqrt[n]{a} - 1$,故 $x > 0$,于是不等式化为

$$(1 + x)^n > 1 + nx \tag{1}$$

显然,式(1)便是上一节例 2(伯努利不等式)的特例.其实,由于 $x > 0$,我们也不难由二项式定理直接得到不等式(1).

例 1 的构思相当精妙,妙就妙在我们进行了恰到好处的代换!

例 2　设 a, b, c, d 为正实数,证明

$$\frac{1}{a+b+c}+\frac{1}{b+c+d}+\frac{1}{c+a+d}+\frac{1}{d+a+b}\geqslant\frac{16}{3(a+b+c+d)}$$

分析 很明显,将左边通分是不可取的,一方面运算量大,另一方面也得不到分母 $a+b+c+d$. 由于不等式左边分母皆为多项式,给问题的变形带来了不便,为此我们考虑将分式的分母换成单项式.

令 $a+b+c=x, b+c+d=y, c+d+a=z, d+a+b=\omega$,于是 $x+y+z+\omega=3(a+b+c+d)$.原不等式就变为

$$\frac{1}{x}+\frac{1}{y}+\frac{1}{z}+\frac{1}{\omega}\geqslant\frac{16}{x+y+z+\omega}$$

这是一个十分简单的不等式.

事实上,我们不难由

$$(x+y+z+\omega)\left(\frac{1}{x}+\frac{1}{y}+\frac{1}{z}+\frac{1}{\omega}\right)\geqslant 4\sqrt[4]{xyz\omega}\cdot 4\sqrt[4]{\frac{1}{xyz\omega}}$$

直接将其推出.

从上面的两例可以看到,变量代换作为不等式证明中的一种重要技巧,往往在我们对一些不等式的证明感到难以下手,或思路一下子打不开的时候,通过巧妙的代换(换元),就能简化原有结构或实现某种变通与转化,从而打开解题的思路,找到解决问题的途径.

例 3 设 $x_1, x_2, \cdots, x_n (n\geqslant 2)$ 均为正数,证明

$$\frac{x_1^2}{x_1^2+x_2x_3}+\frac{x_2^2}{x_2^2+x_3x_4}+\cdots+\frac{x_{n-1}^2}{x_{n-1}^2+x_nx_1}+\frac{x_n^2}{x_n^2+x_1x_2}\leqslant n-1$$

(第 26 届 IMO 预选题)

分析 不等式的左边比较复杂,为了使式子写得更对称些,不妨设 $x_{n+1}=x_1, x_{n+2}=x_2$,则原不等式可改写成 $\sum\limits_{i=1}^{n}\frac{x_i^2}{x_i^2+x_{i+1}\cdot x_{i+2}}\leqslant n-1$.

注意到上式左端每一项的分子、分母都有 x_i^2,这样自然会想到用分子、分母同除以 x_i^2 的手段来简化式子.

于是可令 $y_i=\frac{x_i^2}{x_{i+1}x_{i+2}}(i=1,2,\cdots,n)$,则 $\frac{x_i^2}{x_i^2+x_{i+1}\cdot x_{i+2}}=1-\frac{1}{1+y_i}$.且

$$\prod_{i=1}^{n}y_i=\prod_{i=1}^{n}\frac{x_i^2}{x_{i+1}x_{i+2}}=1 \tag{2}$$

从而原不等式化为

$$\sum_{i=1}^{n}\left(1-\frac{1}{1+y_i}\right)\leqslant n-1$$

94

即

$$\frac{1}{1+y_1} + \frac{1}{1+y_2} + \cdots + \frac{1}{1+y_n} \geqslant 1 \tag{3}$$

这样问题就转化为在条件(2)下,证明不等式(3).事实上,由条件(2)知,必存在 y_i 和 $y_j (i \neq j)$,使 $0 < y_i y_j \leqslant 1$.从而

$$\frac{1}{1+y_i} + \frac{1}{1+y_j} = \frac{2+y_i+y_j}{(1+y_i)(1+y_j)} = \frac{1+y_i+1+y_j}{1+y_i+y_j+y_iy_j} \geqslant \frac{1+y_i+1+y_j}{1+y_i+y_j+1} = 1$$

因此,式(3)必定成立.

我们还可用归纳法证明式(3):

当 $n = 2$ 时,有

$$\frac{1}{1+y_1} + \frac{1}{1+y_2} = \frac{1+y_1+1+y_2}{1+y_1+y_2+y_1y_2} \geqslant \frac{2+y_1+y_2}{2+y_1+y_2} = 1$$

设 $y_1 y_2 \cdots y_k = 1$ 时,有

$$\frac{1}{1+y_1} + \frac{1}{1+y_2} + \cdots + \frac{1}{1+y_k} \geqslant 1$$

则在 $y_1 y_2 \cdots y_k y_{k+1} = y_1 y_2 \cdots y_{k-1}(y_k y_{k+1}) = 1$ 时,有

$$\frac{1}{1+y_1} + \frac{1}{1+y_2} + \cdots + \frac{1}{1+y_{k-1}} + \frac{1}{1+y_k y_{k+1}} \geqslant 1$$

不难证明(请读者自己证之) $\dfrac{1}{1+y_k} + \dfrac{1}{1+y_{k+1}} > \dfrac{1}{1+y_k y_{k+1}}$,故 $\displaystyle\sum_{i=1}^{k+1} \frac{1}{1+y_i} > 1$.从而 $n = k+1$ 时式(3)亦真,证毕.

变量代换的基本思想是化繁为简,具体地说,就是化超越式为代数式,化无理式为有理式,化分式为整式,化高次为低次,…… 不过具体如何实施代换,则因题而异,一般没有固定的程式,需要我们在解题的实践中不断地去摸索.

例 4 已知 $x, y \in \mathbf{R}, x^2 + y^2 \leqslant 1$,证明:$|x^2 + 2xy - y^2| \leqslant \sqrt{2}$.

证明 由条件可设 $x = k\cos\alpha, y = k\sin\alpha$,其中 $|k| \leqslant 1$.于是

$$|x^2 + 2xy - y^2| = k^2 |2\sin\alpha\cos\alpha + \cos^2\alpha - \sin^2\alpha|$$
$$= k^2 |\sin 2\alpha + \cos 2\alpha|$$
$$= \sqrt{2}\, k^2 \left|\sin\left(2\alpha + \frac{\pi}{4}\right)\right|$$

由于 $|k| \leqslant 1, \left|\sin\left(2\alpha + \dfrac{\pi}{4}\right)\right| \leqslant 1$,故

$$|x^2 + 2xy - y^2| \leqslant \sqrt{2}$$

例 5 设 $0 < x < 1$,求证:$\dfrac{a^2}{1-x} + \dfrac{b^2}{x} \geqslant (a+b)^2$.

95

证明 令 $x = \cos^2 \alpha (0 < \alpha < \frac{\pi}{2})$，则

$$\frac{a^2}{1-x} + \frac{b^2}{x} = \frac{a^2}{1-\cos^2 \alpha} + \frac{b^2}{\cos^2 \alpha}$$

$$= \frac{a^2}{\sin^2 \alpha} + \frac{b^2}{\cos^2 \alpha}$$

$$= a^2 \csc^2 \alpha + b^2 \sec^2 \alpha$$

$$= a^2 + b^2 + a^2 \cot^2 \alpha + b^2 \tan^2 \alpha$$

$$\geqslant a^2 + b^2 + 2ab = (a+b)^2$$

因此原不等式成立.

例 6 设 $x_1, x_2, \cdots, x_n$ 为正数，求证

$$\sqrt[n]{(1+x_1)(1+x_2)\cdots(1+x_n)} - \sqrt[n]{x_1 x_2 \cdots x_n} \geqslant 1$$

其中 n 为大于 1 的自然数.

证明 令 $x_i = \tan^2 \theta_i (0 < \theta_i < \frac{\pi}{2}, i = 1, 2, \cdots, n)$，则

$$1 + \sqrt[n]{x_1 x_2 \cdots x_n}$$

$$= 1 + \sqrt[n]{\tan^2 \theta_1 \cdot \tan^2 \theta_2 \cdot \cdots \cdot \tan^2 \theta_n}$$

$$= \frac{\sqrt[n]{\cos^2 \theta_1 \cdot \cos^2 \theta_2 \cdot \cdots \cdot \cos^2 \theta_n} + \sqrt[n]{\sin^2 \theta_1 \cdot \sin^2 \theta_2 \cdot \cdots \cdot \sin^2 \theta_n}}{\sqrt[n]{\cos^2 \theta_1 \cdot \cos^2 \theta_2 \cdot \cdots \cdot \cos^2 \theta_n}}$$

$$\leqslant \frac{\frac{1}{n}(\cos^2 \theta_1 + \cos^2 \theta_2 + \cdots + \cos^2 \theta_n + \sin^2 \theta_1 + \sin^2 \theta_2 + \cdots + \sin^2 \theta_n)}{\sqrt[n]{\cos^2 \theta_1 \cdot \cos^2 \theta_2 \cdot \cdots \cdot \cos^2 \theta_n}}$$

$$= \frac{1}{\sqrt[n]{\cos^2 \theta_1 \cdot \cos^2 \theta_2 \cdot \cdots \cdot \cos^2 \theta_n}}$$

$$= \sqrt[n]{(1+\tan^2 \theta_1)(1+\tan^2 \theta_2)\cdots(1+\tan^2 \theta_n)}$$

$$= \sqrt[n]{(1+x_1)(1+x_2)\cdots(1+x_n)}$$

所以

$$\sqrt[n]{(1+x_1)(1+x_2)\cdots(1+x_n)} - \sqrt[n]{x_1 x_2 \cdots x_n} \geqslant 1$$

上述三例我们都采用了三角代换法.

三角代换对于证明某些代数不等式是富有成效的. 因为采用三角代换后，我们可以充分利用三角函数之间特有的关系（相等的或不等的），把一个复杂的问题简单化，使不等式得到证明.

例 7 已知 $x_1, x_2, \cdots, x_n$ 均为不小于 1 的实数. 证明

96

$$\sum_{i=1}^{n} \frac{\sqrt{x_i^2 (x_{i+1}-1)^2 + x_{i+1}^2}}{x_i x_{i+1}} \geqslant \frac{\sqrt{2}}{2} n$$

其中 $x_{n+1} = x_1$.

本题初看似乎很复杂,但采用三角代换法后则相当简便. 我们把解答留给读者自己完成.

下面,我们介绍一种十分有用的代换方法.

例如,在关于 a,b,c 的不等式满足关系式 $a \geqslant b \geqslant c$ 时(我们已在前面的讨论中谈到,这种关系常常可从不等式本身的对称性中找到),我们便可令: $a = c + \varepsilon_1, b = c + \varepsilon_2 (\varepsilon_1 \geqslant \varepsilon_2 \geqslant 0)$. 这种代换方法称为"增量方法".

增量方法有其独特的优点,一方面由于其论证过程主要是代数恒等变形,从而易于进行和把握;另一方面,由于在论证过程中可以充分自由地利用不等关系 $\varepsilon_1 \geqslant \varepsilon_2 \geqslant 0$,从而可以不必依赖太多的其他已知不等式,并且一般不需要过早地作放缩处理,这样也就没有放缩"过头"的后顾之忧.

增量方法是一种特殊的代换方法,它对于许多不等式,特别是对称不等式是很有效的.

例 8 设 $x, y > 0$,且 $x + y = 1$,证明: $\left(1 + \dfrac{1}{x}\right)\left(1 + \dfrac{1}{y}\right) \geqslant 9$.

证明 由对称性,不妨设 $x \geqslant y$,令 $x = \dfrac{1}{2} + \varepsilon (0 \leqslant \varepsilon \leqslant \dfrac{1}{2})$,则由 $x + y = 1$ 知 $y = \dfrac{1}{2} - \varepsilon$.

于是

$$\begin{aligned}
\left(1 + \frac{1}{x}\right)\left(1 + \frac{1}{y}\right) &= \left(1 + \frac{2}{1 + 2\varepsilon}\right)\left(1 + \frac{2}{1 - 2\varepsilon}\right) \\
&= \frac{3 + 2\varepsilon}{1 + 2\varepsilon} \cdot \frac{3 - 2\varepsilon}{1 - 2\varepsilon} \\
&= \frac{9 - 4\varepsilon^2}{1 - 4\varepsilon^2} \\
&\geqslant \frac{9 - 36\varepsilon^2}{1 - 4\varepsilon^2} = 9
\end{aligned}$$

所以

$$\left(1 + \frac{1}{x}\right)\left(1 + \frac{1}{y}\right) \geqslant 9$$

其中等号仅当 $\varepsilon = 0$,即 $x = y$ 时成立.

关于增量方法,对于一些不同类型的问题,运用起来也是相当灵活的.

例9 设 $a,b,c>0$，且 $a+b>c$，证明：$a^3+b^3+c^3+3abc>2(a+b)c^2$.

证明 令 $a+b=c+\varepsilon(\varepsilon>0)$，原不等式化为

$$(a+b)^3-3ab(a+b)+c^3+3abc-2(a+b)c^2>0$$

则有

$$\varepsilon^3+c^2\varepsilon+3c\varepsilon^2-3ab\varepsilon>0$$

从而只需证明

$$\varepsilon^2+c^2+3c\varepsilon-3ab>0$$

又

$$\begin{aligned}
\varepsilon^2+c^2+3c\varepsilon-3ab&=(a+b-c)^2+c^2+3c(a+b-c)-3ab\\
&=a^2+b^2-ab+ac+bc-c^2\\
&=a^2+b^2-ab+c(a+b)-c^2\\
&>2ab-ab+c^2-c^2=ab>0
\end{aligned}$$

所以原不等式成立.

例10 设 a,b,c 均为正数，证明：$abc\geqslant(b+c-a)(c+a-b)(a+b-c)$.
（瑞士数学奥林匹克试题）

证法1 由于不等式关于 a,b,c 是对称的，故不妨设 $a\leqslant b\leqslant c$.

令 $b=a+\varepsilon_1,c=a+\varepsilon_2(\varepsilon_2\geqslant\varepsilon_1\geqslant0)$，于是

$$\begin{aligned}
&abc-(b+c-a)(c+a-b)(a+b-c)\\
=&a(a+\varepsilon_1)(a+\varepsilon_2)-(a+\varepsilon_1+\varepsilon_2)(a+\varepsilon_2-\varepsilon_1)(a+\varepsilon_1-\varepsilon_2)\\
=&a(a^2+a\varepsilon_1+a\varepsilon_2+\varepsilon_1\varepsilon_1)-(a+\varepsilon_1+\varepsilon_2)[a^2-(\varepsilon_2-\varepsilon_1)^2]\\
=&a\varepsilon_1\varepsilon_2+(a+\varepsilon_1+\varepsilon_2)(\varepsilon_2-\varepsilon_1)^2\geqslant0
\end{aligned}$$

所以 $abc\geqslant(b+c-a)(c+a-b)(a+b-c)$. 证毕.

证法2 令 $b+c-a=2x,c+a-b=2y,a+b-c=2z$，则原不等式变为

$$(y+z)(z+x)(x+y)\geqslant8xyz \tag{4}$$

由于 $a,b,c>0$，故 x,y,z 中至多只有一个非正.

若 x,y,z 中有一个非正，则式（4）显然成立.

若 x,y,z 中均为正数，则由几何与算术平均不等式即可得到式（4）.

这里，证法1采用的是增量方法. 证法2采用的方法，可以说是受到三角形与它的内切圆的关系启发得出的.

设 a,b,c 是 $\triangle ABC$ 的三边长，因为三角形总有内切圆（如图5.1），于是存在正数 x,y,z 使

$$\begin{cases}a=y+z\\b=z+x\\c=x+y\end{cases} \tag{5}$$

98

反过来,若三个正数 a,b,c 可表示为上面的形式,易见 $a+b>c,b+c>a,c+a>b$,因而 a,b,c 是一个三角形的三边长. 并且如果有 $c\geqslant b\geqslant a>0$ 成立,则相应有 $x\geqslant y\geqslant z>0$ 成立,从而又可应用增量方法.

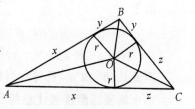

图 5.1

从上面的讨论可见,一个关于三角形三边长的不等式,我们可以通过代换(5)将其转化成关于三个正数 x,y,z 的代数不等式. 再由于三边长 a,b,c 完全确定三角形,因此,三角形中的一切元素(面积、高、中线、角平分线、内切圆半径、外接圆半径等等)都可以用 x,y,z 表示. 这样,从理论上说,可以把关于三角形各元素的不等式都化为关于正数 x,y,z 的代数不等式. 因此,变换(5)对于解决某些三角形中的不等式,确实是有奇效的.

例 11　在 $\triangle ABC$ 中 a,b,c 为三边长,$p=\dfrac{a+b+c}{2}$,r 为其内切圆半径. 试证明: $\dfrac{1}{(p-a)^2}+\dfrac{1}{(p-b)^2}+\dfrac{1}{(p-c)^2}\geqslant\dfrac{1}{r^2}$.

证明　令 $a=y+z,b=z+x,c=x+y(x,y,z>0)$,则 $p=x+y+z$,

$$r=\frac{2S}{a+b+c}=\sqrt{\frac{xyz}{x+y+z}}\,(S\ \text{为三角形的面积}).$$

于是,原不等式等价于

$$\frac{1}{x^2}+\frac{1}{y^2}+\frac{1}{z^2}\geqslant\frac{1}{yz}+\frac{1}{zx}+\frac{1}{xy}$$

由于

$$\frac{1}{x^2}+\frac{1}{y^2}\geqslant\frac{2}{xy},\quad\frac{1}{y^2}+\frac{1}{z^2}\geqslant\frac{2}{yz},\quad\frac{1}{z^2}+\frac{1}{x^2}\geqslant\frac{2}{zx}$$

故

$$\frac{1}{x^2}+\frac{1}{y^2}+\frac{1}{z^2}\geqslant\frac{1}{yz}+\frac{1}{zx}+\frac{1}{xy}$$

例 12　设 a,b,c 是三角形的三边长,求证

$$a^2b(a-b)+b^2c(b-c)+c^2a(c-a)\geqslant 0$$

并确定等号成立的条件. (第 24 届 IMO 试题)

证明　令 $a=y+z,b=z+x,c=x+y(x,y,z>0)$. 于是,原不等式转化为

$$xy^3+yz^3+zx^3\geqslant x^2yz+y^2zx+z^2xy \tag{6}$$

99

由于

$$xy^3 + yz^3 + zx^3 - x^2yz - y^2zx - z^2xy$$
$$= xy(y-z)^2 + yz(z-x)^2 + zx(x-y)^2 \geqslant 0$$

因此式(6)成立,且等号当且仅当 $x = y = z$,即 a, b, c 相等时成立.

这里需要提醒读者注意的是,例 12 关于 a, b, c 并不对称,故不能假设 $a \geqslant b \geqslant c$.

代换方法也可以解决一些极值问题,如我们在第 3 章第 2 节中曾讨论过用三角代换法解决某些无理函数的极值问题.下面再看一些例子.

例 13 求函数 $f(x) = \dfrac{1 - 6x^2 + x^4}{1 + 2x^2 + x^4}$ 的最大值和最小值.

解 由于 $f(x) = 1 - \dfrac{8x^2}{1 + 2x^2 + x^4}$,即 $f(x) = 1 - \dfrac{8x^2}{(1 + x^2)^2}$.

令 $x = \tan\theta\left(-\dfrac{\pi}{2} < \theta < \dfrac{\pi}{2}\right)$,则

$$f(x) = g(\theta) = 1 - 2\sin^2 2\theta$$

所以,当 $\theta = 0$,即 $x = 0$ 时,$f_{\max} = 1$;

当 $\theta = \dfrac{\pi}{4}$,即 $x = 1$ 时,$f_{\min} = -1$.

例 14 若 $x + y = 1, x > 0, y > 0$,求函数

$$f(x, y) = \left(x + \frac{1}{x}\right)^2 + \left(y + \frac{1}{y}\right)^2$$

的最小值.

解 令 $x = \cos^2\theta, y = \sin^2\theta\left(0 < \theta < \dfrac{\pi}{2}\right)$,则由不等式

$$x^2 + y^2 \geqslant \frac{1}{2}(x + y)^2$$

有

$$f(x, y) = g(\theta) = \left(\cos^2\theta + \frac{1}{\cos^2\theta}\right)^2 + \left(\sin^2\theta + \frac{1}{\sin^2\theta}\right)^2$$

$$\geqslant \frac{\left(\cos^2\theta + \dfrac{1}{\cos^2\theta} + \sin^2\theta + \dfrac{1}{\sin^2\theta}\right)^2}{2}$$

$$= \frac{1}{2}\left(1 + \frac{1}{\cos^2\theta} + \frac{1}{\sin^2\theta}\right)^2$$

$$= \frac{1}{2}\left(1 + \frac{1}{\sin^2\theta\cos^2\theta}\right)^2$$

$$= \frac{1}{2} \left(1 + \frac{4}{\sin^2 2\theta}\right)^2$$

$$\geqslant \frac{1}{2} (1+4)^2 = \frac{25}{2}$$

所以当 $\theta = \frac{\pi}{4}$，即 $x = y = \frac{1}{2}$ 时，$f_{\min} = \frac{25}{2}$.

例 15 已知 $|x| \leqslant 1$，$|y| \leqslant 1$，求 $f(x,y) = xy + \sqrt{(1-x^2)(1-y^2)}$ 的最大值.

本题的解法与例 14 类似，我们留给读者自己练习.

例 16 已知 $x \geqslant 0$，$y \geqslant 0$，且 $x + y = a$（定值），试求函数

$$f(x,y) = \frac{1}{1+x^2} + \frac{1}{1+y^2}$$

的最值.

解法 1 令 $x = a\cos^2\theta$，$y = a\sin^2\theta (0 \leqslant \theta \leqslant \frac{\pi}{2})$，则

$$f(x,y) = G(\theta) = \frac{1}{1+a^2\cos^4\theta} + \frac{1}{1+a^2\sin^4\theta}$$

即

$$G(\theta) = \frac{16(2+a^2) - 8a^2\sin^2 2\theta}{16(1+a^2) - 8a^2\sin^2 2\theta + a^4\sin^4 2\theta}$$

再令 $z = \sin^2 2\theta$，则 $0 \leqslant z \leqslant 1$. 从而

$$G(\theta) = f(z) = \frac{16(2+a^2) - 8a^2 z}{16(1+a^2) - 8a^2 z + a^4 z^2}$$

因此，有

$$g(z) = a^4 f z^2 + 8a^2(1-f)z + 16(a^2+1)f - 16(a^2+2) = 0$$

若 $a = 0$，则 $x = y = 0$，$f = 2$；

若 $a \neq 0$，由于 $0 \leqslant z \leqslant 1$，故欲使 $g(z) = 0$ 在 $[0,1]$ 内至少有一个实根，可以分三种情况：

① 如图 5.2 所示，此时有

$$\begin{cases} \Delta \geqslant 0 \\ g(0) \geqslant 0 \\ g(1) \geqslant 0 \\ 0 \leqslant -\frac{b}{2a} \leqslant 1 \end{cases}$$

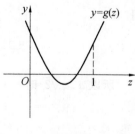

图 5.2

即

$$\begin{cases} 64a^4(1-f)^2 - 4a^4f[16(a^2+1)f - 16(a^2+2)] \geqslant 0 \\ 16(a^2+1)f - 16(a^2+2) \geqslant 0 \\ a^4f + 8a^2(1-f) + 16(a^2+1)f - 16(a^2+2) = 0 \\ 0 \leqslant \dfrac{4(f-1)}{a^2f} \leqslant 1 \end{cases}$$

亦即

$$\begin{cases} a^2f^2 - a^2f - 1 \leqslant 0 \\ (a^2+1)f \geqslant a^2+2 \\ (a^2+4)^2f \geqslant 8(a^2+4) \\ 0 \leqslant 4f - 4 \leqslant a^2f \end{cases}$$

解之

$$\begin{cases} \dfrac{a - \sqrt{a^2+4}}{2a} \leqslant f \leqslant \dfrac{a + \sqrt{a^2+4}}{2a} \\ f \geqslant \dfrac{a^2+2}{a^2+1} \\ f \geqslant \dfrac{8}{a^2+4} \\ f \geqslant 1(a \geqslant 2) \text{ 或 } 1 \leqslant f \leqslant \dfrac{4}{4-a^2} \quad (0 \leqslant a \leqslant 2) \end{cases} \tag{7}$$

又当 $a \geqslant \sqrt{2}$ 时

$$\frac{a^2+2}{a^2+1} \geqslant \frac{8}{a^2+4}$$

当 $a < \sqrt{2}$ 时

$$\frac{a^2+2}{a^2+1} < \frac{8}{a^2+4}$$

且

$$\frac{a + \sqrt{a^2+4}}{2a} \geqslant \max\left(\frac{a^2+2}{a^2+1}, \frac{8}{a^2+4}\right)$$

所以 $a \geqslant \sqrt{2}$ 时

$$f \geqslant \frac{a^2+2}{a^2+1}$$

从而 $f_{\min} = \dfrac{a^2+2}{a^2+1}$(此时,$y=0,x=a$ 或 $y=a,x=0$).

当 $a < \sqrt{2}$ 时

从分析解题过程学解题
——竞赛中的不等式问题

$$f \geqslant \frac{8}{a^2 + 4}$$

从而 $f_{\min} = \dfrac{8}{a^2+4}$（此时，$x = y = \dfrac{a}{2}$）.

另一方面，当 $a > \sqrt{\dfrac{4}{3}}$ 时，$\dfrac{a + \sqrt{a^2+4}}{2a} < \dfrac{4}{4-a^2}$，所以

$$f \leqslant \frac{a + \sqrt{a^2+4}}{2a}$$

从而 $f_{\max} = \dfrac{a + \sqrt{a^2+4}}{2a}$（最大值肯定可以达到）.

当 $a \leqslant \sqrt{\dfrac{4}{3}}$ 时，$\dfrac{a + \sqrt{a^2+4}}{2a} \geqslant \dfrac{4}{4-a^2}$，但 $\dfrac{8}{a^2+4}$

$\geqslant \dfrac{4}{4-a^2}$，故此时式(7)无解，从而 f 不存在最值.

② 如图 5.3 所示，此时有

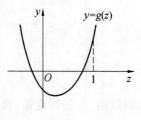

图 5.3

$$\begin{cases} \Delta \geqslant 0 \\ g(0) \leqslant 0 \\ g(1) \geqslant 0 \end{cases}$$

即

$$\begin{cases} a^2 f^2 - a^2 f - 1 \leqslant 0 \\ (a^2 + 1)f \leqslant a^2 + 2 \\ (a^2 + 4)^2 f \geqslant 8(a^2 + 4) \end{cases}$$

解之

$$\begin{cases} \dfrac{a - \sqrt{a^2+4}}{2a} \leqslant f \leqslant \dfrac{a + \sqrt{a^2+4}}{2a} \\ f \leqslant \dfrac{a^2 + 2}{a^2 + 1} \\ f \geqslant \dfrac{8}{a^2 + 4} \end{cases} \tag{8}$$

故由 ① 的讨论知，当 $a \geqslant \sqrt{2}$ 时

$$\frac{8}{a^2+4} \leqslant f \leqslant \frac{a^2+2}{a^2+1}$$

从而

$$f_{\min} = \frac{8}{a^2+4} \quad （此时 \ x = y = \frac{a}{2}）$$

103

$$f_{\max} = \frac{a^2+2}{a^2+1} \quad (\text{此时 } x=0, y=a \text{ 或 } x=a, y=0)$$

当 $a < \sqrt{2}$ 时式(8)无解,从而 f 不存在最值.

③ 如图 5.4 所示,此时有

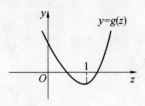

图 5.4

$$\begin{cases} \Delta \geqslant 0 \\ g(0) \geqslant 0 \\ g(1) \leqslant 0 \end{cases}$$

即

$$\begin{cases} \dfrac{a-\sqrt{a^2+4}}{2a} \leqslant f \leqslant \dfrac{a+\sqrt{a^2+4}}{2a} \\ f \geqslant \dfrac{a^2+2}{a^2+1} \\ f \leqslant \dfrac{8}{a^2+4} \end{cases} \tag{9}$$

同样,由 ① 的讨论知:当 $a > \sqrt{2}$ 时,不等式组(9)无解,f 不存在最值.

当 $a \leqslant \sqrt{2}$ 时

$$\frac{a^2+2}{a^2+1} \leqslant f \leqslant \frac{8}{a^2+4}$$

从而 $f_{\min} = \dfrac{a^2+2}{a^2+1}$(此时 $x=0, y=a$ 或 $x=a, y=0$),$f_{\max} = \dfrac{8}{a^2+4}$(此时 $x = y = \dfrac{a}{2}$).

综合 ①②③ 的讨论,我们得

当 $a \geqslant \sqrt{2}$ 时,$f_{\min} = \dfrac{8}{a^2+4}$;

当 $a < \sqrt{2}$ 时,$f_{\min} = \dfrac{a^2+2}{a^2+1}$;

当 $a > \sqrt{\dfrac{4}{3}}$ 时,$f_{\max} = \dfrac{a+\sqrt{a^2+4}}{2a}$;

当 $a \leqslant \sqrt{\dfrac{4}{3}}$ 时,$f_{\max} = \dfrac{8}{a^2+4}$.

例 16 还可以用下面的代换法来解:

解法 2 由于 $x+y=a$,故

$$x^2+y^2 = (x+y)^2 - 2xy = a^2 - 2xy$$

从而

104

$$f(x,y) = \frac{x^2 + y^2 + 2}{(xy)^2 + x^2 + y^2 + 1} = \frac{a^2 - 2xy + 2}{(xy)^2 + a^2 - 2xy + 1}$$

令 $u = a^2 - 2xy + 2$，由于 $0 \leqslant xy \leqslant \left(\dfrac{x+y}{2}\right)^2 = \dfrac{a^2}{4}$，故

$$\frac{a^2}{2} + 2 \leqslant u \leqslant a^2 + 2$$

又 $xy = \dfrac{2 + a^2 - u}{2}$，所以

$$f(x,y) = F(u) = \frac{u}{(xy)^2 - 1 + u} = \frac{4}{u + \dfrac{a^2(a^2+4)}{u} - 2a^2}$$

$$\left(\frac{a^2}{2} + 2 \leqslant u \leqslant a^2 + 2\right)$$

再令

$$g(u) = u + \frac{a^2(a^2+4)}{u} - 2a^2 \quad \left(\frac{a^2}{2} + 2 \leqslant u \leqslant a^2 + 2\right)$$

于是，我们只需求出 $g(u)$ 在 $\left[\dfrac{a^2}{2} + 2, a^2 + 2\right]$ 上的最大值和最小值. 由第 3 章第 1 节例 1 知，$g(u)$ 在 $[a\sqrt{a^2+4}, +\infty)$ 上是严格单调递增的，在 $(0, a\sqrt{a^2+4}]$ 上是严格单调递减的.

因此，若 $\dfrac{a^2}{2} + 2 \geqslant a\sqrt{a^2+4}$，即 $a \leqslant \sqrt{\dfrac{4}{3}}$，则

$$g_{\max} = g(a^2+2) = \frac{4(a^2+1)}{a^2+2}, g_{\min} = g\left(\frac{a^2}{2} + 2\right) = \frac{a^2+4}{2}$$

从而

$$f_{\min} = \frac{a^2+2}{a^2+1}, f_{\max} = \frac{8}{a^2+4}$$

若 $a^2 + 2 \leqslant a\sqrt{a^2+4}$，显然无解，无需继续讨论.

若 $\dfrac{a^2}{2} + 2 \leqslant a\sqrt{a^2+4} < a^2 + 2$，即 $a > \sqrt{\dfrac{4}{3}}$，则

$$g_{\min} = g(a\sqrt{a^2+4}) = 2a\sqrt{a^2+4} - 2a^2$$

$$g_{\max} = \max\left[g\left(\frac{a^2}{2} + 2\right), g = (a^2+2)\right]$$

又

$$g\left(\frac{a^2}{2} + 2\right) = \frac{a^2+4}{2}, g(a^2+2) == \frac{4(a^2+1)}{a^2+2}$$

而当 $a \geqslant \sqrt{2}$ 时

$$g(a^2 + 2) \leqslant g\left(\frac{a^2}{2} + 2\right)$$

当 $a < \sqrt{2}$ 时

$$g(a^2 + 2) > g\left(\frac{a^2}{2} + 2\right)$$

故当 $a \geqslant \sqrt{2}$ 时

$$g_{\max} = g\left(\frac{a^2}{2} + 2\right) = \frac{a^2 + 4}{2}$$

当 $a < \sqrt{2}$ 时

$$g_{\max} = g(a^2 + 2) = \frac{4(a^2 + 1)}{a^2 + 2}$$

所以,当 $a > \sqrt{\dfrac{4}{3}}$ 时,$f_{\max} = \dfrac{a + \sqrt{a^2 + 4}}{2a}$;

当 $a \geqslant \sqrt{2}$ 时,$f_{\min} = \dfrac{8}{a^2 + 4}$;

当 $\sqrt{\dfrac{4}{3}} < a < \sqrt{2}$ 时,$f_{\min} = \dfrac{a^2 + 2}{a^2 + 1}$.

综合上面的讨论,我们有:

当 $a \geqslant \sqrt{2}$ 时,$f_{\min} = \dfrac{8}{a^2 + 4}$;

当 $a < \sqrt{2}$ 时,$f_{\min} = \dfrac{a^2 + 2}{a^2 + 1}$;

当 $a \leqslant \sqrt{\dfrac{4}{3}}$ 时,$f_{\max} = \dfrac{8}{a^2 + 4}$;

当 $a > \sqrt{\dfrac{4}{3}}$ 时,$f_{\max} = \dfrac{a + \sqrt{a^2 + 4}}{2a}$.

显然,两种方法的结果一致.

这是一个难度较大的极值问题,第一种解法虽然篇幅较长,但其思路十分清晰、自然,第二种方法表面上看简便些,但其实代换和变形的技巧相当高,并不容易想到.

5.7　构造方法和函数方法

所谓构造方法,就是通过构造辅助工具,铺路架桥,促进转化,从而达到解决问题的目的. 在不等式证明中运用构造思想,能使我们开阔思路,并运用更多的其他知识为证明不等式服务.

例 1 给定 13 个不同的实数 $a_1, a_2, \cdots, a_{13}$,证明:至少存在两个不同的实数 $a_i, a_j (i \neq j)$ 满足 $0 < \dfrac{a_i - a_j}{1 + a_i a_j} < \sqrt{\dfrac{2 - \sqrt{3}}{2 + \sqrt{3}}}$.

证明 由题设的条件和结论,使我们联想到两角差的正切公式,再注意到 $\tan \alpha$ 可表示任意实数,为此构造 13 个实数

$$\tan \alpha_1, \tan \alpha_2, \cdots, \tan \alpha_{13}$$

且 $-\dfrac{\pi}{2} < \alpha_1 < \alpha_2 < \cdots < \alpha_{13} < \dfrac{\pi}{2}$.

将区间 $\left(-\dfrac{\pi}{2}, \dfrac{\pi}{2}\right)$ 均分成 12 个小区间,则上述 13 个 α_i 中至少存在两个数在同一子区间上,不妨设 $\alpha_k, \alpha_l (k > l)$ 落在同一个子区间上,因而有

$$0 < \alpha_k - \alpha_l < \frac{\pi}{12}$$

令 $a_i = \tan \alpha_k, a_j = \tan \alpha_l$,则

$$\frac{a_i - a_j}{1 + a_i a_j} = \frac{\tan \alpha_k - \tan \alpha_l}{1 + \tan \alpha_k \tan \alpha_l} = \tan(\alpha_k - \alpha_l)$$

由于 $0 < \tan(\alpha_k - \alpha_l) < \tan \dfrac{\pi}{12} = \sqrt{\dfrac{2 - \sqrt{3}}{2 + \sqrt{3}}}$,所以

$$0 < \frac{a_i - a_j}{1 + a_i a_j} < \sqrt{\frac{2 - \sqrt{3}}{2 + \sqrt{3}}}$$

我们不难把本题推广为:

给定 n 个不同的实数 $a_1, a_2, \cdots, a_n (n \geq 4)$,则至少存在两个不同的实数 $a_i, a_j (i \neq j)$ 满足:$0 < \dfrac{a_i - a_j}{1 + a_i a_j} < \tan \dfrac{\pi}{n - 1}$.

例 2 设 a, b, c 是不全为零且绝对值小于 10^6 的整数,证明:$|a + b\sqrt{2} + c\sqrt{3}| > \dfrac{1}{10^{21}}$.(美国普特南大学生数学奥林匹克试题)

证明 若 $b = c = 0$,依照题设 $|a| \geq 1 > \dfrac{1}{10^{21}}$,不等式真.

若 b, c 中至少有一个不为零,我们构造 4 个无理数:$x_1 = a + b\sqrt{2} + c\sqrt{3}$,$x_2 = a + b\sqrt{2} - c\sqrt{3}$,$x_3 = a - b\sqrt{2} + c\sqrt{3}$,$x_4 = a - b\sqrt{2} - c\sqrt{3}$. 于是

$$x_1 x_2 x_3 x_4 = \left[(a + b\sqrt{2})^2 - 3c^2\right] \left[(a - b\sqrt{2})^2 - 3c^2\right]$$

$$= (a^2 + 2b^2 - 3c^2)^2 - 8a^2b^2$$

由于 a, b, c 为整数,且 x_1, x_2, x_3, x_4 均不为零,故 $|x_1 x_2 x_3 x_4| \geqslant 1$.

又因为 $|a|, |b|, |c|$ 均小于 10^6,且 $1 + \sqrt{2} + \sqrt{3} < 10$,从而

$$|x_i| \leqslant |a| + \sqrt{2}|b| + \sqrt{3}|c| < (1 + \sqrt{2} + \sqrt{3})10^6 < 10^7 \quad (i = 1, 2, 3, 4)$$

所以 $|x_1| \geqslant \dfrac{1}{|x_2||x_3||x_4|} > \dfrac{1}{10^{21}}$,即 $|a + b\sqrt{2} + c\sqrt{3}| > \dfrac{1}{10^{21}}$.

本题中构造的 4 个无理数,x_1 是原不等式中存在的,而 x_2, x_3, x_4 则是为促使 x_1 向有理数转化而引进的.

上面的例 1 和例 2,我们通过构造数(式)来达到目的. 现在我们介绍构造数列的例子.

例 3 设有无穷正实数列 $x_0 = 1, x_{i+1} \leqslant x_i (i = 0, 1, 2, \cdots)$.

(1)试证:对具有上述性质的任一数列,总能找到一个 $n \geqslant 1$,使下式均成立

$$\frac{x_0^2}{x_1} + \frac{x_1^2}{x_2} + \cdots + \frac{x_{n-1}^2}{x_n} \geqslant 3.999$$

(2)寻找这样一个数列,对所有 n,有 $\dfrac{x_0^2}{x_1} + \dfrac{x_1^2}{x_2} + \cdots + \dfrac{x_{n-1}^2}{x_n} < 4$. (第 23 届 IMO 试题)

证明 (1)我们首先证明:对于任一题设条件中的数列,可以构造出正数列 $C_n (n \geqslant 1)$,使得 $\dfrac{x_i^2}{x_{i+1}} + \dfrac{x_{i+1}^2}{x_{i+2}} + \cdots + \dfrac{x_{i+n-1}^2}{x_{i+n}} \geqslant C_n x_i$. 这里 C_n 仅与 n 有关,而与 x_i 的值无关.

事实上,当 $n = 1$ 时,因 $x_i \geqslant x_{i+1}$,故 $\dfrac{x_i^2}{x_{i+1}} \geqslant x_i$,从而可取 $C_1 = 1$.

设 C_n 已取定,则

$$\frac{x_i^2}{x_{i+1}} + \frac{x_{i+1}^2}{x_{i+2}} + \cdots + \frac{x_{i+n-1}^2}{x_{i+n}} + \frac{x_{i+n}^2}{x_{i+n+1}}$$

$$= \frac{x_i^2}{x_{i+1}} + \left(\frac{x_{i+1}^2}{x_{i+2}} + \cdots + \frac{x_{i+n-1}^2}{x_{i+n}} + \frac{x_{i+n}^2}{x_{i+n+1}} \right)$$

$$\geqslant \frac{x_i^2}{x_{i+1}} + C_n x_{i+1} \geqslant 2\sqrt{C_n} x_i$$

这就是说,可取 $C_{n+1} = 2\sqrt{C_n}$. 不难求得 $C_n = 2^{2 - \frac{1}{2^{n-2}}} (n \geqslant 2)$. 这样,令 $i = 0$ 就有 $\dfrac{x_0^2}{x_1} + \dfrac{x_1^2}{x_2} + \cdots + \dfrac{x_{n-1}^2}{x_n} \geqslant C_n$. 下面我们只需找到 n,使 $C_n = 2^{2 - \frac{1}{2^{n-2}}} \geqslant 3.999$,

即 $\left(\dfrac{4}{3.999} \right)^{2^{n-2}} \geqslant 2$,而

从分析解题过程学解题
——竞赛中的不等式问题

$$\left(\frac{4}{3.999}\right)^{2^{n-2}}=\left(1+\frac{0.001}{3.999}\right)^{2^{n-2}}>\left(1+\frac{1}{4\,000}\right)^{2^{n-2}}>1+\frac{2^{n-2}}{4\,000}$$

当 $n=14$ 时，$1+\frac{2^{12}}{4\,000}=1+\frac{4\,096}{4\,000}>2$，因此，取 $n=14$ 即可.

(2) 取 $x_n=\left(\frac{1}{2}\right)^n(n=0,1,2,\cdots)$，则

$$\begin{aligned}&\frac{x_0^2}{x_1}+\frac{x_1^2}{x_2}+\cdots+\frac{x_{n-1}^2}{x_n}\\&=2+1+\frac{1}{2}+\cdots+\left(\frac{1}{2}\right)^{n-2}\\&=4-\left(\frac{1}{2}\right)^{n-2}<4\end{aligned}$$

这里，在(1)小问中，构造数列 C_n 是解决问题的关键，证明中实际上也给出了数列 C_n 的构造方法. 另外，由于 $\lim\limits_{n\to+\infty}C_n=4$，故对于熟悉极限的读者，马上就可判定：当 n 充分大时，必有 $C_n\geqslant 3.999$.

例 4 设 $x_n=\sqrt{2+\sqrt[3]{3+\cdots+\sqrt[n]{n}}}$，求证：$x_{n+1}-x_n<\frac{1}{n!}(n=2,3,\cdots)$.(第 26 届 IMO 预选题)

本题也可用构造数列的方法来解决，证明留给读者自己完成.

例 5 设正数 a,b,c 和 A,B,C 满足 $a+A=b+B=c+C=k$. 证明：$aB+bC+cA<k^2$.(苏联数学奥林匹克试题)

证明 如图 5.5，作边长为 k 的正三角形 PQR，分别在各边上取 L,M,N 使 $QL=A,LR=a,RM=B,MP=b,PN=C,NQ=c$. 因此，有 $S_{\triangle LRM}+S_{\triangle MPN}+S_{\triangle NQL}<S_{\triangle PQR}$，即

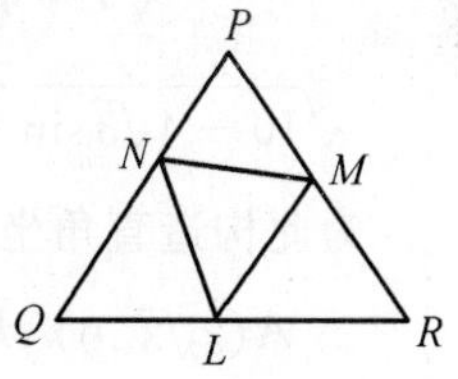

图 5.5

$$\frac{1}{2}aB\sin\frac{\pi}{3}+\frac{1}{2}bC\sin\frac{\pi}{3}+\frac{1}{2}cA\sin\frac{\pi}{3}<\frac{1}{2}k^2\sin\frac{\pi}{3}$$

所以 $aB+bC+cA<k^2$.

数形结合思想是数学中的重要方法和策略. 由于几何图形具有直观、明了的特性，因此，我们常常把已知条件或欲证不等式中的代数量直观化为某个图形中的几何量(即构造出一个满足条件的几何图形)，借助图形的性质及相应的几何知识证明不等式. 例 5 便是极优美的一例.

例 6 已知 $x>0,y>0,z>0$，求证：$\sqrt{x^2+y^2-xy}+\sqrt{y^2+z^2-yz}\geqslant\sqrt{x^2+z^2+xz}$.

思考和分析　观察不等式的结构特征,使我们联想到三角形的余弦定理,为此我们进行如下构造:如图 5.6 所示,设 $AB=x$, $AC=y$, $AD=z$, $\angle BAC=\angle CAD=60°$. 于是,由余弦定理可得

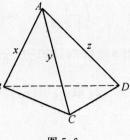

图 5.6

$$|BC|=\sqrt{x^2+y^2-xy}$$
$$|CD|=\sqrt{y^2+z^2-yz}$$
$$|BD|=\sqrt{x^2+z^2+xz}$$

而 $|BC|+|CD|\geqslant|BD|$ (当 B, C, D 共线时取等号),所以

$$\sqrt{x^2+y^2-xy}+\sqrt{y^2+z^2-yz}\geqslant\sqrt{x^2+z^2+xz}$$

例7　已知函数

$$f(x)=\sqrt{15-12\cos x}+\sqrt{4-2\sqrt3\sin x}+\sqrt{7-4\sqrt3\sin x}+$$
$$\sqrt{10-4\sqrt3\sin x-6\cos x}$$

试求 $f(x)$ 的最小值.

解　由于

$$\sqrt{15-12\cos x}=\sqrt{\left(2\sqrt3-\sqrt3\cos x\right)^2+\left(\sqrt3\sin x\right)^2}$$

$$\sqrt{4-2\sqrt3\sin x}=\sqrt{\left(\sqrt3\cos x\right)^2+\left(1-\sqrt3\sin x\right)^2}$$

$$\sqrt{7-4\sqrt3\sin x}=\sqrt{\left(\sqrt3\cos x\right)^2+\left(2-\sqrt3\sin x\right)^2}$$

$$\sqrt{10-4\sqrt3\sin x-6\cos x}=\sqrt{\left(\sqrt3-\sqrt3\cos x\right)^2+\left(2-\sqrt3\sin x\right)^2}$$

为此构造直角坐标平面上的点

$$A(2\sqrt3,0), B(0,1), C(0,2), D(\sqrt3,2), M(\sqrt3\cos x,\sqrt3\sin x)$$

于是 $f(x)=|AM|+|BM|+|CM|+|DM|$. 再注意到 $\left(\sqrt3\cos x\right)^2+\left(\sqrt3\sin x\right)^2=3$,故点 M 在以原点为圆心, $\sqrt3$ 为半径的圆上.

这样,问题就转化为:

求圆 $x^2+y^2=3$ 上的动点 M 到定点 $A(2\sqrt3,0)$, $B(0,1)$, $C(0,2)$, $D(\sqrt3,2)$ 的距离和的最小值(如图 5.7).

由于直线 AC 的方程为 $x+\sqrt3y-2\sqrt3=0$,原点到它的距离 $d=\dfrac{|0+0-2\sqrt3|}{\sqrt{1+3}}=\sqrt3$. 因此,直线 AC 与圆 $x^2+y^2=3$ 相切,不难求得其切点为

110

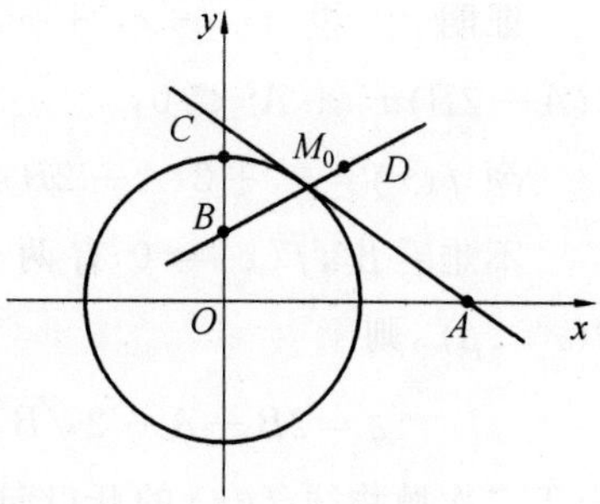

$M_0\left(\dfrac{\sqrt{3}}{2},\dfrac{3}{2}\right)$. 又直线 BD 的方程 $\sqrt{3}\,x-3y+3=$

0. 显然,点 M_0 满足方程 $\sqrt{3}\,x-3y+3=0$,即 M_0 在 BD 上.

图 5.7

综上可知,直线 AC 与圆 $x^2+y^2=3$ 相切,

且切点 $M_0\left(\dfrac{\sqrt{3}}{2},\dfrac{3}{2}\right)$ 在直线 BD 上.因此,M_0 到

A,B,C,D 的距离之和为最小.

所以 $f_{\min}=|AM_0|+|BM_0|+|CM_0|+$

$|DM_0|=|AC|+|BD|=\sqrt{16}+\sqrt{4}=6$.

例 7 到此结束.

例 8　已知 $a\geqslant 0,b\geqslant 0$,且 $a+b=1$.证明

$$\frac{25}{2}\leqslant (a+2)^2+(b+2)^2\leqslant 13$$

请读者自己完成.

下面我们讨论函数方法.

构造辅助函数,利用函数性质证明不等式,也是一种常用的方法.函数方法在高等数学中也极为普遍,由于它的内容相当广泛,这里我们仅讨论数学竞赛中经常用到的方法.

例 9　已知 $\sin^2 A+\sin^2 B+\sin^2 C=1$.求证

$$|\sin 2A+\sin 2B+\sin 2C|<2\sqrt{2}$$

证明　由 $\sin^2 A+\sin^2 B+\sin^2 C=1$,可得 $\cos^2 A+\cos^2 B+\cos^2 C=2$.

构造函数

$$f(x)=(x\sin A-\cos A)^2+(x\sin B-\cos B)^2+(x\sin C-\cos C)^2$$
$$=x^2-(\sin 2A+\sin 2B+\sin 2C)x+2$$

显然 $f(x)>0$,故由二次函数的性质知

$$\Delta=(\sin 2A+\sin 2B+\sin 2C)^2-8<0$$

即

$$|\sin 2A+\sin 2B+\sin 2C|<2\sqrt{2}$$

利用二次函数的性质可以证明许多不等式问题,这方面的例子我们已在前面讲过不少,下面再看一例.

例 10　设 $x_1\geqslant x_2\geqslant x_3\geqslant x_4\geqslant 2$,且 $x_2+x_3+x_4\geqslant x_1$,证明:
$(x_1+x_2+x_3+x_4)^2\leqslant 4x_1x_2x_3x_4$.

111

证明 设 $x_2 + x_3 + x_4 = A, x_2 x_3 x_4 = B$，则不等式可变为 $x_1^2 + 2(A - 2B)x_1 + A^2 \leqslant 0$，

令 $f(x) = x^2 + 2(A - 2B)x + A^2$. 于是我们只需证明 $f(x_1) \leqslant 0$.

不难看出，$f(x) = 0$ 有两个实数根（请读者自己验证），不妨设为 α，$\beta (\alpha \leqslant \beta)$，则

$$\alpha = 2B - A - 2\sqrt{B^2 - AB}, \beta = 2B - A + 2\sqrt{B^2 - AB}$$

由于二次抛物线 $f(x)$ 的开口向上，故问题又可转化为：

证明 x_1 介于 $f(x) = 0$ 的两个实根之间，即 $\alpha \leqslant x_1 \leqslant \beta$.

由已知条件可知 $x_1 \leqslant x_2 + x_3 + x_4 = A, 3x_1 \geqslant x_2 + x_3 + x_4 = A$，故 $\dfrac{A}{3} \leqslant x_1 \leqslant A$. 又

$$\frac{A}{B} = \frac{x_2 + x_3 + x_4}{x_2 x_3 x_4} = \frac{1}{x_3 x_4} + \frac{1}{x_4 x_2} + \frac{1}{x_2 x_3} \leqslant \frac{3}{4}$$

即 $\dfrac{B}{A} \geqslant \dfrac{4}{3}$，从而

$$\alpha = 2B - A - 2\sqrt{B^2 - AB} = (\sqrt{B} - \sqrt{B - A})^2 = \left(\frac{A}{\sqrt{B} + \sqrt{B - A}}\right)^2$$

$$= \frac{A}{\left(\sqrt{\dfrac{B}{A}} + \sqrt{\dfrac{B}{A} - 1}\right)^2} \leqslant \frac{A}{\left(\sqrt{\dfrac{4}{3}} + \sqrt{\dfrac{4}{3} - 1}\right)^2} = \frac{1}{3} A$$

$$\beta = 2B - A + 2\sqrt{B^2 - AB} \geqslant 2B - A \geqslant A$$

所以 $\alpha \leqslant x_1 \leqslant \beta$.

如果能够灵活运用放缩技巧，则本题的证明会更简单

$$(x_1 + x_2 + x_3 + x_4)^2 - 4x_1 x_2 x_3 x_4 \leqslant (x_1 + 3x_2)^2 - 16x_1 x_2$$
$$= x_1^2 - 10x_1 x_2 + 9x_2^2$$
$$= (x_1 - 9x_2)(x_1 - x_2)$$

由于 $x_1 \leqslant x_2 + x_3 + x_4 \leqslant 3x_2$，故 $x_1 - 3x_2 \leqslant 0$，所以 $(x_1 - 9x_2)(x_1 - x_2) \leqslant 0$，即

$$(x_1 + x_2 + x_3 + x_4)^2 \leqslant 4x_1 x_2 x_3 x_4$$

例 11 设 x, y, z, a, b, c, r 均为正数. 证明

$$\frac{x + y + a + r}{x + y + a + b + c + r} + \frac{y + z + b + c}{y + z + a + b + c + r} > 1$$

证明 构造函数 $f(x) = \dfrac{x}{x + k}(k > 0)$. 易证 $f(x)$ 在 $(0, +\infty)$ 上是单调

从分析解题过程学解题
——竞赛中的不等式问题

递增函数. 于是

$$\frac{y+z+b+c}{y+z+a+b+c+r} = \frac{y+b+c+z}{y+b+c+z+a+r} > \frac{y+b+c}{y+b+c+a+r}$$
$$> \frac{y+b+c}{y+b+c+a+r+x}$$

又

$$\frac{x+y+a+r}{x+y+a+b+c+r} > \frac{x+a+r}{x+y+a+b+c+r}$$

所以

$$\frac{x+y+a+r}{x+y+a+b+c+r} + \frac{y+z+b+c}{y+z+a+b+c+r}$$
$$> \frac{x+a+r}{x+y+a+b+c+r} + \frac{y+b+c}{y+b+c+a+r+x}$$
$$= \frac{x+a+r+y+b+c}{x+y+a+b+c+r} = 1$$

利用函数的单调性证明不等式,这在数学竞赛中也是经常见到的.

例 12 设 u,v 是实数,且使得 $(u+u^2+\cdots+u^8)+10u^9 = (v+v^2+\cdots+v^{10})+10v^{11}=8$. 试确定 u 与 v 哪个大? 并证明你的结论.(美国数学奥林匹克试题)

解 由 $(u+u^2+\cdots+u^8)+10u^9=8$ 得 $\dfrac{u^9-u}{u-1}+10u^9=8$,即

$$10u^{10}-9u^9-9u+8=0 \tag{1}$$

同样,还有

$$10v^{12}-9v^{11}-9v+8=0 \tag{2}$$

不难由式(1)(2)看出,$u>0,v>0$.

令 $f(x)=(x+x^2+\cdots+x^8)+10x^9-8$,$g(x)=(x+x^2+\cdots+x^{10})+10x^{11}-8$,显然,$f(x)$ 和 $g(x)$ 在 $[0,+\infty)$ 上都是单调递增函数. 再注意到 $f(0)<0,f(1)>0,g(0)<0,g(1)>0$. 因此 u,v 分别是 $f(x)=0$ 和 $g(x)=0$ 在 $(0,1)$ 上唯一的实根. 从而 u 也是 $f_1(x)=10x^{10}-9x^9-9x+8=0$ 在 $(0,1)$ 上的实根.

又

$$10x^{10}-9x^9-9x+8=(10x-9)(x^9-1)+x-1$$

故

$$f_1(0)=8>0,\quad f_1\left(\frac{9}{10}\right)=-\frac{1}{10}<0$$

113

因此 $0 < u < \dfrac{9}{10}$. 于是

$$
\begin{aligned}
g(u) &= (u + u^2 + \cdots + u^{10}) + 10u^{11} - 8 \\
&= f(u) + u^{10} + 10u^{11} - 9u^9 \\
&= u^9(10u^2 + u - 9) \\
&< u^9\left[10 \cdot \left(\dfrac{9}{10}\right)^2 + \dfrac{9}{10} - 9\right] = 0
\end{aligned}
$$

由 $g(u) < 0, g(1) > 0$ 可知,$g(x) = 0$ 在 $(0,1)$ 内的唯一实根 v 应在 $(u,1)$ 内,故 $v > u$.

本题讨论结束.

例 13 设 a, b, c 为正数,且 $a + b + c = 1$,证明

$$
\dfrac{c}{ab} + \dfrac{a}{bc} + \dfrac{b}{ca} + \dfrac{bc}{a} + \dfrac{ac}{b} + \dfrac{ab}{c} \geqslant 10
$$

证明 由几何与算术平均不等式,有

$$
\dfrac{c}{ab} + \dfrac{a}{bc} + \dfrac{b}{ca} + \dfrac{bc}{a} + \dfrac{ac}{b} + \dfrac{ab}{c} \geqslant 3 \cdot \dfrac{1}{\sqrt[3]{abc}} + 3\sqrt[3]{abc}
$$

设 $x = \sqrt[3]{abc} \leqslant \dfrac{a+b+c}{3} = \dfrac{1}{3}$,构造函数 $f(x) = \dfrac{3}{x} + 3x \; (0 < x \leqslant \dfrac{1}{3})$.

由第 3 章第 1 节例 1 知,$f(x)$ 在 $(0,1]$ 内是严格单调递减的. 因此,在 $\left(0, \dfrac{1}{3}\right]$ 内,必有 $f(x) \geqslant f\left(\dfrac{1}{3}\right) = 10$,所以

$$
\dfrac{c}{ab} + \dfrac{a}{bc} + \dfrac{b}{ca} + \dfrac{bc}{a} + \dfrac{ac}{b} + \dfrac{ab}{c} \geqslant 10
$$

下面看一个利用函数极值证明不等式的例子.

例 14 设 $x, y, z \geqslant 0$,且 $x + y + z = 1$,证明

$$
0 \leqslant xy + yz + zx - 2xyz \leqslant \dfrac{7}{27}
$$

(第 25 届 IMO 试题)

证明 令 $F(x, y, z) = xy + yz + zx - 2xyz$,则欲证不等式问题转化为求函数 $F(x, y, z)$ 的最值问题.

即设 $x, y, z \geqslant 0$,且 $x + y + z = 1$,求 $F(x, y, z) = xy + yz + zx - 2xyz$ 的最大值和最小值.

我们先求 $F(x, y, z)$ 的最小值.

由于 $x + y + z = 1$,故 x, y, z 中至少有一个不超过 $\dfrac{1}{3}$,不妨设 $x \leqslant \dfrac{1}{3}$,于是

114

$$F(x,y,z) \geqslant yz - 2xyz \geqslant yz - \frac{2}{3}yz = \frac{1}{3}yz \geqslant 0$$

又当 $x = y = 0, z = 1$ 时，$F(x,y,z) = 0$. 因此

$$F_{\min} = F(0,0,1) = 0$$

下面求 $F(x,y,z)$ 的最大值.

不妨设 $0 \leqslant z \leqslant \frac{1}{3}$，则

$$F(x,y,z) = xy + yz + zx - 2xyz = z(x+y) + xy(1-2z)$$

$$\leqslant z(x+y) + \frac{(x+y)^2}{4}(1-2z)$$

$$= z(1-z) + \frac{(1-z)^2}{4}(1-2z)$$

$$= \frac{1}{4}[1 + z^2(1-2z)]$$

记

$$f(t) = 1 + t^2(1-2t) \quad (0 \leqslant t \leqslant \frac{1}{3})$$

于是，我们需要求 $f(t)$ 在 $\left[0, \frac{1}{3}\right]$ 上的最大值. 由于 $0 \leqslant z \leqslant \frac{1}{3}$，故 $t \geqslant 0$，$1 - 2t \geqslant 0$，从而 $f(t) \leqslant 1 + \left[\frac{t + t + (1-2t)}{3}\right]^3 = \frac{28}{27}$，其中，当 $t = \frac{1}{3}$ 时，$f(t) = \frac{28}{27}$，因此 $f_{\max} = f\left(\frac{1}{3}\right) = \frac{28}{27}$，所以

$$F_{\max} = \frac{1}{4}f_{\max} = F\left(\frac{1}{3}, \frac{1}{3}, \frac{1}{3}\right) = \frac{7}{27}$$

不等式问题与极值问题是紧密相关的，往往在求极值的过程中，我们要应用不等式(如在例 14 中，我们多次应用了几何和算术平均不等式以及放缩技巧)，反过来，极值求解后，其结论又可转化为不等式给出.

关于应用不等式求极值的课题，我们还将在后面几章中继续讨论.

顺便指出，例 14 若采用上一节介绍的增量方法来解也是十分简便的.

事实上，由于不等式关于 x,y,z 对称，故不妨设 $x \geqslant y \geqslant z$，于是 $1 = x + y + z \geqslant 3z$，即 $z \leqslant \frac{1}{3}$，从而 $2xyz \leqslant \frac{2}{3}xy \leqslant xy$，所以 $yz + zx + (xy - 2xyz) \geqslant 0$.

为证明不等式的右半部分，令

$$x + y = \frac{2}{3} + \varepsilon, z = \frac{1}{3} - \varepsilon \quad (0 \leqslant \varepsilon \leqslant \frac{1}{3})$$

$$yz + zx + (xy - 2xyz) = z(x + y) + xy(1 - 2z)$$

$$= \left(\frac{1}{3} - \varepsilon\right)\left(\frac{2}{3} + \varepsilon\right) + xy\left(\frac{1}{3} + 2\varepsilon\right)$$

$$\leqslant \left(\frac{1}{3} - \varepsilon\right)\left(\frac{2}{3} + \varepsilon\right) + \left(\frac{1}{3} + \frac{\varepsilon}{2}\right)^2\left(\frac{1}{3} + 2\varepsilon\right)$$

$$= \frac{7}{27} - \frac{1}{4}\varepsilon^2 + \frac{1}{2}\varepsilon^3$$

$$= \frac{7}{27} - \frac{\varepsilon^2}{2}\left(\frac{1}{2} - \varepsilon\right) \leqslant \frac{7}{27}$$

这样,我们也就证明了原不等式.

我们还可以利用某些已知函数的有界性(如正弦函数和余弦函数)和凸性证明不等式.

例 15 设实数 x, y 满足 $4x^2 - 5xy + 4y^2 = 5$,证明:$\frac{10}{13} \leqslant x^2 + y^2 \leqslant \frac{10}{3}$.

证明 设 $s = x^2 + y^2$(显然 $s > 0$).令

$$x = \sqrt{s}\cos\theta, y = \sqrt{s}\sin\theta \quad (-\pi \leqslant \theta \leqslant \pi)$$

将之代入 $4x^2 - 5xy + 4y^2 = 5$,得

$$\sin 2\theta = \frac{8s - 10}{5s}$$

于是

$$\left|\frac{8s - 10}{5s}\right| \leqslant 1$$

解之

$$\frac{10}{13} \leqslant s \leqslant \frac{10}{3}$$

所以

$$\frac{10}{13} \leqslant x^2 + y^2 \leqslant \frac{10}{3}$$

本题是根据 1993 年全国高中数学联赛试题改编的.

例 16 证明:对于所有的实数 x, y,有 $\cos^2 x + \cos y^2 - \cos xy < 3$.

我们不难由余弦函数的有界性得到证明,解题过程此处从略.

关于函数的凸性,我们将在第 9 章中专门讨论.

总之,构造方法(函数方法)是不等式证明的又一重要技巧.以构造思想证明不等式,能使抽象的数学式子变得直观、形象,便于理解,并能使我们运用丰富的其他数学知识去解决不等式证明过程中遇到的难点.当然,由于可供构造

的工具很多,既可以构造数或式,又可以构造数列、图形或函数等等.具体构造什么,如何构造,并没有一成不变的模式,必须依赖问题的自身特征,充分发挥我们的创造性思维和观察能力,通过联想和类比、归纳,合理选择构造模型.

5.8 其他方法

前面各节中我们讨论了不等式证明的一些常用方法和技巧.应用这些基本的方法和技巧,我们可以解决许多不等式问题.但它们毕竟不是万应灵丹,一些特殊的问题还需要运用或创造各种特殊的方法去解决.

本节我们将向读者介绍一些不等式证明中不经常出现的特殊方法和技巧,作为对前面基本方法的补充.

例 1 设 x,y,z 是三个不全为零的实数,求证

$$xy + 2yz + 2zx \leqslant \frac{1}{4}(\sqrt{33} + 1)(x^2 + y^2 + z^2)$$

证明 设 $\lambda > 0$,则有

$$xy + 2yz + 2zx \leqslant \frac{1}{2}x^2 + \frac{1}{2}y^2 + \lambda y^2 + \frac{1}{\lambda}z^2 + \frac{1}{\lambda}z^2 + \lambda x^2$$

$$= \left(\frac{1}{2} + \lambda\right)x^2 + \left(\frac{1}{2} + \lambda\right)y^2 + \frac{2}{\lambda}z^2$$

令 $\frac{1}{2} + \lambda = \frac{2}{\lambda}$,即 $2\lambda^2 + \lambda - 4 = 0$. 解之,$\lambda = \frac{1}{4}(\sqrt{33} - 1)$(注意 $\lambda > 0$),从而 $\frac{1}{2} + \lambda = \frac{1}{4}(\sqrt{33} + 1)$,所以 $xy + 2yz + 2zx \leqslant \frac{1}{4}(\sqrt{33} + 1)(x^2 + y^2 + z^2)$.

本题中引进的参数 λ,起到了待定系数的作用.这种参数的引入方法有别于前面我们讨论的代换方法,值得读者注意.同时,我们还可以看到,某些重要不等式适当引进参数后,将更具有活力和优越性.

下面的问题与例 1 类似,我们供读者自己练习.

例 2 设 x,y,z,w 是四个不全为零的实数,试求:$F = \dfrac{xy + 2yz + zw}{x^2 + y^2 + z^2 + w^2}$ 的最大值.

例 3 设 $x_1,x_2,\cdots,x_n$ 为实数,且满足 $x_1^2 + x_2^2 + \cdots + x_n^2 = 1$. 证明:对于任一整数 $k > 1$,存在不全为 0 的整数 l_i,$|l_i| < k(i=1,2,\cdots,n)$,使得 $|l_1x_1 + l_2x_2 + \cdots + l_nx_n| \leqslant \dfrac{(k-1)\sqrt{n}}{k^n - 1}$.(第 28 届 IMO 试题)

证明　由于改变 x_i 的符号,不影响条件 $x_1^2 + x_2^2 + \cdots + x_n^2 = 1$,而同时改变 l_i 和 x_i 的符号,也不影响和式 $l_1 x_1 + l_2 x_2 + \cdots + l_n x_n$. 因此,我们可不妨设 $x_1, x_2, \cdots, x_n$ 都是非负数. 由 $|l_i| < k$ 知,整数 $|l_i|$ 只可能是 $0, 1, \cdots, k-1$, 现在取这 k 个数中任意 n 个(可重复),记为 $b_1, b_2, \cdots, b_n$. 则

$$0 \leqslant b_1 x_1 + b_2 x_2 + \cdots + b_n x_n \leqslant (k-1)(x_1 + x_2 + \cdots + x_n)$$
$$\leqslant (k-1)\sqrt{n(x_1^2 + x_2^2 + \cdots + x_n^2)} \leqslant (k-1)\sqrt{n}$$

又从 $0, 1, 2, \cdots, k-1$ 中任取 n 个的重复排列数是 k^n, 因此, 有 k^n 个不同的和式

$$b_1 x_1 + b_2 x_2 + \cdots + b_n x_n$$

满足上述不等式. 如果它们的值都不相等, 把区间 $[0, k-1]$ 等分成 $k^n - 1$ 个小区间,则必有两个不同的和式

$$b_1 x_1 + b_2 x_2 + \cdots + b_n x_n$$

及

$$b_1' x_1 + b_2' x_2 + \cdots + b_n' x_n$$

落在同一个子区间(包括端点),从而它们的差的绝对值不大于子区间的长,即

$$|(b_1 x_1 + b_2 x_2 + \cdots + b_n x_n) - (b_1' x_1 + b_2' x_2 + \cdots + b_n' x_n)| \leqslant \frac{(k-1)\sqrt{n}}{k^n - 1}$$

如果不同的和式有相等的,则它们之差为零,同样满足上面的不等式.

于是,令 $l_i = b_i - b_i' (i = 1, 2, \cdots, n)$, 便有 $|l_1 x_1 + l_2 x_2 + \cdots + l_n x_n| \leqslant \frac{(k-1)\sqrt{n}}{k^n - 1}$, 且整数 l_i 不全为零,同时满足 $|l_i| < k$.

上面解题思路的精彩之处就在于我们巧妙地应用了抽屉原理. 在数学竞赛中,经常会出现一些结合抽屉原理的不等式问题,它们大多以存在性问题的形式出现. 如第 2 章第 1 节的例 7, 我们也可应用抽屉原理证明,有兴趣的读者,不妨动手试试.

例 4　设 a, b, A, B 都是已知实数,现在考察一个函数

$$f(x) = 1 - a\cos x - b\sin x - A\cos 2x - B\sin 2x$$

证明:如果对于任何一个实数 x, 都有 $f(x) \geqslant 0$, 那么 $a^2 + b^2 \leqslant 2$, $A^2 + B^2 \leqslant 1$. (第 19 届 IMO 试题)

证明　$f(x) = 1 - \sqrt{a^2 + b^2}\sin(x + \theta) - \sqrt{A^2 + B^2}\sin(2x + \varphi)$, 其中

$$\sin \theta = \frac{a}{\sqrt{a^2 + b^2}}, \cos \theta = \frac{b}{\sqrt{a^2 + b^2}}; \sin \varphi = \frac{A}{\sqrt{A^2 + B^2}}, \cos \varphi = \frac{B}{\sqrt{A^2 + B^2}}$$

令 $x = \frac{\pi}{4} - \theta$ 及 $x = \frac{\pi}{4} - \theta + \frac{\pi}{2}$, 由题设

$$f\left(\frac{\pi}{4}-\theta\right)=1-\sqrt{a^2+b^2}\sin\frac{\pi}{4}-\sqrt{A^2+B^2}\sin(2\theta-\varphi)\geqslant 0$$

$$f\left(\frac{\pi}{4}-\theta+\frac{\pi}{2}\right)=1-\sqrt{a^2+b^2}\cos\frac{\pi}{4}+\sqrt{A^2+B^2}\sin(2\theta-\varphi)\geqslant 0$$

把上面两式相加,得 $2-\sqrt{2}\cdot\sqrt{a^2+b^2}\geqslant 0$,所以 $\sqrt{a^2+b^2}\leqslant\sqrt{2}$,即 $a^2+b^2\leqslant 2$.

同理,若在 $f(x)$ 中令 $x=\frac{\pi}{4}-\frac{\varphi}{2}$ 及 $x=\frac{\pi}{4}-\frac{\varphi}{2}+\pi$,可类似证得 $A^2+B^2\leqslant 1$.

这里,我们采用了赋值的手段来证明不等式.如果欲证不等式是已知关于某些变量的不等式的特殊情况,那么只要对已知不等式赋予这些变量以特殊值,我们就能得到欲证的不等式.这种赋值的方法,使用起来难度较大、技巧性强,需要我们在解题训练中不断地去积累.

例5 设 $a_1,a_2,\cdots,a_n$ 是给定的不全为 0 的实数,$r_1,r_2,\cdots,r_n$ 是实数.如果不等式

$$r_1(x_1-a_1)+r_2(x_2-a_2)+\cdots+r_n(x_n-a_n)$$
$$\leqslant\sqrt{x_1^2+x_2^2+\cdots+x_n^2}-\sqrt{a_1^2+a_2^2+\cdots+a_n^2} \tag{1}$$

对任何实数 $x_1,x_2,\cdots,x_n$ 成立,试求 $r_1,r_2,\cdots,r_n$ 之值.(第 3 届 CMO 试题)

解 固定 j,在不等式(1)中,令 $x_j>a_j,x_k=a_k(k\neq j)$,则有

$$r_j\leqslant\frac{\sqrt{a_1^2+\cdots+x_j^2+\cdots+a_n^2}-\sqrt{a_1^2+\cdots+a_n^2}}{x_j-a_j}$$

$$=\frac{x_j+a_j}{\sqrt{a_1^2+\cdots+x_j^2+\cdots+a_n^2}-\sqrt{a_1^2+\cdots+a_n^2}}$$

令 $x_j\to a_j$,得 $r_j\leqslant\dfrac{a_j}{\sqrt{a_1^2+\cdots+a_n^2}}$.

同理,令 $x_j<a_j,x_k=a_k(k\neq j)$,再令 $x_j\to a_j$ 得 $r_j\geqslant\dfrac{a_j}{\sqrt{a_1^2+\cdots+a_n^2}}$.

因此,$r_j=\dfrac{a_j}{\sqrt{a_1^2+\cdots+a_n^2}}(j=1,2,\cdots,n)$.不难验证,上述 $r_1,r_2,\cdots,r_n$ 确实可保证不等式(1)成立.事实上,由于

$$r_1^2+r_2^2+\cdots+r_n^2=1$$

$$r_1a_1+r_2a_2+\cdots+r_na_n=\sqrt{a_1^2+a_2^2+\cdots+a_n^2}$$

故

$$r_1x_1 + r_2x_2 + \cdots + r_nx_n \leqslant \sqrt{(r_1^2 + r_2^2 + \cdots + r_n^2)(x_1^2 + x_2^2 + \cdots + x_n^2)}$$
$$= \sqrt{x_1^2 + x_2^2 + \cdots + x_n^2}$$

这里,我们巧妙地应用了取极限的方法,其解法十分简便.

取极限的方法,如果应用得当,有时会给我们带来极大的方便.

不等式证明的方法各种各样,因题而异,千姿百态.许多不等式的证明灵活多变,既可能有多种方法,又可能需要几种方法同时并用,本章的讨论也仅仅是不等式证明的入门.希望读者能在自己的解题实践中不断地去完善和丰富.

120

柯西不等式

柯西(Cauchy)不等式是人们所熟悉的不等式,它是分析数学中相当有用的工具,在数学竞赛中也有着极其广泛的应用.

定理 1 设 $a_1, a_2, \cdots, a_n$ 和 $b_1, b_2, \cdots, b_n$ 是给定的两组实数,那么

$$(a_1 b_1 + a_2 b_2 + \cdots + a_n b_n)^2$$
$$\leqslant (a_1^2 + a_2^2 + \cdots + a_n^2)(b_1^2 + b_2^2 + \cdots + b_n^2) \qquad (1)$$

式中等号当且仅当 $\{a_k\}$ 和 $\{b_k\}$ 成比例时成立.

我们已经在第 2 章第 2 节例 12 中给出了柯西不等式的两种证法.

其实,这个精美的不等式也是二次抛物线极值知识的简单推论.

事实上,若 $\{a_k\}$ 全为零,则定理 1 的结论是平凡的,因此,我们不妨设

$$A = a_1^2 + a_2^2 + \cdots + a_n^2 \neq 0$$

又,记

$$B = -2(a_1 b_1 + a_2 b_2 + \cdots + a_n b_n)$$
$$C = b_1^2 + b_2^2 + \cdots + b_n^2$$

考察二次函数

$$
\begin{aligned}
f(x) &= A x^2 + B x + C \\
&= (a_1^2 + \cdots + a_n^2) x^2 - 2 \cdot (a_1 b_1 + \cdots + a_n b_n) x + \\
&\quad b_1^2 + \cdots + b_n^2 \\
&= (a_1^2 x^2 - 2 a_1 b_1 x + b_1^2) + (a_2^2 x^2 - 2 a_2 b_2 x + b_2^2) + \cdots + \\
&\quad (a_n^2 x^2 - 2 a_n b_n x + b_n^2) \\
&= (a_1 x - b_1)^2 + (a_2 x - b_2)^2 + \cdots + (a_n x - b_n)^2
\end{aligned}
$$

由此可见，$f(x)$ 是非负函数，因此它的最小值

$$f\left(-\frac{B}{2A}\right) = \frac{4AC - B^2}{4A} \geqslant 0 \qquad (2)$$

又因为 $A > 0$，故上式等价于 $\left(\dfrac{B}{2}\right)^2 \leqslant AC$. 这就是不等式(1).

显然，当 $\{a_k\}$ 和 $\{b_k\}$ 成比例时，式(1) 中取等号. 反之，设式(1) 中等号成立，则式(2) 中等号也成立，因此，对于 $x_0 = -\dfrac{B}{2A}$，有 $f(x_0) = 0$.

由此推得 $a_k x_0 - b_k = 0(k = 1, 2, \cdots, n)$，所以 $\{a_k\}$ 和 $\{b_k\}$ 成比例.

柯西不等式可以用来证明许多数学竞赛中的不等式问题.

例 1　设 $a_1, a_2, \cdots, a_n$ 是正数，证明

$$(a_1 + a_2 + \cdots + a_n)\left(\frac{1}{a_1} + \frac{1}{a_2} + \cdots + \frac{1}{a_n}\right) \geqslant n^2$$

证明　由于

$$a_1 + a_2 + \cdots + a_n = (\sqrt{a_1})^2 + (\sqrt{a_2})^2 + \cdots + (\sqrt{a_n})^2$$

$$\frac{1}{a_1} + \frac{1}{a_2} + \cdots + \frac{1}{a_n} = \left(\sqrt{\frac{1}{a_1}}\right)^2 + \left(\sqrt{\frac{1}{a_2}}\right)^2 + \cdots + \left(\sqrt{\frac{1}{a_n}}\right)^2$$

故由柯西不等式，有

$$(a_1 + a_2 + \cdots + a_n)\left(\frac{1}{a_1} + \frac{1}{a_2} + \cdots + \frac{1}{a_n}\right)$$

$$\geqslant \left(\sqrt{a_1} \cdot \sqrt{\frac{1}{a_1}} + \sqrt{a_2} \cdot \sqrt{\frac{1}{a_2}} + \cdots + \sqrt{a_n} \cdot \sqrt{\frac{1}{a_n}}\right)^2 = n^2$$

所以

$$(a_1 + a_2 + \cdots + a_n)\left(\frac{1}{a_1} + \frac{1}{a_2} + \cdots + \frac{1}{a_n}\right) \geqslant n^2$$

例 2　设 n 是大于 1 的整数，证明

$$1 \cdot \sqrt{C_n^1} + 2 \cdot \sqrt{C_n^2} + \cdots + n \cdot \sqrt{C_n^n} < \sqrt{2^{n-1} n^3}$$

证明　不难证明 $n = 2, 3$ 时不等式成立.

下面我们证明 $n \geqslant 4$ 时不等式亦成立.

由柯西不等式，有

$$1 \cdot \sqrt{C_n^1} + 2 \cdot \sqrt{C_n^2} + \cdots + n \cdot \sqrt{C_n^n}$$

$$\leqslant \sqrt{1^2 + 2^2 + \cdots + n^2} \cdot \sqrt{C_n^1 + C_n^2 + \cdots + C_n^n}$$

由于

$$1^2 + 2^2 + \cdots + n^2 = \frac{1}{6}n(n+1)(2n+1), \ C_n^1 + C_n^2 + \cdots + C_n^n = 2^n - 1$$

122

于是,我们只需证明

$$\frac{1}{6} n(n+1)(2n+1)(2^n-1) < 2^{n-1} \cdot n^3$$

即

$$(2n^2+3n+1)(2^n-1) < 3n^2 \cdot 2^n$$

注意到 $n \geqslant 4$,故不难看出 $3n^2 > 2n^2+3n+1$,而 $2^n > 2^n-1$,所以 $(2n^2+3n+1)(2^n-1) < 3n^2 \cdot 2^n$. 到此不等式获证.

例3 设 $a_1, a_2, \cdots, a_n$ 是两两各不相同的自然数,证明

$$1+\frac{1}{2}+\cdots+\frac{1}{n} \leqslant \frac{a_1}{1^2}+\frac{a_2}{2^2}+\cdots+\frac{a_n}{n^2}$$

(第 20 届 IMO 试题)

证明 由柯西不等式

$$\left(1+\frac{1}{2}+\cdots+\frac{1}{n}\right)^2 = \left(\sum_{k=1}^{n} \frac{1}{k}\right)^2 = \left[\sum_{k=1}^{n} \frac{\sqrt{a_k}}{k} \cdot \frac{1}{\sqrt{a_k}}\right]^2 \leqslant \sum_{k=1}^{n} \frac{a_k}{k^2} \cdot \sum_{k=1}^{n} \frac{1}{a_k}$$

而 $a_1, a_2, \cdots, a_n$ 是两两各不相同的自然数,它们中最小的不比 1 小,故

$$\frac{1}{a_1}+\frac{1}{a_2}+\cdots+\frac{1}{a_n} \leqslant 1+\frac{1}{2}+\cdots+\frac{1}{n}$$

所以 $\displaystyle\sum_{k=1}^{n} \frac{1}{k} \leqslant \sum_{k=1}^{n} \frac{a_k}{k^2}$.

例4 已知 $a_1, a_2, \cdots, a_n$ 都是正整数,且满足 $a_1+a_2+\cdots+a_n=k$,证明

$$\left(a_1+\frac{1}{a_1}\right)^2+\left(a_2+\frac{1}{a_2}\right)^2+\cdots+\left(a_n+\frac{1}{a_n}\right)^2 \geqslant n\left(\frac{n^2+k^2}{nk}\right)^2$$

证明 由柯西不等式,有

$$\left(a_1+\frac{1}{a_1}\right)^2+\left(a_2+\frac{1}{a_2}\right)^2+\cdots+\left(a_n+\frac{1}{a_n}\right)^2$$

$$\geqslant \frac{1}{n}\left(a_1+\frac{1}{a_1}+a_2+\frac{1}{a_2}+\cdots+a_n+\frac{1}{a_n}\right)^2$$

$$= \frac{1}{n}\left(k+\frac{1}{a_1}+\frac{1}{a_2}+\cdots+\frac{1}{a_n}\right)^2$$

又由例 1,有

$$\frac{1}{a_1}+\frac{1}{a_2}+\cdots+\frac{1}{a_n} \geqslant \frac{n^2}{a_1+a_2+\cdots+a_n} = \frac{n^2}{k}$$

所以

$$\frac{1}{n}\left(k+\frac{1}{a_1}+\frac{1}{a_2}+\cdots+\frac{1}{a_n}\right)^2 \geqslant \frac{1}{n}\left(k+\frac{n^2}{k}\right)^2 = n\left(\frac{n^2+k^2}{nk}\right)^2$$

从而不等式获证.

从上面几道例题可以看出,由于柯西不等式涉及两个实数组,因此应用它解题的关键,就在于如何合理地选取两个实数组.

例 5   设 $a_i > 0(i = 1, 2, \cdots, n)$,证明

$$\frac{a_1^2}{a_2 + a_3 + \cdots + a_n} + \frac{a_2^2}{a_1 + a_3 + \cdots + a_n} + \cdots + \frac{a_n^2}{a_1 + a_2 + \cdots + a_{n-1}}$$

$$\geqslant \frac{a_1 + a_2 + \cdots + a_n}{n - 1}$$

证明   令 $S = a_1 + a_2 + \cdots + a_n$,则不等式可化为

$$\frac{a_1^2}{S - a_1} + \frac{a_2^2}{S - a_2} + \cdots + \frac{a_n^2}{S - a_n} \geqslant \frac{S}{n - 1}$$

由于

$$\left[(S - a_1) + (S - a_2) + \cdots + (S - a_n) \right] \left(\frac{a_1^2}{S - a_1} + \frac{a_2^2}{S - a_2} + \cdots + \frac{a_n^2}{S - a_n} \right)$$

$$\geqslant (a_1 + a_2 + \cdots + a_n)^2 = S^2$$

而

$$(S - a_1) + (S - a_2) + \cdots + (S - a_n) = (n - 1)S$$

所以

$$\frac{a_1^2}{S - a_1} + \frac{a_2^2}{S - a_2} + \cdots + \frac{a_n^2}{S - a_n} \geqslant \frac{S^2}{(n - 1)S} = \frac{S}{n - 1}$$

例 6   设 $x_1, x_2, \cdots, x_n$ 是正实数 $(n \geqslant 2)$,且 $x_1 + x_2 + \cdots + x_n = 1$. 证明

$$\sum_{i=1}^{n} \frac{x_i}{\sqrt{1 - x_i}} \geqslant \frac{1}{\sqrt{n - 1}} \sum_{i=1}^{n} \sqrt{x_i}$$

证明   由条件 $\sum_{i=1}^{n} x_i = 1$ 及柯西不等式,有

$$\sum_{i=1}^{n} \sqrt{x_i} \leqslant \sqrt{\sum_{i=1}^{n} 1^2 \cdot \sum_{i=1}^{n} \left(\sqrt{x_i} \right)^2} = \sqrt{n}$$

又

$$\sum_{i=1}^{n} (1 - x_i) = n - \sum_{i=1}^{n} x_i = n - 1$$

从而

$$\sum_{i=1}^{n} \sqrt{1 - x_i} \leqslant \sqrt{\sum_{i=1}^{n} 1^2 \cdot \sum_{i=1}^{n} \left(\sqrt{1 - x_i} \right)^2} = \sqrt{n(n - 1)}$$

于是由例 1,有

$$\sum_{i=1}^{n} \frac{1}{\sqrt{1-x_i}} \geqslant \frac{n^2}{\sum_{i=1}^{n} \sqrt{1-x_i}} \geqslant \frac{n^2}{\sqrt{n(n-1)}}$$

所以

$$\sum_{i=1}^{n} \frac{x_i}{\sqrt{1-x_i}} = \sum_{i=1}^{n} \frac{1}{\sqrt{1-x_i}} - \sum_{i=1}^{n} \sqrt{1-x_i} \geqslant \frac{n^2}{\sqrt{n(n-1)}} - \sqrt{n(n-1)}$$

$$= \frac{n}{\sqrt{n-1}} \geqslant \frac{\sqrt{n}}{\sqrt{n-1}} \geqslant \frac{\sum_{i=1}^{n} \sqrt{x_i}}{\sqrt{n-1}}$$

证明就此结束.

现在,我们来解决第 2 章第 2 节例 13 中所提出的问题.

例 7 设实数 $a_1, a_2, \cdots, a_n (n \geqslant 2)$ 满足 $a_1 + a_2 + \cdots + a_n = l, a_1^2 + a_2^2 + \cdots + a_n^2 = m$. 试确定 $a_k (k = 1, 2, \cdots, n)$ 的范围,并给出问题有解的条件.

解 由对称性知,我们只需求出其中一个的范围即可,为此我们不妨求出 a_n 的范围.

由于

$$a_1 + a_2 + \cdots + a_{n-1} = l - a_n, a_1^2 + a_2^2 + \cdots + a_{n-1}^2 = m - a_n^2$$

于是由柯西不等式,有

$$(a_1 + a_2 + \cdots + a_{n-1})^2 \leqslant (n-1)(a_1^2 + a_2^2 + \cdots + a_{n-1}^2)$$

即

$$(l - a_n)^2 \leqslant (n-1)(m - a_n^2), na_n^2 - 2la_n + l^2 - (n-1)m \leqslant 0$$

令

$$f(x) = nx^2 - 2lx + l^2 - (n-1)m$$

则

$$\Delta = 4l^2 - 4n[l^2 - (n-1)m] = 4n(n-1)\left(m - \frac{l^2}{n}\right)$$

我们分三种情况讨论:

① 若 $\Delta > 0$,即 $mn > l^2$,则当 $\dfrac{l - \frac{1}{2}\sqrt{\Delta}}{n} \leqslant a_n \leqslant \dfrac{l + \frac{1}{2}\sqrt{\Delta}}{n}$ 时,$f(x) \leqslant 0$;

② 若 $\Delta = 0$,即 $mn = l^2$,则当 $a_n = \dfrac{l}{n}$ 时,$f(x) = 0$;

③ 若 $\Delta < 0$,即 $mn < l^2$,则 $f(x) > 0$.

综上所述,问题有解当且仅当 $mn \geqslant l^2$ 时,$\dfrac{l - \frac{1}{2}\sqrt{\Delta}}{n} \leqslant a_n \leqslant \dfrac{l + \frac{1}{2}\sqrt{\Delta}}{n}$.

取 $n=5, l=8, m=16$ 便是第 2 章第 2 节的例 13.

由于柯西不等式是精确的,并且还知道了等号成立的条件,因此便可利用它来解决许多极值问题.

例 8 设 $2x^2 + 3y^2 \leqslant 5$,求 $A = x + 2y$ 的最大值.

解 由柯西不等式和条件 $2x^2 + 3y^2 \leqslant 5$,我们可以精确地估计 A 的上界

$$A = \frac{1}{\sqrt{2}} \cdot \sqrt{2}x + \frac{2}{\sqrt{3}} \cdot \sqrt{3}y \leqslant \sqrt{\left(\frac{1}{2} + \frac{4}{3}\right)(2x^2 + 3y^2)} \leqslant \sqrt{\frac{55}{6}} \qquad (3)$$

我们还要找一组 (x, y),它们满足条件且使 A 达到上界. 为此,必须使式 (3) 中两个不等式的等号均成立. 欲使第二个不等式的等号成立,必须有

$$2x^2 + 3y^2 = 5 \qquad (4)$$

欲使第一个不等式的等号成立,则我们应使 $\left(\frac{1}{\sqrt{2}}, \frac{2}{\sqrt{3}}\right)$ 和 $(\sqrt{2}x, \sqrt{3}y)$ 成比例,由此可设

$$\sqrt{2}x = \frac{\lambda}{\sqrt{2}}, \sqrt{3}y = \frac{2\lambda}{\sqrt{3}} \qquad (5)$$

由式 (4),(5) 解得 $\lambda = \sqrt{\frac{30}{11}}, x = \frac{1}{2}\sqrt{\frac{30}{11}}, y = \frac{2}{3}\sqrt{\frac{30}{11}}$. 不难验证,这组 (x, y) 满足条件且使 $A = \sqrt{\frac{55}{6}}$. 所以 A 的最大值为 $\sqrt{\frac{55}{6}}$.

例 9 设 $x_1, x_2, \cdots, x_n$ 是满足 $x_1^2 + x_2^2 + \cdots + x_n^2 = 1$ 的实数,试求:$W = |x_1| + |x_2| + \cdots + |x_n|$ 的最大值.

方法与上例类似,请读者自己完成.

例 10 设 $x + y + z = 1$,求 $A = 2x^2 + 3y^2 + z^2$ 的最小值.

解 我们应用柯西不等式估计 A 的下界

$$1 = x + y + z = \frac{1}{\sqrt{2}} \cdot \sqrt{2}x + \frac{1}{\sqrt{3}} \cdot \sqrt{3}y + z$$

$$\leqslant \sqrt{\left(\frac{1}{2} + \frac{1}{3} + 1\right)(2x^2 + 3y^2 + z^2)} = \sqrt{\frac{11}{6}A}$$

由此导出

$$A \geqslant \frac{6}{11} \qquad (6)$$

令 $\sqrt{2}x = \frac{\lambda}{\sqrt{2}}, \sqrt{3}y = \frac{\lambda}{\sqrt{3}}, z = \lambda$ 并代入 $x + y + z = 1$,可求得

$$\lambda = \frac{6}{11}, x = \frac{3}{11}, y = \frac{2}{11}, z = \frac{6}{11}$$

126

这组 (x,y,z) 对条件 $x+y+z=1$ 显然满足,并且 $A=\dfrac{6}{11}$.

因此,由式(6)知 A 的最小值为 $\dfrac{6}{11}$.

例 11 在锐角 $\triangle ABC$ 中,求出(并加以证明)点 P,使 $|BL|^2+|CM|^2+|AN|^2$ 达到极小. 其中 L,M,N 分别是 P 到 BC,CA 和 AB 的垂足.(第 28 届 IMO 预选题)

解 如图 6.1 所示,记 $|AB|=c$, $|AC|=b$, $|BC|=a$, $|BL|=x$, $|CM|=y$, $|AN|=z$. 在 $\triangle ANP$ 和 $\triangle AMP$ 中,由勾股定理中有

$$z^2+|PN|^2=(b-y)^2+|PM|^2$$

同理,在 $\triangle PMC$ 和 $\triangle PLC$ 中,有

$$y^2+|PM|^2=(a-x)^2+|PL|^2$$

在 $\triangle PBL$ 和 $\triangle PBN$ 中,有

$$x^2+|PL|^2=(c-z)^2+|PN|^2$$

把上述三式相加,消去 $x^2+y^2+z^2$ 以及 $|PN|^2+|PM|^2+|PL|^2$ 后得

$$ax+by+cz=\frac{1}{2}(a^2+b^2+c^2) \tag{7}$$

由题意,我们要在条件(7)下,求 $W=x^2+y^2+z^2$ 的最小值.

这是与例 10 同类型的问题.

由柯西不等式,有

$$ax+by+cz \leqslant \sqrt{a^2+b^2+c^2} \cdot \sqrt{x^2+y^2+z^2} \tag{8}$$

由式(7)(8)得

$$W \geqslant \frac{1}{4}(a^2+b^2+c^2)$$

为使式(8)等号成立,必须使 $x=\lambda a$, $y=\lambda b$, $z=\lambda c$. 将它们代入式(7)中求得 $\lambda=\dfrac{1}{2}$,此时 $x=\dfrac{a}{2}$, $y=\dfrac{b}{2}$, $z=\dfrac{c}{2}$. 只有这组 (x,y,z) 使式(8)等号成立. 因此,当且仅当 P 为外心时, W 取到最小值 $\dfrac{1}{4}(a^2+b^2+c^2)$.

例 12 设 $x \geqslant 0,y \geqslant 0,z \geqslant 0$,且 a,b,c,l,m,n 是给定的正数,并且 $ax+by+cz=\delta$ 为常数,求 $W=\dfrac{l}{x}+\dfrac{m}{y}+\dfrac{n}{z}$ 的最小值.

解 由柯西不等式

$$W \cdot \delta = \left[\left(\sqrt{\frac{l}{x}} \right)^2 + \left(\sqrt{\frac{m}{y}} \right)^2 + \left(\sqrt{\frac{n}{z}} \right)^2 \right] \cdot \left[(\sqrt{ax})^2 + (\sqrt{by})^2 + (\sqrt{cz})^2 \right]$$

$$\geqslant (\sqrt{al} + \sqrt{bm} + \sqrt{cn})^2$$

因此

$$W \geqslant \frac{(\sqrt{al} + \sqrt{bm} + \sqrt{cn})^2}{\delta} \tag{9}$$

利用柯西不等式等号成立的条件可找到一组数

$$x = k\sqrt{\frac{l}{a}} , y = k\sqrt{\frac{m}{b}} , z = k\sqrt{\frac{n}{c}}$$

其中,$k = \dfrac{\delta}{\sqrt{al} + \sqrt{bm} + \sqrt{cn}}$.

它们使 $ax + by + cz = \delta$,且式(9)等号成立.

因此,W 的最小值为

$$W_{\min} = \frac{(\sqrt{al} + \sqrt{bm} + \sqrt{cn})^2}{\delta}$$

例 13 设 P 为 $\triangle ABC$ 内一点,D,E,F 分别是 P 到 BC,CA,AB 各边所引垂线的垂足,求使 $\left| \dfrac{BC}{PD} \right| + \left| \dfrac{CA}{PE} \right| + \left| \dfrac{AB}{PF} \right|$ 为最小的点 P.(第 22 届 IMO 试题)

解 如图 6.2 所示,记 $|AB| = c$, $|AC| = b$, $|BC| = a$,$|PD| = x$,$|PE| = y$,$|PF| = z$.

我们首先推导 x, y, z 应满足的约束条件. 显然,$S_{\triangle ABC} = S_{\triangle PBC} + S_{\triangle PBA} + S_{\triangle PAC}$,记 $S = S_{\triangle ABC}$,则有

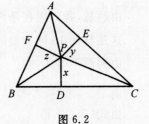

图 6.2

$\dfrac{1}{2}ax + \dfrac{1}{2}by + \dfrac{1}{2}cz = S$. 因此,我们要在条件

$$ax + by + cz = 2S$$

下,求 $W = \dfrac{a}{x} + \dfrac{b}{y} + \dfrac{c}{z}$ 的最小值.

这是与例 12 同类型的问题,我们可用同样的方法解决.

由柯西不等式

$$W \cdot 2S \geqslant \left(\sqrt{ax} \cdot \sqrt{\frac{a}{x}} + \sqrt{by} \cdot \sqrt{\frac{b}{y}} + \sqrt{cz} \cdot \sqrt{\frac{c}{z}} \right)^2 = (a + b + c)^2 \tag{10}$$

因此

$$W \geqslant \frac{(a + b + c)^2}{2S} \tag{11}$$

由柯西不等式等号成立的条件知,当且仅当 $\sqrt{ax}=\mu\sqrt{\dfrac{a}{x}}$,$\sqrt{by}=\mu\sqrt{\dfrac{b}{y}}$,

$\sqrt{cz}=\mu\sqrt{\dfrac{c}{z}}$ 时,式(10)等号成立,从而式(11)等号成立.由此推出 $x=y=z=\mu$,故当且仅当 P 为 $\triangle ABC$ 的内心时,W 达到最小值 $W_{\min}=\dfrac{(a+b+c)^2}{2S}$.

例 13 所证明的命题可以推广到空间.

另外,像例 11 和例 13 这样的极值问题,我们还可以把它们改成"充要条件"形式的证明题.

例 14 设 P 是四面体 $ABCD$ 内一点,P 到面 BCD、面 ABD、面 ACD、面 ABC 的距离分别是 d_1,d_2,d_3,d_4. 又设 $\triangle BCD,\triangle ABD,\triangle ACD,\triangle ABC$ 的面积为 s_1,s_2,s_3,s_4,四面体 $ABCD$ 的体积为 v,那么,P 为四面体 $ABCD$ 内切球球心的充要条件是

$$\frac{s_1}{d_1}+\frac{s_2}{d_2}+\frac{s_3}{d_3}+\frac{s_4}{d_4}=\frac{(s_1+s_2+s_3+s_4)^2}{3v}$$

证明方法与例 13 相似,留给读者自己完成.

例 8、例 10 和例 12 是三种不同类型的极值问题.在例 8 中,约束条件以二次形式出现,要求一次函数的最大值;在例 10 中,约束条件是一次形式,要求二次函数的最小值;在例 12 中,约束条件是一次形式,要求负一次函数的最小值.从这三个例子可以看出,可用柯西不等式求解的极值问题,对变量次数有一定的要求,读者应通过这些典型的例子仔细领会这些次数关系.这样才能把柯西不等式运用自如,达到纯熟的境地.

例 15 对于满足 $1\leqslant r\leqslant s\leqslant t\leqslant 4$ 的一切实数 r,s,t,求 $W=(r-1)^2+\left(\dfrac{s}{r}-1\right)^2+\left(\dfrac{t}{s}-1\right)^2+\left(\dfrac{4}{t}-1\right)^2$ 的最小值.(美国普特南大学生数学奥林匹克试题)

解 由柯西不等式

$$W\geqslant\frac{1}{4}\left[(r-1)+\left(\frac{s}{r}-1\right)+\left(\frac{t}{s}-1\right)+\left(\frac{4}{t}-1\right)\right]^2 \qquad (12)$$

即

$$W\geqslant\frac{1}{4}\left(r+\frac{s}{r}+\frac{t}{s}+\frac{4}{t}-4\right)^2 \qquad (13)$$

又

$$r+\frac{s}{r}+\frac{t}{s}+\frac{4}{t}\geqslant 4\sqrt[4]{r\cdot\frac{s}{r}\cdot\frac{t}{s}\cdot\frac{4}{t}}=4\sqrt[4]{4}=4\sqrt{2}$$

故

$$W \geqslant \frac{1}{4} \left(4\sqrt{2} - 4\right)^2 = 4 \left(\sqrt{2} - 1\right)^2 \tag{14}$$

当且仅当 $r = \frac{s}{r} = \frac{t}{s} = \frac{4}{t}$，即 $r = \sqrt{2}, s = 2, t = 2\sqrt{2}$ 时，式(14)(13)(12) 等号同时成立. 因而 W 达到最小值 $W_{\min} = 4 \left(\sqrt{2} - 1\right)^2$.

这里，由于我们巧妙地应用了两个不等式(因为我们观察到应用柯西不等式后又可继续应用几何与算术平均不等式)，使得整个过程相当简明，如果用其他方法，肯定要麻烦得多.

例16 设 $a_1, a_2, \cdots, a_n$ 是给定的一组不全为零的实数，记

$$F(x_1, x_2, \cdots, x_n) = \sqrt{x_1^2 + x_2^2 + \cdots + x_n^2} + r_1(a_1 - x_1) +$$
$$r_2(a_2 - x_2) + \cdots + r_n(a_n - x_n)$$

试确定所有可能的 $r_1, r_2, \cdots, r_n$，使得 $F(x_1, x_2, \cdots, x_n)$ 有最小值 $\sqrt{a_1^2 + a_2^2 + \cdots + a_n^2}$.

解 根据题意，对于一切实数 $x_1, x_2, \cdots, x_n$，有

$$\sqrt{x_1^2 + x_2^2 + \cdots + x_n^2} + r_1(a_1 - x_1) + r_2(a_2 - x_2) + \cdots + r_n(a_n - x_n)$$
$$\geqslant \sqrt{a_1^2 + a_2^2 + \cdots + a_n^2} \tag{15}$$

成立.

在式(15)中，令 $x_1 = x_2 = \cdots = x_n = 0$，得

$$r_1 a_1 + r_2 a_2 + \cdots + r_n a_n \geqslant \sqrt{a_1^2 + a_2^2 + \cdots + a_n^2} \tag{16}$$

又在式(15)中，令 $x_1 = 2a_1, x_2 = 2a_2, \cdots, x_n = 2a_n$，得

$$-r_1 a_1 - r_2 a_2 - \cdots - r_n a_n \geqslant -\sqrt{a_1^2 + a_2^2 + \cdots + a_n^2} \tag{17}$$

由式(16) 和式(17) 推得

$$r_1 a_1 + r_2 a_2 + \cdots + r_n a_n = \sqrt{a_1^2 + a_2^2 + \cdots + a_n^2} \tag{18}$$

另一方面，式(15) 式(17) 相加后，得

$$r_1 x_1 + r_2 x_2 + \cdots + r_n x_n \leqslant \sqrt{x_1^2 + x_2^2 + \cdots + x_n^2} \tag{19}$$

由于式(19) 对于一切 x_i 成立，故在式(19) 中令

$$x_1 = r_1, x_2 = r_2, \cdots, x_n = r_n$$

即有

$$r_1^2 + r_2^2 + \cdots + r_n^2 \leqslant \sqrt{r_1^2 + r_2^2 + \cdots + r_n^2}$$

130

由此推出

$$r_1^2 + r_2^2 + \cdots + r_n^2 \leqslant 1 \tag{20}$$

又由柯西不等式,有

$$r_1 a_1 + r_2 a_2 + \cdots + r_n a_n \leqslant \sqrt{r_1^2 + r_2^2 + \cdots + r_n^2} \cdot \sqrt{a_1^2 + a_2^2 + \cdots + a_n^2} \tag{21}$$

于是,由式(18)(21)有

$$r_1^2 + r_2^2 + \cdots + r_n^2 \geqslant 1 \tag{22}$$

从而由式(20)(22)有

$$r_1^2 + r_2^2 + \cdots + r_n^2 = 1 \tag{23}$$

由式(18)(23)可以看出,柯西不等式(21)中等号成立.

因此,存在 μ 使 $r_i = \mu a_i (i = 1, 2, \cdots, n)$,把它们代入式(23)可求得 μ 之值,从而进一步求得

$$r_i = \frac{a_i}{\sqrt{a_1^2 + a_2^2 + \cdots + a_n^2}} \quad (i = 1, 2, \cdots, n) \tag{24}$$

下面还要验证当 r_i 按式(24)取值时,函数 $F(x_1, x_2, \cdots, x_n)$ 有最小值 $\sqrt{a_1^2 + a_2^2 + \cdots + a_n^2}$. 我们把验证过程留给读者自己完成.

柯西不等式的应用十分广泛,它不仅能解决许多不等式和极值问题,而且也可以解决一些其他方面的问题.下面的两道例题,表面上与柯西不等式并无多大关系,但应用它却能出奇制胜.

例 17 求实数 a,使得存在非负实数 x_1, x_2, x_3, x_4, x_5,满足 $\sum\limits_{k=1}^{5} k x_k = a$,
$\sum\limits_{k=1}^{5} k^3 x_k = a^2$, $\sum\limits_{k=1}^{5} k^5 x_k = a^3$. (第 21 届 IMO 试题)

解 由柯西不等式,有

$$\sum_{k=1}^{5} k^3 x_k = \sum_{k=1}^{5} \sqrt{k x_k} \cdot \sqrt{k^5 x_k} \leqslant \sqrt{\sum_{k=1}^{5} k x_k} \cdot \sqrt{\sum_{k=1}^{5} k^5 x_k} \tag{25}$$

根据题中要求式(25)的左边和右边都等于 a^2,因此式(25)中等号成立,从而存在 λ 使

$$\sqrt{k x_k} = \lambda \sqrt{k^5 x_k} \quad (k = 1, 2, 3, 4, 5) \tag{26}$$

我们分两种情况讨论:

① 倘若某个 $x_k \neq 0$,那么由式(26)可得 $\lambda = \dfrac{1}{k^2}$.

由于 λ 必须与 k 无关,因此不可能有两个 x_i 同时异于零,即 $x_i = 0 (i \neq k)$.

从而有 $k x_k = a, k^3 x_k = a^2, k^5 x_k = a^3$.

由上式可推得 $a=k^2$，$x_k=k(k=1,2,3,4,5)$.

因此，a 的可能值为 $0,1,4,9,16$ 或 25.

② 倘若一切 $x_k=0$，那么当 $a=0$ 时可使题中要求得到满足.

综上所述，当 a 的值为 $0,1,4,9,16$ 或 25 时，存在非负实数 x_1,x_2,x_3,x_4，x_5 满足题设要求.

例 18 m 个互不相同的正偶数和 n 个互不相同的正奇数之和为 $1\,987$，对所有这样的 m,n，问 $3m+4n$ 的最大值是多少？试证明你的结论.（第 2 届 CMO 试题）

解 设 $a_i(i=1,2,\cdots,m)$ 是互不相同的正偶数，$b_j(i=1,2,\cdots,n)$ 是互不相同的正奇数，由题意有

$$a_1+a_2+\cdots+a_m \geqslant 2+4+\cdots+2m=m(m+1)$$
$$b_1+b_2+\cdots+b_n \geqslant 1+3+\cdots+(2n-1)=n^2$$
$$a_1+a_2+\cdots+a_m+b_1+b_2+\cdots+b_n=1\,987$$

由上述三式可得 $m(m+1)+n^2 \leqslant 1\,987$，即

$$\left(m+\frac{1}{2}\right)^2+n^2 \leqslant 1\,987+\frac{1}{4}$$

由柯西不等式

$$\left[3\left(m+\frac{1}{2}\right)+4n\right]^2 \leqslant \left[\left(m+\frac{1}{2}\right)^2+n^2\right]\cdot(3^2+4^2)$$

即

$$\left(3m+4n+\frac{3}{2}\right)^2 \leqslant \left(1\,987+\frac{1}{4}\right)\cdot 25$$
$$3m+4n \leqslant 5\sqrt{1\,987+\frac{1}{4}}-\frac{3}{2} < 222$$

因此，$3m+4n \leqslant 221$.

又当 $m=27$，$n=35$ 时，$m(m+1)+n^2 \leqslant 1\,987$ 且 $3m+4n=221$.

因此，对满足题设的 m,n 的所有值，$3m+4n$ 的最大值为 221.

例 18 是一个题设条件较为复杂的最值问题，由于我们巧用了柯西不等式，使得问题的解决比较顺利.

上面两例，一个是线性方程组是否存在非负解的问题，一个是题设条件比较复杂的离散最值问题，由于我们活用了柯西不等式，给出的解答都十分简单.

对柯西不等式的讨论，我们就此结束.

几何与算术平均不等式

7.1 关于几何与算术平均不等式的证明

设 a_1 和 a_2 是两个正数,则

$$\sqrt{a_1 a_2} \leqslant \frac{a_1 + a_2}{2} \tag{1}$$

这就是大家熟知的几何与算术平均不等式.应用它可以解决不少不等式和极值问题.为了应用的需要,我们把它推广到 n 个正数的情形.

先引入一些记号.

设 $a_1, a_2, \cdots, a_n$ 是 n 个正数,则:

称 $A_n = \dfrac{1}{n} \sum_{i=1}^{n} a_i = \dfrac{a_1 + a_2 + \cdots + a_n}{n}$ 为这 n 个数的算术平均;

称 $G_n = \sqrt[n]{\prod_{i=1}^{n} a_i} = \sqrt[n]{a_1 a_2 \cdots a_n}$ 为这 n 个数的几何平均;

称 $H_n = \dfrac{n}{\sum_{i=1}^{n} \dfrac{1}{a_i}} = \dfrac{n}{\dfrac{1}{a_1} + \dfrac{1}{a_2} + \cdots + \dfrac{1}{a_n}}$ 为这 n 个数的调和平均.

现在我们来拓展式(1).

定理 2 设 $a_1, a_2, \cdots, a_n$ 为任意正数,则

$$\sqrt[n]{a_1 a_2 \cdots a_n} \leqslant \frac{a_1 + a_2 + \cdots + a_n}{n} \tag{2}$$

即 $G_n \leqslant A_n$，其中等号当且仅当所有 a_i 都相等时成立.

这就是一般情形的几何与算术平均不等式.

证法 1　我们先用归纳法给出一种证明：

显然，当所有 a_i 都相等时，式(2)中等号成立.因此.我们只要证明当 a_i 不全相等时成立着严格的不等式

$$\sqrt[n]{a_1 a_2 \cdots a_n} < \frac{a_1 + a_2 + \cdots + a_n}{n} \tag{3}$$

当 $n=2$ 时，$a_1 \neq a_2$，则有

$$a_1 a_2 = \left(\frac{a_1 + a_2}{2}\right)^2 - \left(\frac{a_1 - a_2}{2}\right)^2 < \left(\frac{a_1 + a_2}{2}\right)^2$$

从而式(3)成立.

当 $n = 4, 8, 16, \cdots, 2^m$ 时

$$a_1 a_2 a_3 a_4 \leqslant \left(\frac{a_1 + a_2}{2}\right)^2 \left(\frac{a_3 + a_4}{2}\right)^2 \leqslant \left(\frac{a_1 + a_2 + a_3 + a_4}{4}\right)^4$$

$$a_1 a_2 \cdots a_8 \leqslant \left(\frac{a_1 + a_2 + a_3 + a_4}{4}\right)^4 \left(\frac{a_5 + a_6 + a_7 + a_8}{4}\right)^4$$

$$\leqslant \left(\frac{a_1 + a_2 + a_3 + a_4 + a_5 + a_6 + a_7 + a_8}{8}\right)^8$$

$$\vdots$$

$$a_1 a_2 \cdots a_{2^m} \leqslant \left(\frac{a_1 + a_2 + \cdots + a_{2^{m-1}}}{2^{m-1}}\right)^{2^{m-1}} \left(\frac{a_{2^{m-1}+1} + \cdots + a_{2^m}}{2^{m-1}}\right)^{2^{m-1}}$$

$$\leqslant \left(\frac{a_1 + a_2 + \cdots + a_{2^m}}{2^m}\right)^{2^m}$$

由于 $a_1, a_2, \cdots, a_{2^m}$ 不全相等，故上述诸不等式组中每组总有一个成立严格不等号.这就证明了式(3)对于 $n = 2^m$ 成立，$m = 1, 2, \cdots$.

现在假设 $n \neq 2^m$，因而可取充分大的 m，使 $2^m > n$. 记

$$\bar{a} = A_n = \frac{a_1 + a_2 + \cdots + a_n}{n}$$

根据已证明的结果有

$$a_1 a_2 \cdots a_n \underbrace{\bar{a}\ \bar{a}\ \cdots\ \bar{a}}_{2^m - n \text{个}} < \left[\frac{a_1 + a_2 + \cdots + a_n + (2^m - n)\bar{a}}{2^m}\right]^{2^m} = \bar{a}^{2^m}$$

所以 $a_1 a_2 \cdots a_n \bar{a}^{2^m - n} < \bar{a}^{2^m}$. 这就是 $a_1 a_2 \cdots a_n < \bar{a}^n$，因此式(3)成立.证毕.

附注　上面的证明所采用的归纳法称为"向前 —— 向后归纳法".

大家都知道，普通数学归纳法原理是这样说的，如果：

(1)′ 命题 $p(n)$ 当 $n=1$ 时成立；

$(2)'$ 从命题 $p(n)$ 的正确性能推出命题 $p(n+1)$ 的正确性.

那么命题 $p(n)$ 便对任意的自然数 n 都成立.

所谓"向前 —— 向后归纳法"却是从下面两条来推断命题 $p(n)$ 对任意自然数 n 的正确性:

(1) 命题 $p(n)$ 对无穷多个自然数 n 成立;

(2) 从命题 $p(n)$ 的正确性能推出命题 $p(n-1)$ 的正确性.

由于几何与算术平均不等式的重要性,人们对它作出了各种各样不同的证明,这些证明都是颇有启发性的,体现了许多巧妙的构思,这里我们再介绍几种有趣的证明,因为这些证明本身就是不等式证明的范例.

为了简便,后面几种证法中,我们将略去对等号成立条件的讨论.

证法 2 我们用普通的数学归纳法.

$n=2$ 时,不等式显然成立.

设对任意 $n-1$ 个正数,有 $A_{n-1} \geqslant G_{n-1}$,即

$$\frac{a_1+a_2+\cdots+a_{n-1}}{n-1} \geqslant \sqrt[n-1]{a_1 a_2 \cdots a_{n-1}}$$

对于 n 个正数 $a_1, a_2, \cdots, a_n$,不妨设 $a_n \geqslant a_i (i=1,2,\cdots,n)$,于是 $a_n \geqslant A_{n-1}$,令 $a_n = (1+\varepsilon) A_{n-1} (\varepsilon \geqslant 0)$,则由

$$A_n = \frac{(n-1) A_{n-1} + a_n}{n} = \left(1+\frac{\varepsilon}{n}\right) A_{n-1}$$

得

$$A_n^n = \left(1+\frac{\varepsilon}{n}\right)^n A_{n-1}^n \geqslant \left(1+n \cdot \frac{\varepsilon}{n}\right) A_{n-1}^n = (1+\varepsilon) A_{n-1} \cdot A_{n-1}^{n-1}$$

$$\geqslant (1+\varepsilon) A_{n-1} G_{n-1}^{n-1} = a_n \cdot a_1 \cdot a_2 \cdot \cdots \cdot a_{n-1} = G_n^n$$

所以 $A_n \geqslant G_n$. 证毕.

下面的证明也是普通的数学归纳法,但是比较巧妙.

证法 3 我们先证明一个引理:对 $a \geqslant 0, b \geqslant 0$,有 $(a+b)^n \geqslant a^n + na^{n-1}b$. 当且仅当 $b=0$ 时等号成立.

这个结论的证明是显然的.

原问题等价于 $\left(\frac{a_1+a_2+\cdots+a_n}{n}\right)^n \geqslant a_1 a_2 \cdots a_n$. 其中等号当且仅当所有 a_i 都相等时成立.

容易证明 $n=2$ 时成立;

若 $n=k$ 时成立,即

$$\left(\frac{a_1 + a_2 + \cdots + a_k}{k}\right)^k \geqslant a_1 a_2 \cdots a_k$$

则当 $n = k+1$ 时,不妨设 a_{k+1} 是其最大者,即有

$$ka_{k+1} \geqslant a_1 + a_2 + \cdots + a_k$$

设 $s = a_1 + a_2 + \cdots + a_k$,于是有

$$\left(\frac{a_1 + a_2 + \cdots + a_k + a_{k+1}}{k+1}\right)^{k+1} = \left[\frac{s}{k} + \frac{ka_{k+1} - s}{k(k+1)}\right]^{k+1}$$

根据引理,我们有

$$\left[\frac{s}{k} + \frac{ka_{k+1} - s}{k(k+1)}\right]^{k+1} \geqslant \left(\frac{s}{k}\right)^{k+1} + (k+1)\left(\frac{s}{k}\right)^k \frac{ka_{k+1} - s}{k(k+1)} = \left(\frac{s}{k}\right)^k a_{k+1}$$

$$\geqslant a_1 a_2 \cdots a_k \cdot a_{k+1}$$

当且仅当 $ka_{k+1} = s$ 且 $a_1 = a_2 = \cdots = a_k$ 即 $a_1 = a_2 = \cdots = a_{k+1}$ 时取等号.

所以 $n = k+1$ 时命题成立,从而原不等式成立. 证毕.

我们也可以这样证明:

证法 4 令 $b_1 = \dfrac{a_1}{G_n}, b_2 = \dfrac{a_2}{G_n}, \cdots, b_n = \dfrac{a_n}{G_n}$,则 $b_1 b_2 \cdots b_n = 1 (b_i > 0)$ 且不等式 (2) 等价于

$$b_1 + b_2 + \cdots + b_n \geqslant n \tag{4}$$

下面证明不等式 (4) 成立.

显然,当 $n = 1$ 时成立.

若 $n = k$ 时成立,即如果 $b_1 b_2 \cdots b_k = 1$,那么 $b_1 + b_2 + \cdots + b_k \geqslant k$,则当 $n = k+1$ 时,我们分两种情况讨论:

① 若 $b_1 = b_2 = \cdots = b_k = b_{k+1}$,则 $b_1 b_2 \cdots b_k b_{k+1} = 1$,知 $b_1 = b_2 = \cdots = b_k = b_{k+1} = 1$,从而有

$$b_1 + b_2 + \cdots + b_k + b_{k+1} = k+1 \geqslant k+1$$

② 若所有 b_j 不都是 1,由于 $b_1 b_2 \cdots b_k b_{k+1} = 1$,故必有一个 $b_{j_0} > 1$,一个 $b_{j_0} < 1$,不妨设 $b_1 > 1, b_{k+1} < 1$. 令 $x = b_1 b_{k+1}$,则

$$xb_2 b_3 \cdots b_k = 1$$

从而由归纳假设,知

$$x + b_2 + b_3 + \cdots + b_k \geqslant k$$

因此

$$b_1 + b_2 + \cdots + b_k + b_{k+1} = (x + b_2 + b_3 + \cdots + b_k) + b_1 + b_{k+1} - x$$

$$\geqslant k + 1 + (b_1 + b_{k+1} - b_1 b_{k+1} - 1)$$

$$= k + 1 + (b_{k+1} - 1)(1 - b_1) > k+1$$

136

证毕.

证法5 由证法1知,我们只需证明这 n 个数不全相等时的情形.此时必有一个最大的和一个最小的,不妨设 a_1 是最大的,a_2 是最小的.这时我们有

$$G_n = \sqrt[n]{a_1 a_2 \cdots a_n} < \sqrt[n]{a_1 a_1 \cdots a_1} = a_1$$

$$G_n = \sqrt[n]{a_1 a_2 \cdots a_n} > \sqrt[n]{a_2 a_2 \cdots a_2} = a_2$$

即 $a_2 < G_n < a_1$,或者 $(G_n - a_2)(G_n - a_1) < 0$.

现在我们把原来 n 个数 $a_1, a_2, \cdots, a_n$ 换成一组新的数 $a'_1, a'_2, \cdots, a'_n$,其中

$$a'_1 = G_n, a'_2 = \frac{a_1 a_2}{G_n}, a'_3 = a_3, a'_4 = a_4, \cdots, a'_n = a_n$$

设这组新数的几何平均为 G'_n,算术平均为 A'_n,那么

$$G'_n = \sqrt[n]{a'_1 a'_2 \cdots a'_n} = \sqrt[n]{G_n \cdot \frac{a_1 a_2}{G_n} a_3 \cdots a_n} = \sqrt[n]{a_1 a_2 \cdots a_n} = G_n$$

也就是说,新数组的几何平均和原来一样,为了比较新旧数组算术平均的大小,我们考虑两者之差

$$A'_n - A_n = \frac{a'_1 + a'_2 + \cdots + a'_n}{n} - \frac{a_1 + a_2 + \cdots + a_n}{n}$$

$$= \frac{1}{n}(a'_1 + a'_2 - a_1 - a_2) = \frac{1}{n}\left(G_n + \frac{a_1 a_2}{G_n} - a_1 - a_2\right)$$

$$= \frac{1}{nG_n}[G_n^2 - (a_1 + a_2)G_n + a_1 a_2]$$

$$= \frac{1}{nG_n}(G_n - a_1)(G_n - a_2) < 0$$

这说明新数组的算术平均比原来小.

通过上面的操作,我们从数组 $a_1, a_2, \cdots, a_n$ 造出了一组新的数

$$a'_1, a'_2, \cdots, a'_n \tag{5}$$

这组新的数有下面的三个性质:

$1°\ G'_n = G_n$,即几何平均没有改变;

$2°\ A'_n < A_n$,即算术平均比原来小了;

$3°\ a'_1 = G_n$,即新数组中有一个数就是原来数组的几何平均.

如果新数组中的数彼此相等,那么 $G'_n = A'_n$,从而由 $1°$ 和 $2°$,有 $G_n < A_n$.定理就得到了证明.因此,不妨假定新数组(5)中至少有两个数不相等,那么其中必有一个最大的、一个最小的.于是我们可用和上面完全一样的办法从式(5)中构造出另一组新数

$$a''_1, a''_2, \cdots, a''_n \tag{6}$$

137

它们的算术平均和几何平均分别记为 A_n'' 和 G_n''，利用和上面一样的讨论可知 $G_n''=G_n'$，$A_n''<A_n'$. 同时数组(6)中又多了一个 G_n，也就是说(6)中至少有两个数是 G_n.

同样的操作进行若干次(最多 $n-1$ 次)后，一定可把新数组中的数全部换成 G_n，不妨设在第 m 次时已把全部数换成了 G_n. 这时得新数组

$$a_1^{(m)}, a_2^{(m)}, \cdots, a_n^{(m)} \tag{7}$$

我们分别用 $A_n^{(m)}$ 和 $G_n^{(m)}$ 表示它们的算术平均和几何平均,于是我们有

$$G_n^{(m)}=G_n^{(m-1)}=\cdots=G_n'=G_n, A_n^{(m)}<A_n^{(m-1)}<\cdots<A_n'<A_n$$

此时数组(7)中的 n 个数全部是 G_n，因此

$$A_n^{(m)}=\frac{a_1^{(m)}+a_2^{(m)}+\cdots+a_n^{(m)}}{n}=G_n$$

所以 $A_n>A_n^{(m)}=G_n$，证毕.

上面的证明，我们采用了局部调整法，其构思是非常巧妙的. 它通过构造新数组的办法，把原数组逐次化简，最后使其中所有的数彼此相等(这时几何平均等于算术平均)，我们在化简过程中使几何平均保持不变，而让算术平均逐次减小，化为最后一步时，定理就显然了.

上面的过程可用式子表示为

$$G_n=G_n'=G_n''=\cdots=G_n^{(m-1)}=G_n^{(m)}=A_n^{(m)}<A_n^{(m-1)}<\cdots<A_n''<A_n'<A_n$$

根据这样的一种构思，读者不难给出这个定理的另一种证明：我们也设法化简原数组，使最后 n 个数彼此相等，但在化简过程中，使它的算术平均保持不变，而让几何平均逐次增大，用式子表示为

$$G_n<G_n'<G_n''<\cdots<G_n^{(m-1)}<G_n^{(m)}=A_n^{(m)}=A_n^{(m-1)}=\cdots=A_n''=A_n'=A_n$$

具体的做法，我们留给读者自己完成.

利用定理 2，我们容易导出调和平均与几何平均的关系：

定理 3 设 $a_1, a_2, \cdots, a_n$ 为任意正数，则

$$\frac{n}{\frac{1}{a_1}+\frac{1}{a_2}+\cdots+\frac{1}{a_n}} \leqslant \sqrt[n]{a_1 a_2 \cdots a_n} \tag{8}$$

即 $H_n \leqslant G_n$，其中，当且仅当 a_j 都相等时等号成立.

证明 由于

$$H_n=\frac{1}{\dfrac{\frac{1}{a_1}+\frac{1}{a_2}+\cdots+\frac{1}{a_n}}{n}}, G_n=\frac{1}{\sqrt[n]{\dfrac{1}{a_1}\cdot\dfrac{1}{a_2}\cdots\dfrac{1}{a_n}}}$$

故由定理 2,有

$$\frac{\frac{1}{a_1}+\frac{1}{a_2}+\cdots+\frac{1}{a_n}}{n} \geqslant \sqrt[n]{\frac{1}{a_1} \cdot \frac{1}{a_2} \cdots \frac{1}{a_n}}$$

所以

$$\frac{1}{\frac{\frac{1}{a_1}+\frac{1}{a_2}+\cdots+\frac{1}{a_n}}{n}} \leqslant \frac{1}{\sqrt[n]{\frac{1}{a_1} \cdot \frac{1}{a_2} \cdots \frac{1}{a_n}}}$$

即 $H_n \leqslant G_n$. 其中,等号当且仅当 $\frac{1}{a_1}=\frac{1}{a_2}=\cdots=\frac{1}{a_n}$,即 $a_1=a_2=\cdots=a_n$ 时成立.

不等式(8) 称为几何与调和平均不等式.

我们把定理 2 和定理 3 综合起来,便有

$$\frac{n}{\frac{1}{a_1}+\frac{1}{a_2}+\cdots+\frac{1}{a_n}} \leqslant \sqrt[n]{a_1 a_2 \cdots a_n} \leqslant \frac{a_1+a_2+\cdots+a_n}{n} \tag{9}$$

即 $H_n \leqslant G_n \leqslant A_n$. 这就是说,调和平均不超过几何平均,而几何平均又不超过算术平均.

不等式(9) 我们统称为平均不等式.

定理 2 和定理 3 还可进一步推广成下面的形式.

定理 4　设 $p_1,p_2,\cdots,p_n$ 为正有理数,那么对于任意的正数 $a_1,a_2,\cdots,a_n$,有

$$\frac{p_1+p_2+\cdots+p_n}{\frac{p_1}{a_1}+\frac{p_2}{a_2}+\cdots+\frac{p_n}{a_n}} \leqslant (a_1^{p_1} a_2^{p_2} \cdots a_n^{p_n})^{\frac{1}{p_1+p_2+\cdots+p_n}}$$

$$\leqslant \frac{p_1 a_1+p_2 a_2+\cdots+p_n a_n}{p_1+p_2+\cdots+p_n} \tag{10}$$

其中等号当且仅当所有 a_j 都相等时成立.

证明　我们仅证式(10) 中的第二式,因为第一式同理可证.

设 $p_1=\dfrac{l_1}{m_1}$,$p_2=\dfrac{l_2}{m_2}$,$\cdots$,$p_n=\dfrac{l_n}{m_n}$,其中 m_i,l_i 都是正整数. 记

$$q_i=m_1 m_2 \cdots m_n p_i \quad (i=1,2,\cdots,n)$$

显然,所有 q_i 都是正整数,并且

$$\frac{1}{p_1+p_2+\cdots+p_n}=\frac{m_1 m_2 \cdots m_n}{q_1+q_2+\cdots+q_n}$$

因此有

139

$$(a_1^{p_1} a_2^{p_2} \cdots a_n^{p_n})^{\frac{1}{p_1+p_2+\cdots+p_n}} = (a_1^{q_1} a_2^{q_2} \cdots a_n^{q_n})^{\frac{1}{q_1+q_2+\cdots+q_n}} \tag{11}$$

考虑数组

$$\underbrace{a_1, a_1, \cdots, a_1}_{q_1 \uparrow a_1}; \underbrace{a_2, a_2, \cdots, a_2}_{q_2 \uparrow a_2}; \cdots; \underbrace{a_n, a_n, \cdots, a_n}_{q_n \uparrow a_n}$$

对它应用定理 2,得到

$$(a_1^{q_1} a_2^{q_2} \cdots a_n^{q_n})^{\frac{1}{q_1+q_2+\cdots+q_n}} \leqslant \frac{q_1 a_1 + q_2 a_2 + \cdots + q_n a_n}{q_1 + q_2 + \cdots + q_n} \tag{12}$$

以 $m_1 m_2 \cdots m_n$ 同除式(12)右端的分子分母,即知

$$\frac{q_1 a_1 + q_2 a_2 + \cdots + q_n a_n}{q_1 + q_2 + \cdots + q_n} = \frac{p_1 a_1 + p_2 a_2 + \cdots + p_n a_n}{p_1 + p_2 + \cdots + p_n} \tag{13}$$

由式(11)和(13)可见,不等式(12)就是不等式(10),并且当且仅当所有 a_j 都相等时等号成立.

7.2 几何与算术平均不等式的应用

几何与算术平均不等式是数学中最重要的基本不等式之一,也是人们最熟悉的不等式.无论在高等数学还是在初等数学中,它都有极其广泛的应用.

本节我们主要讨论几何与算术平均不等式在数学竞赛中的应用.

首先,应用几何与算术平均不等式可以解决许多不等式问题.

例 1 设 $x > 0$,证明:$2^{\sqrt[12]{x}} + 2^{\sqrt[4]{x}} \geqslant 2 \cdot 2^{\sqrt[6]{x}}$.(苏联数学奥林匹克试题)

证明 由定理 2,得 $2^{\sqrt[12]{x}} + 2^{\sqrt[4]{x}} \geqslant 2\sqrt{2^{\sqrt[12]{x}} \cdot 2^{\sqrt[4]{x}}} = 2 \cdot 2^{\frac{\sqrt[12]{x}+\sqrt[4]{x}}{2}}$,再次应用定理 2,得

$$\frac{\sqrt[12]{x} + \sqrt[4]{x}}{2} \geqslant (x^{\frac{1}{12}} \cdot x^{\frac{1}{4}})^{\frac{1}{2}} = x^{\frac{1}{6}}$$

因此,只要再利用指数函数 $f(t) = 2^t$ 的单调性即可获证.

例 2 设 a, b, c 是小于 1 的正数,证明:$(1-a)b, (1-b)c, (1-c)a$ 不可能都大于 $\frac{1}{4}$.(匈牙利数学奥林匹克试题)

证明 因为

$$(1-a)b \cdot (1-b)c \cdot (1-c)a = a(1-a)b(1-b)c(1-c)$$
$$\leqslant \left(\frac{a+1-a}{2}\right)^2 \cdot \left(\frac{b+1-b}{2}\right)^2 \cdot \left(\frac{c+1-c}{2}\right)^2 = \left(\frac{1}{4}\right)^3$$

140

所以 $,(1-a)b,(1-b)c,(1-c)a$ 中至少有一个不大于 $\frac{1}{4}$.

例3 已知 $a_1,a_2,\cdots,a_n$ 是 n 个正数,满足 $a_1 \cdot a_2 \cdot \cdots \cdot a_n = 1$. 证明

$$(2+a_1)(2+a_2)\cdots(2+a_n) \geqslant 3^n$$

(1989 年全国高中数学联赛试题)

证明 由于

$$2+a_i = 1+1+a_i \geqslant 3\sqrt[3]{a_i} \quad (i=1,2,\cdots,n)$$

所以

$$(2+a_1)(2+a_2)\cdots(2+a_n) \geqslant 3\sqrt[3]{a_1} \cdot 3\sqrt[3]{a_2}\cdots 3\sqrt[3]{a_n} = 3^n\sqrt[3]{a_1 a_2\cdots a_n} = 3^n$$

例4 设 a,b,c,d 是非负实数,满足 $ab+bc+cd+da=1$. 证明:

$$\frac{a^3}{b+c+d}+\frac{b^3}{a+c+d}+\frac{c^3}{a+b+d}+\frac{d^3}{a+b+c} \geqslant \frac{1}{3}$$

证明 由于

$$\frac{a^3}{b+c+d}+\frac{b+c+d}{18}+\frac{1}{12} \geqslant 3\sqrt[3]{\frac{a^3}{b+c+d} \cdot \frac{b+c+d}{18} \cdot \frac{1}{12}} = \frac{1}{2}a$$

即

$$\frac{a^3}{b+c+d} \geqslant \frac{a}{2}-\frac{b+c+d}{18}-\frac{1}{12}$$

故

$$\frac{a^3}{b+c+d}+\frac{b^3}{a+c+d}+\frac{c^3}{a+b+d}+\frac{d^3}{a+b+c}$$

$$\geqslant \frac{1}{2}(a+b+c+d)-\frac{1}{18}(3a+3b+3c+3d)-\frac{4}{12}$$

$$=\frac{1}{3}(a+b+c+d)-\frac{1}{3}$$

于是我们只需证明 $\frac{1}{3}(a+b+c+d)-\frac{1}{3} \geqslant \frac{1}{3}$,即

$$a+b+c+d \geqslant 2$$

注意到

$$ab+bc+cd+da=1$$

从而有

$$(a+b)(c+d)=1$$

即

$$a+c=\frac{1}{b+d}$$

所以

$$a+b+c+d=b+d+a+c=b+d+\frac{1}{b+d}\geqslant 2$$

由上面的讨论可以看到,由于同一个和式可以用不同的方式拆成若干个项的和(比如例 3),而同一个乘式也可用不同的方式拆成几个因式的乘积(比如例 2).因此,善于观察,合理地拆项分组,往往是应用几何与算术平均不等式的关键所在.

例 5 设 $S_n=1+\frac{1}{2}+\cdots+\frac{1}{n}(n\geqslant 3)$.证明

$$n(n+1)^{\frac{1}{n}}-n<S_n<n-(n-1)n^{-\frac{1}{n-1}}$$

(美国普特南大学生数学奥林匹克试题)

证明 第一个不等式等价于

$$\frac{S_n+n}{n}>\sqrt[n]{n+1} \tag{1}$$

由定理 2,得

$$\frac{S_n+n}{n}=\frac{(1+1)+\left(1+\frac{1}{2}\right)+\cdots+\left(1+\frac{1}{n}\right)}{n}=\frac{2+\frac{3}{2}+\frac{4}{3}+\cdots+\frac{n+1}{n}}{n}$$

$$\geqslant\sqrt[n]{n+1}$$

由于求平均的各数不相同,故上述不等式中没有等号.因此不等式(1)成立.第二个不等式等价于

$$\frac{n-S_n}{n-1}>\sqrt[n-1]{\frac{1}{n}} \tag{2}$$

又

$$\frac{n-S_n}{n-1}=\frac{(1-1)+\left(1-\frac{1}{2}\right)+\cdots+\left(1-\frac{1}{n}\right)}{n-1}$$

$$=\frac{\frac{1}{2}+\frac{2}{3}+\cdots+\frac{n-1}{n}}{n-1}\geqslant\sqrt[n-1]{\frac{1}{n}}$$

显然上面的不等式等号不成立,故式(2)成立.

本题的证明技巧,主要表现在把 n 拆为 n 个 1,再与 S_n 的 n 项分别进行加减运算得到在求几何平均时能相约的 n 个项.

例 6 证明:$\frac{1}{2^2}\cdot\frac{1}{3^3}\cdot\cdots\cdot\frac{1}{1\ 994^{1\ 994}}<\left(\frac{2}{1\ 995}\right)^{997\cdot 1\ 995}$.

证明 因为

142

$$\frac{1}{2^2} \cdot \frac{1}{3^3} \cdot \cdots \cdot \frac{1}{1\ 994^{1\ 994}}$$

$$= 1 \cdot \frac{1}{2} \cdot \frac{1}{2} \cdot \frac{1}{3} \cdot \frac{1}{3} \cdot \frac{1}{3} \cdot \cdots \cdot \underbrace{\frac{1}{1\ 994} \cdot \frac{1}{1\ 994} \cdot \cdots \cdot \frac{1}{1\ 994}}_{1\ 994\ \text{个}}$$

$$< \left[\frac{1 + 2 \cdot \frac{1}{2} + 3 \cdot \frac{1}{3} + \cdots + 1\ 994 \cdot \frac{1}{1\ 994}}{\frac{1\ 994(1\ 994 + 1)}{2}} \right]^{\frac{1\ 994(1\ 994+1)}{2}}$$

$$= \left(\frac{2}{1\ 995} \right)^{997 \cdot 1\ 995}$$

所以

$$\frac{1}{2^2} \cdot \frac{1}{3^3} \cdot \cdots \cdot \frac{1}{1\ 994^{1\ 994}} < \left(\frac{2}{1\ 995} \right)^{997 \cdot 1\ 995}$$

读者容易将本题推广为：$\frac{1}{2^2} \cdot \frac{1}{3^3} \cdot \cdots \cdot \frac{1}{n^n} < \left(\frac{2}{n+1} \right)^{\frac{n(n+1)}{2}}$.

在例 6 的证明中，我们将乘方转化为若干因子的积，这是一种常用的变形方法，特别地，在乘积中添加若干个 1 的手段，也是应用几何与算术平均不等式的重要技巧. 下面我们再看一例.

例 7 设 n 是自然数，证明：$\left(1 + \frac{1}{n} \right)^{n+1} > \left(1 + \frac{1}{n+1} \right)^{n+2}$.

证明 欲证的不等式等价于 $\left(1 + \frac{1}{n} \right)^{-(n+1)} < \left(\frac{n+1}{n+2} \right)^{n+2}$.

由于

$$\left(1 + \frac{1}{n} \right)^{-(n+1)} = 1 \cdot \underbrace{\left(1 + \frac{1}{n} \right)^{-1} \cdots \left(1 + \frac{1}{n} \right)^{-1}}_{n+1\ \text{个}}$$

故

$$\left(1 + \frac{1}{n} \right)^{-(n+1)} < \left[\frac{1 + (n+1) \left(1 + \frac{1}{n} \right)^{-1}}{n+2} \right]^{n+2} = \left(\frac{n+1}{n+2} \right)^{n+2}$$

例 8 设 $a_1, a_2, \cdots, a_n$ 是整数，证明

$$\sqrt{\frac{a_1^2 + a_2^2 + \cdots + a_n^2}{n}} \geqslant \frac{a_1 + a_2 + \cdots + a_n}{n} \tag{3}$$

等号当且仅当 $a_1 = a_2 = \cdots = a_n$ 时成立.

证明留给读者做练习.

不等式 (3) 称为算术与平方平均不等式，其中 $Q_n = \sqrt{\frac{a_1^2 + a_2^2 + \cdots + a_n^2}{n}}$ 称

143

为 $a_1, a_2, \cdots, a_n$ 的平方平均. 这也是一个十分有用的不等式.

例 9 设 $a_i > 0 (i = 1, 2, \cdots, n)$，$\sum\limits_{i=1}^{n} i a_i = \sqrt{\dfrac{n+1}{2}}$，证明：$\sum\limits_{i=1}^{n} i a_i^2 \geqslant \dfrac{1}{n}$.

证明 因为

$$\sum_{i=1}^{n} i a_i^2 = a_1^2 + a_2^2 + a_2^2 + \cdots + \underbrace{a_n^2 + a_n^2 + \cdots + a_n^2}_{n \text{个}}$$

故由例 8，有

$$\frac{\sum\limits_{i=1}^{n} i a_i^2}{\dfrac{n(n+1)}{2}} \geqslant \left[\frac{a_1 + 2a_2 + \cdots + na_n}{\dfrac{n(n+1)}{2}} \right]^2 = \left[\frac{\sum\limits_{i=1}^{n} i a_i}{\dfrac{n(n+1)}{2}} \right]^2 = \frac{2}{n^2(n+1)}$$

所以

$$\sum_{i=1}^{n} i a_i^2 \geqslant \frac{1}{n}$$

例 10 设 a, b, c 是正数，且 $a + b + c = 1$. 证明

$$\left(a + \frac{1}{a} \right)^2 + \left(b + \frac{1}{b} \right)^2 + \left(c + \frac{1}{c} \right)^2 \geqslant \frac{100}{3}$$

证明 由例 8，有

$$\left(a + \frac{1}{a} \right)^2 + \left(b + \frac{1}{b} \right)^2 + \left(c + \frac{1}{c} \right)^2$$

$$\geqslant \frac{1}{3} \left(a + \frac{1}{a} + b + \frac{1}{b} + c + \frac{1}{c} \right)^2 = \frac{1}{3} \left(1 + \frac{1}{a} + \frac{1}{b} + \frac{1}{c} \right)^2$$

又由定理 3，有

$$\frac{1}{a} + \frac{1}{b} + \frac{1}{c} \geqslant \frac{9}{a+b+c} = 9$$

所以

$$\left(a + \frac{1}{a} \right)^2 + \left(b + \frac{1}{b} \right)^2 + \left(c + \frac{1}{c} \right)^2 \geqslant \frac{100}{3}$$

例 11 设 a, b, c 是正数，证明

$$\frac{abc(a + b + c + \sqrt{a^2 + b^2 + c^2})}{(a^2 + b^2 + c^2)(ab + bc + ca)} \leqslant \frac{1}{3} + \frac{\sqrt{3}}{9}$$

证明 令

$$A = \frac{abc(a + b + c + \sqrt{a^2 + b^2 + c^2})}{(a^2 + b^2 + c^2)(ab + bc + ca)}$$

则

从分析解题过程学解题
——竞赛中的不等式问题

$$A = \frac{a+b+c}{(a^2+b^2+c^2)\left(\dfrac{1}{a}+\dfrac{1}{b}+\dfrac{1}{c}\right)} + \frac{1}{\sqrt{(a^2+b^2+c^2)\left(\dfrac{1}{a}+\dfrac{1}{b}+\dfrac{1}{c}\right)}}$$

由例 8,有

$$a^2+b^2+c^2 \geqslant \frac{1}{3}(a+b+c)^2$$

由定理 3,有

$$\frac{1}{\dfrac{1}{a}+\dfrac{1}{b}+\dfrac{1}{c}} \leqslant \frac{a+b+c}{9}$$

所以

$$A \leqslant (a+b+c) \cdot \frac{3}{(a+b+c)^2} \cdot \frac{a+b+c}{9} + \sqrt{\frac{3}{(a+b+c)^2} \cdot \frac{a+b+c}{9}}$$

$$= \frac{1}{3} + \frac{\sqrt{3}}{9}$$

几何与算术平均不等式也有许多极值问题相关联,它对于解决某些函数的极值问题同样是十分有用的.

例 12 设 n 个正数 $a_1, a_2, \cdots, a_n$ 的积 $a_1 a_2 \cdots a_n$ 等于定值 P,试求和 $S = a_1 + a_2 + \cdots + a_n$ 的最小值.

例 13 设 n 个正数 $a_1, a_2, \cdots, a_n$ 的和 $a_1 + a_2 + \cdots + a_n$ 等于定值 S,试求积 $P = a_1 a_2 \cdots a_n$ 的最大值.

例 12 和例 13 不难直接由定理 2 得到解决.

例 14 设 p 和 q 是正有理数,a 和 b 是正的变数.

(1) 若 $a^p b^q = T$ 为定值,试求和 $S = a+b$ 的最小值.

(2) 若 $a+b = S$ 为定值,试求积 $T = a^p b^q$ 的最大值.

解 (1) 设 $a' = \dfrac{a}{p}$,$b' = \dfrac{b}{q}$,则由定理 4,有

$$\frac{S}{p+q} = \frac{a+b}{p+q} = \frac{pa'+qb'}{p+q} \geqslant (a'^p b'^q)^{\frac{1}{p+q}} = (a^p b^q)^{\frac{1}{p+q}} \cdot \left(\frac{1}{p}\right)^{\frac{p}{p+q}} \cdot \left(\frac{1}{q}\right)^{\frac{q}{p+q}}$$

因此

$$S \geqslant (p+q) T^{\frac{1}{p+q}} \left(\frac{1}{p}\right)^{\frac{p}{p+q}} \left(\frac{1}{q}\right)^{\frac{q}{p+q}}$$

上式中等号当且仅当 $a' = b'$,即 $\dfrac{a}{p} = \dfrac{b}{q}$ 时成立.

所以,当且仅当 $\dfrac{a}{p} = \dfrac{b}{q}$ 时,S 取到最小值

$$S_{\min} = (p+q)T^{\frac{1}{p+q}} \cdot \left(\frac{1}{p}\right)^{\frac{p}{p+q}} \cdot \left(\frac{1}{q}\right)^{\frac{q}{p+q}}$$

（2）本问是小问（1）的"对偶"问题，同样应用定理 4 可推得：当且仅当 $\dfrac{a}{p} = \dfrac{b}{q}$ 时，积 $T = a^p b^q$ 达到最大值，$T_{\max} = \left(\dfrac{S}{p+q}\right)^{p+q} p^p q^q$.

例 15   圆桌中央的正上方吊着挂灯 K，求当它与桌面相距多高时，桌边 M 处最亮（如图 7.1）.

解   设圆桌中心为 O，记 $h = |KO|$，$r = |MO|$，$l = |KM|$，$\theta = \angle KMO$（如图 7.1）. 根据物理学知识，M 点处的亮度 φ 与 $\sin \theta$ 成正比例，与 l^2 成反比例. 因此亮度

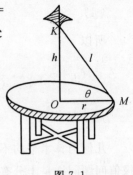

$$\varphi = \mu \frac{\sin \theta}{l^2} = \mu \frac{h}{l^3} = \frac{\mu}{r^2}\left(\frac{r^2}{l^2} \cdot \frac{h}{l}\right)$$

记 $a_1 = \dfrac{r^2}{l^2}$，$a_2 = \dfrac{h^2}{l^2}$，那么

$$a_1 + a_2 = \frac{r^2 + h^2}{l^2} = 1$$

图 7.1

根据例 14，在其中取 $a = a_1$，$b = a_2$，$p = 1$，$q = \dfrac{1}{2}$，可知使乘积 $\dfrac{r^2}{\mu}\varphi = a_1 a_2^{\frac{1}{2}}$ 达到最大值的充要条件是 $a_1 = \dfrac{a_2}{\frac{1}{2}}$. 因为 r 和 μ 都是常数.

故这个条件也是使 φ 取得最大值的充要条件. 把它具体写出来便是 $\dfrac{r^2}{l^2} = \dfrac{2h^2}{l^2}$ 即

$$h = \frac{r}{\sqrt{2}}.$$

因此，当且仅当 $h = \dfrac{r}{\sqrt{2}}$ 时，M 点最亮.

例 14 还可推广到 n 个变量.

例 16   设 $p_1, p_2, \cdots, p_n$ 为给定的正有理数，$a_1, a_2, \cdots, a_n$ 是正的变数.

（1）若乘积 $a_1^{p_1} a_2^{p_2} \cdots a_n^{p_n} = T$ 为定值，则当且仅当

$$\frac{a_1}{p_1} = \frac{a_2}{p_2} = \cdots = \frac{a_n}{p_n} = \left(\frac{T}{p_1^{p_1} p_2^{p_2} \cdots p_n^{p_n}}\right)^{\frac{1}{p_1 + p_2 + \cdots + p_n}}$$

时，和 $S = a_1 + a_2 + \cdots + a_n$ 达到最小值

$$S_{\min} = (p_1 + p_2 + \cdots + p_n) \cdot \left(\frac{T}{p_1^{p_1} p_2^{p_2} \cdots p_n^{p_n}}\right)^{\frac{1}{p_1 + p_2 + \cdots + p_n}}$$

146

（2）若和 $a_1 + a_2 + \cdots + a_n = S$ 为定值，则当且仅当

$$\frac{a_1}{p_1} = \frac{a_2}{p_2} = \cdots = \frac{a_n}{p_n} = \frac{S}{p_1 + p_2 + \cdots + p_n}$$

时，积 $T = a_1^{p_1} a_2^{p_2} \cdots a_n^{p_n}$ 达到最大值

$$T_{\max} = \left(\frac{S}{p_1 + p_2 + \cdots + p_n} \right)^{p_1 + p_2 + \cdots + p_n} \cdot p_1^{p_1} p_1^{p_2} \cdots p_n^{p_n}$$

证明完全与例 14 类似，我们留给读者做练习.

我们继续讨论应用平均不等式解决函数极值的问题.

例 17 设 $a_1, a_2, \cdots, a_n$ 为正数，以 D 表示由条件 $x_1 > 0, x_2 > 0, \cdots, x_n > 0$ 和 $x_1 x_2 \cdots x_n = 1$ 所确定的区域. 试求 $f = a_1 x_1 + a_2 x_2 + \cdots + a_n x_n$ 在 D 上的最小值.

解 由定理 2，得 $\dfrac{f}{n} \geqslant \sqrt[n]{a_1 x_1 a_2 x_2 \cdots a_n x_n}$，所以 $f \geqslant n \sqrt[n]{a_1 a_2 \cdots a_n}$.

又当 $x_1 = \dfrac{\lambda}{a_1}, x_2 = \dfrac{\lambda}{a_2}, \cdots, x_n = \dfrac{\lambda}{a_n} (\lambda = \sqrt[n]{a_1 a_2 \cdots a_n})$ 时，$f = n \sqrt[n]{a_1 a_2 \cdots a_n}$，所以 $\min\limits_{(x_1, x_2, \cdots, x_n) \in D} f = n \sqrt[n]{a_1 a_2 \cdots a_n}$.

例 18 证明关于乘积形式的闵可夫斯基不等式：

$a_1, a_2, \cdots, a_n; b_1, b_2, \cdots, b_n$ 为正数，则

$$\sqrt[n]{(a_1 + b_1)(a_2 + b_2) \cdots (a_n + b_n)} \geqslant \sqrt[n]{a_1 a_2 \cdots a_n} + \sqrt[n]{b_1 b_2 \cdots b_n}$$

证明 由例 17 知

$$\sqrt[n]{(a_1 + b_1)(a_2 + b_2) \cdots (a_n + b_n)}$$

$$= \min_{(x_1, x_2, \cdots, x_n) \in D} \frac{1}{n} \left[(a_1 + b_1)x_1 + (a_2 + b_2)x_2 + \cdots + (a_n + b_n)x_n \right]$$

其中，D 是例 17 中的区域. 由于 $\min(A + B) \geqslant \min A + \min B$，故

$$\sqrt[n]{(a_1 + b_1)(a_2 + b_2) \cdots (a_n + b_n)} \geqslant \min_{(x_1, x_2, \cdots, x_n) \in D} \frac{1}{n}(a_1 x_1 + a_2 x_2 + \cdots + a_n x_n) +$$

$$\min_{(x_1, x_2, \cdots, x_n) \in D} \frac{1}{n}(b_1 x_1 + b_2 x_2 + \cdots + b_n x_n)$$

$$= \sqrt[n]{a_1 a_2 \cdots a_n} + \sqrt[n]{b_1 b_2 \cdots b_n}$$

下面的问题，可用闵可夫斯基不等式来解决.

例 19 设 x_1, x_2, x_3 和 y_1, y_2, y_3 都是正数，且 $x_1 x_2 x_3 = A, y_1 y_2 y_3 = B$ 均为定值. 求 $W = (x_1 + y_1)(x_2 + y_2)(x_3 + y_3)$ 的最小值.

解 根据例 18，得 $\sqrt[3]{W} \geqslant \sqrt[3]{x_1 x_2 x_3} + \sqrt[3]{y_1 y_2 y_3} = \sqrt[3]{A} + \sqrt[3]{B}$，因此

$$W \geqslant (\sqrt[3]{A} + \sqrt[3]{B})^3$$

147

又当 $x_1 = \lambda y_1, x_2 = \lambda y_2, x_3 = \lambda y_3 (\lambda = \sqrt[3]{\dfrac{A}{B}})$ 时

$$W = (1 + \lambda)^3 y_1 y_2 y_3 = \left(1 + \sqrt[3]{\frac{A}{B}}\right)^3 B = (\sqrt[3]{A} + \sqrt[3]{B})^3$$

故，W 的最小值为 $W_{\min} = (\sqrt[3]{A} + \sqrt[3]{B})^3$.

例 20 设 $x \geqslant 0, y \geqslant 0$. 试求 $W = x^3 + y^3 - 3xy$ 的最小值.

解 由于 $W = 1^3 + x^3 + y^3 - 3xy - 1$，故由定理 2，有

$$W = 1^3 + x^3 + y^3 - 3xy - 1 \geqslant 3xy - 3xy - 1 = -1$$

又当 $x = y = 1$ 时，$W = -1$，所以 $W_{\min} = -1$.

例 21 设 $x \geqslant 0, y \geqslant 0$，试求 $W = x^n + y^n - nxy (n \geqslant 2$ 且 $n \in \mathbf{N})$ 的最小值.

本题是例 20 的推广，读者不难用例 20 的技巧解出本题.

有些几何问题中，某个在一般情况下不是唯一确定的量，当它取某个特定值时，如果能刻画图形的某种性质，那么这个值往往是所说的几何量的极值状态. 如第 6 章例 11 便是这样的一个例子. 下面我们再看两例.

例 22 设 P 是 $\triangle ABC$ 内一点，求证：P 为 $\triangle ABC$ 的重心的充要条件是

$$|AP|^2 + |BP|^2 + |CP|^2 = \frac{1}{3}(a^2 + b^2 + c^2)$$

其中，$a = |BC|, b = |AC|, c = |AB|$.

猜想 记

$$W = |AP|^2 + |BP|^2 + |CP|^2$$

则 $\dfrac{1}{3}(a^2 + b^2 + c^2)$ 很可能是 W 的最大值或最小值.

证明 在 $\triangle ABC$ 所在的平面建立 Oxy 直角坐标系. 设 $A = (x_1, y_1), B = (x_2, y_2), C = (x_3, y_3), P = (x, y)$.

记 $W = |AP|^2 + |BP|^2 + |CP|^2$，则

$W = (x - x_1)^2 + (y - y_1)^2 + (x - x_2)^2 + (y - y_2)^2 + (x - x_3)^2 + (y - y_3)^2$

$= x_1^2 + x_2^2 + x_3^2 + y_1^2 + y_2^2 + y_3^2 + 3x^2 + 3y^2 -$

$\qquad 2(x_1 + x_2 + x_3)x - 2(y_1 + y_2 + y_3)y$

由定理 2，得

$$2x(x_1 + x_2 + x_3) = 3 \cdot 2x \cdot \frac{x_1 + x_2 + x_3}{3} \leqslant 3\left[x^2 + \left(\frac{x_1 + x_2 + x_3}{3}\right)^2\right]$$

同理

148

$$2y(y_1 + y_2 + y_3) \leqslant 3\left[y^2 + \left(\frac{y_1 + y_2 + y_3}{3}\right)^2\right]$$

因此

$$W \geqslant x_1^2 + x_2^2 + x_3^2 - \frac{(x_1 + x_2 + x_3)^2}{3} + y_1^2 + y_2^2 + y_3^2 - \frac{(y_1 + y_2 + y_3)^2}{3}$$

$$= \frac{1}{3}\left[(x_1 - x_2)^2 + (y_1 - y_2)^2 + \right.$$

$$(x_2 - x_3)^2 + (y_2 - y_3)^2 + (x_3 - x_1)^2 + (y_3 - y_1)^2\right]$$

$$= \frac{1}{3}(a^2 + b^2 + c^2)$$

由定理 2 等号成立的条件知 $W = \frac{1}{3}(a^2 + b^2 + c^2)$ 的充要条件是

$$x = \frac{x_1 + x_2 + x_3}{3}, y = \frac{y_1 + y_2 + y_3}{3}$$

即 P 是 $\triangle ABC$ 的重心.

例 23 设 P 为 $\triangle ABC$ 内一点，P 到 BC, CA, AB 的垂足分别为 D, E, F. 证明：P 为 $\triangle ABC$ 的重心的充要条件是 $|PD| \cdot |PE| \cdot |PF| = \frac{8s^3}{27abc}$. 其中，$a = |BC|, b = |AC|, c = |AB|$. s 为 $\triangle ABC$ 的面积.

证明 由定理 2，有

$$a|PD| \cdot b|PE| \cdot c|PF| \leqslant \left(\frac{a|PD| + b|PE| + c|PF|}{3}\right)^3 = \left(\frac{2s}{3}\right)^3 = \frac{8}{27}s^3$$

因此，$|PD| \cdot |PE| \cdot |PF| \leqslant \frac{8s^3}{27abc}$，并且当且仅当 $a|PD| = b|PE| = c|PF|$ 时，上式等号成立. 由此推得 $\frac{1}{2}a|PD| = \frac{1}{2}b|PE| = \frac{1}{2}c|PF| = \frac{s}{3}$，即 P 为 $\triangle ABC$ 的重心.

所以，P 为 $\triangle ABC$ 重心的充要条件是

$$|PD| \cdot |PE| \cdot |PF| = \frac{8s^3}{27abc}$$

下面的问题初看是一个普通的计算题，如果盲目上手的话，很可能会遇到麻烦，仔细分析一下，就会发现题中的数据原来是极值状态的数据. 可以说，看出了这一点就意味着问题已经解决了一半.

例 24 平面上一个凸四边形的面积为 32，一组对边和一条对角线的长度之和为 16，试确定另一条对角线的可能长度.（第 18 届 IMO 试题）

解 如图 7.2 所示，设 $AB = x, CD = y, AC = z, \angle BAC = \alpha, \angle ACD = \beta$，

149

且 $x+y+z=16$，以 S 表示四边形 $ABCD$ 的面积，那么

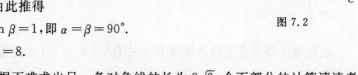

$$S=\frac{1}{2}xz\sin\alpha+\frac{1}{2}yz\sin\beta\leqslant\frac{1}{2}xz+\frac{1}{2}yz$$

$$=\frac{1}{2}z(x+y)\leqslant\frac{1}{2}\left(\frac{z+x+y}{2}\right)^2 \qquad (4)$$

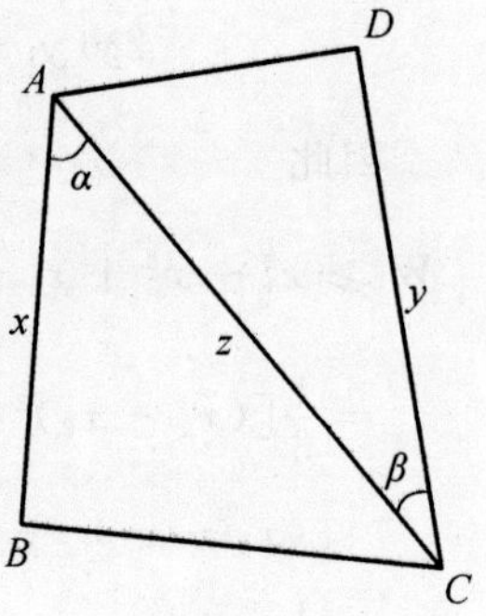

由题设 $x+y+z=16$，故 $S\leqslant\frac{1}{2}\left(\frac{16}{2}\right)^2=32$.

但由题设，我们又有 $S=32$，因此式（4）中两个不等式等号都成立. 由此推得

图 7.2

① $\sin\alpha=\sin\beta=1$，即 $\alpha=\beta=90°$.

② $z=x+y=8$.

根据这些数据不难求出另一条对角线的长为 $8\sqrt{2}$. 余下部分的计算请读者自行完成.

最后，我们看一下解析几何的例子.

例 25 若直线 $x=\frac{\pi}{4}$ 被曲线 C

$$(x-\arcsin\alpha)(x-\arccos\alpha)+(y-\arcsin\alpha)(y+\arccos\alpha)=0$$

所截得的弦长为 d，当 α 变化时，试求 d 的最小值.（1993 年全国高中数学联赛试题）

解 由题设知，曲线 C 是以 $P_1(\arcsin\alpha,\arcsin\alpha)$，$P_2(\arccos\alpha,-\arccos\alpha)$ 两点为直径端点的圆. 其圆心的横坐标 $x=\dfrac{\arccos\alpha+\arcsin\alpha}{2}=\dfrac{\pi}{4}$，因此直线 $x=\dfrac{\pi}{4}$ 过圆心，d 就是该圆的直径. 又 $d^2=2\left[(\arcsin\alpha)^2+(\arccos\alpha)^2\right]$，故由例 8，得

$$d^2\geqslant(\arcsin\alpha+\arccos\alpha)^2=\frac{\pi^2}{4}$$

所以 $d\geqslant\dfrac{\pi}{2}$. 又当 $\arcsin\alpha=\arccos\alpha$ 时，$d=\dfrac{\pi}{2}$，故 $d_{\min}=\dfrac{\pi}{2}$.

从分析解题过程学解题
——竞赛中的不等式问题

排序不等式

我们来讨论这样一个问题：

设 $a_1, a_2, \cdots, a_n$ 和 $b_1, b_2, \cdots, b_n$ 为给定的两组实数，且 $a_1 \leqslant a_2 \leqslant \cdots \leqslant a_n$. 若 $i_1, i_2, \cdots, i_n$ 是 $1, 2, \cdots, n$ 的一个排列，那么怎样才能使和式

$$F = a_1 b_{i_1} + a_2 b_{i_2} + \cdots + a_n b_{i_n} \tag{1}$$

达到最大值或最小值？

先考虑 $n = 2$ 的特殊情形.

设 $a_1 \leqslant a_2, b_1 \leqslant b_2$，则由

$$(a_1 b_1 + a_2 b_2) - (a_1 b_2 + a_2 b_1) = (a_2 - a_1)(b_2 - b_1) \geqslant 0$$

推知 $a_1 b_2 + a_2 b_1 \leqslant a_1 b_1 + a_2 b_2$. 由此可见，当 b_1, b_2 与 a_1, a_2 有相同的大小次序时，F 的值较大.

现在考虑 $n > 2$ 的一般情形.

设 b_{i_1} 是 $b_1, b_2, \cdots, b_n$ 中最小的一个，我们比较两个和式

$$F_1 = a_1 b_1 + a_2 b_2 + \cdots + a_{i_1} b_{i_1} + \cdots + a_n b_n \tag{2}$$

$$F_2 = a_1 b_{i_1} + a_2 b_2 + \cdots + a_{i_1} b_1 + \cdots + a_n b_n \tag{3}$$

在和式(2)与和式(3)中，b_1 与 b_{i_1} 的位置恰好互换而其他项完全相同，根据刚才的讨论，我们有

$$F_2 - F_1 = (a_{i_1} - a_1)(b_1 - b_{i_1}) \geqslant 0$$

由此可见，在和式(2)中，当我们把最小的 b_{i_1} 与 b_1 对换后，和式的值只会增加而不会减少.

同理，把次小的 b_{i_2} 与 b_2 对换后，和式的值也不会减少. 这样的操作至多进行 $n - 1$ 次，最后使 b_i 排列成单调递增的次序.

151

每次操作的结果都不会使和式的值减少. 因此当 $b_{i_1} \leqslant b_{i_2} \leqslant \cdots \leqslant b_{i_n}$ 时, 式(1) 的值达到最大. 同样的道理, 我们可以证明当 $b_1 \geqslant b_2 \geqslant \cdots \geqslant b_n$ 时, 式(1) 的值达到最小. 这样, 我们就证明了下面的排序不等式:

定理 5 设 $a_1 \leqslant a_2 \leqslant \cdots \leqslant a_n, b_1 \leqslant b_2 \leqslant \cdots \leqslant b_n$, 又设 $i_1, i_2, \cdots, i_n$ 是 1, $2, \cdots, n$ 的一个排序, 那么

$$a_1 b_n + a_2 b_{n-1} + \cdots + a_n b_1 (逆序和) \leqslant a_1 b_{i_1} + a_2 b_{i_2} + \cdots + a_n b_{i_n} (乱序和)$$
$$\leqslant a_1 b_1 + a_2 b_2 + \cdots + a_n b_n (顺序和)$$

上面的证明中, 我们再一次应用了局部调整法.

排序不等式是又一个重要的基本不等式, 它以其独特的作用在不等式证明中占据着十分重要的位置.

例 1 有 10 个人各拿一只水桶去打水, 设水龙头注满第 $i(i = 1, 2, \cdots, 10)$ 个人的水桶需花费 t_i 分钟, 假定这些 t_i 各不相同, 问:

(1) 当只有一个水龙头可用时, 应如何安排这 10 个人的次序, 使他们花费的总时间最少? 这个最少时间是多少?

(2) 当有两个水龙头可用时, 又如何安排这 10 个人的次序, 才能使他们花费的总时间最少? 求出这个最少时间. (1978 年全国数学竞赛试题)

解 (1) 当只有一个水龙头可用时, 花费总时间为

$$T = t_1 + (t_1 + t_2) + \cdots + (t_1 + \cdots + t_{10}) = 10t_1 + 9t_2 + \cdots + t_{10}$$

由于数组 $10, 9, 8, \cdots, 2, 1$ 是递减排序的, 故由排序不等式, 当 $t_1, t_2, \cdots, t_{10}$ 递增排序时, 总时间 T 取最小值. 这就是说, 以 t_i 从小到大的次序安排, 总的花费时间最少.

(2) 与(1) 类似, 我们留给读者自己完成.

例 2 设 $x_i, y_i (i = 1, 2, \cdots, n)$ 是实数, 且 $x_1 \geqslant x_2 \geqslant \cdots \geqslant x_n, y_1 \geqslant y_2 \geqslant \cdots \geqslant y_n, z_1, z_2, \cdots, z_n$ 是 $y_1, y_2, \cdots, y_n$ 的一个排列. 证明

$$\sum_{i=1}^{n} (x_i - y_i)^2 \leqslant \sum_{i=1}^{n} (x_i - z_i)^2$$

(第 17 届 IMO 试题)

证明 不等式等价于

$$\sum_{i=1}^{n} x_i^2 - 2\sum_{i=1}^{n} x_i y_i + \sum_{i=1}^{n} y_i^2 \leqslant \sum_{i=1}^{n} x_i^2 - 2\sum_{i=1}^{n} x_i z_i + \sum_{i=1}^{n} z_i^2$$

即

$$\sum_{i=1}^{n} y_i^2 - 2\sum_{i=1}^{n} x_i y_i \leqslant \sum_{i=1}^{n} z_i^2 - 2\sum_{i=1}^{n} x_i z_i$$

152

由于 $\sum_{i=1}^{n} y_i^2 = \sum_{i=1}^{n} z_i^2$,故我们只需证明：$\sum_{i=1}^{n} x_i y_i \geqslant \sum_{i=1}^{n} x_i z_i$.

上式左边为顺序和,右边为乱序和,由排列不等式即得证明.

现在我们应用排序原理证明第 6 章的例 3.显然这个问题等价于下面的最小值问题：

例 3 设 $x_1, x_2, \cdots, x_n$ 取不同的自然数值,求 $f = \dfrac{x_1}{1^2} + \dfrac{x_2}{2^2} + \cdots + \dfrac{x_n}{n^2}$ 的最小值.

解 把 $x_1, x_2, \cdots, x_n$ 排成由小到大的次序,设它是 $x_{i_1}, x_{i_2}, \cdots, x_{i_n}$,则由排序不等式

$$f \geqslant \frac{x_{i_1}}{1^2} + \frac{x_{i_2}}{2^2} + \cdots + \frac{x_{i_n}}{n^2} \tag{4}$$

由于 $x_i (i = 1, 2, \cdots, n)$ 是各不相同的,故 $x_{i_1} \geqslant 1, x_{i_2} \geqslant 2, \cdots, x_{i_n} \geqslant n$.从而由式(4)推出

$$f \geqslant \frac{1}{1^2} + \frac{2}{2^2} + \cdots + \frac{n}{n^2} = 1 + \frac{1}{2} + \cdots + \frac{1}{n}$$

又当 $x_1 = 1, x_2 = 2, \cdots, x_n = n$ 时,有

$$f = 1 + \frac{1}{2} + \cdots + \frac{1}{n}$$

所以

$$f_{\min} = 1 + \frac{1}{2} + \cdots + \frac{1}{n}$$

例 4 设 $a_1, a_2, \cdots, a_n$ 是 $1, 2, \cdots, n$ 的一个排列,证明:当且仅当 $a_1 = n$, $a_2 = n - 1, \cdots, a_n = 1$ 时,和 $S = \dfrac{1}{1 \cdot a_1} + \dfrac{1}{2a_2} + \cdots + \dfrac{1}{na_n}$ 达到最小值.

这是一道匈牙利数学奥林匹克试题,读者不难由排序不等式来完成证明.

例 5 用 A, B, C 表示 $\triangle ABC$ 的三内角的弧度数,a, b, c 表示其对边.证明:$\dfrac{aA + bB + cC}{a + b + c} \geqslant \dfrac{\pi}{3}$.

证明 显然,a, b, c 和 A, B, C 有相同的大小次序,故应用排序原理,有

$$aA + bB + cC = aA + bB + cC$$
$$aA + bB + cC \geqslant aB + bC + cA$$
$$aA + bB + cC \geqslant aC + bA + cB$$

将上述三式相加,得 $3(aA + bB + cC) \geqslant (a + b + c)(A + B + C)$,所以

$$\frac{aA + bB + cC}{a + b + c} \geqslant \frac{\pi}{3}$$

由于排序不等式也涉及两个有序实数组，因此，和柯西不等式相似，我们应用排序不等式解题的关键，也在于合理而恰当地构造两个有序数组.

例 6　设 a, b, c 是正数，证明

$$a^3 + b^3 + c^3 \leqslant \frac{b^4 + c^4}{2a} + \frac{c^4 + a^4}{2b} + \frac{a^4 + b^4}{2c} \leqslant \frac{a^5}{bc} + \frac{b^5}{ca} + \frac{c^5}{ab}$$

证明　由于不等式关于 a, b, c 对称，我们不妨设 $0 < a \leqslant b \leqslant c$. 于是，有

$$a^4 \leqslant b^4 \leqslant c^4, \frac{1}{c} \leqslant \frac{1}{b} \leqslant \frac{1}{a}$$

由排序原理

$$a^3 + b^3 + c^3 = \frac{a^4}{a} + \frac{b^4}{b} + \frac{c^4}{c}(逆序和) \leqslant \frac{a^4}{c} + \frac{b^4}{a} + \frac{c^4}{b}(乱序和)$$

$$a^3 + b^3 + c^3 = \frac{a^4}{a} + \frac{b^4}{b} + \frac{c^4}{c}(逆序和) \leqslant \frac{a^4}{b} + \frac{b^4}{c} + \frac{c^4}{a}(乱序和)$$

所以

$$a^3 + b^3 + c^3 \leqslant \frac{b^4 + c^4}{2a} + \frac{c^4 + a^4}{2b} + \frac{a^4 + b^4}{2c}$$

这就证明了第一个不等式，第二个不等式可用类似的方法，我们留给读者做练习.

由例 6 可以看到由于对称的不等式可以增设一个确定字母大小顺序的条件，从而为应用排序不等式提供了极大的方便. 同时也充分显示了排序不等式的独到之处. 下面我们再看一例.

例 7　应用排序不等式证明第 5 章第 1 节例 4.

证明　由对称性不妨设 $a \geqslant b \geqslant c > 0$，则 $\lg a \geqslant \lg b \geqslant \lg c$，从而由排序原理

$$a\lg a + b\lg b + c\lg c \geqslant b\lg a + c\lg b + a\lg c$$
$$a\lg a + b\lg b + c\lg c \geqslant c\lg a + a\lg b + b\lg c$$

又

$$a\lg a + b\lg b + c\lg c = a\lg a + b\lg b + c\lg c$$

将上述三式相加，得

$$3(a\lg a + b\lg b + c\lg c) \geqslant (a + b + c)(\lg a + \lg b + \lg c)$$

即

$$\lg a^a b^b c^c \geqslant \frac{a + b + c}{3}\lg abc$$

154

所以

$$a^a b^b c^c \geqslant (abc)^{\frac{a+b+c}{3}}$$

例8 设 $x_1, x_2, \cdots, x_n$ 与 $a_1, a_2, \cdots, a_n (n \geqslant 2)$ 是满足下述诸条件的两组实数：

① $|x_1| + |x_2| + \cdots + |x_n| = 1$；

② $x_1 + x_2 + \cdots + x_n = 0$；

③ $a_1 \geqslant a_2 \geqslant \cdots \geqslant a_n$.

为了使不等式 $|a_1 x_1 + a_2 x_2 + \cdots + a_n x_n| \leqslant A(a_1 - a_n)$ 成立，试求 A 的最小值.

解 设 $x_1, x_2, \cdots, x_n$ 中大于 0 的数从大到小依次为 $x_{i_1}, x_{i_2}, \cdots, x_{i_t}$. $x_1, x_2, \cdots, x_n$ 中不大于 0 的数从大到小依次为 $x_{i_{t+1}}, x_{i_{t+2}}, \cdots, x_{i_n}$. 这样便有

$$x_{i_1} \geqslant x_{i_2} \geqslant \cdots \geqslant x_{i_t} > 0 \geqslant x_{i_{t+1}} \geqslant \cdots \geqslant x_{i_n}$$

由条件

$$x_{i_1} + x_{i_2} + \cdots + x_{i_t} + x_{i_{t+1}} + \cdots + x_{i_n} = 0$$

$$|x_{i_1}| + |x_{i_2}| + \cdots + |x_{i_t}| + |x_{i_{t+1}}| + \cdots + |x_{i_n}|$$

$$= x_{i_1} + x_{i_2} + \cdots + x_{i_t} - (x_{i_{t+1}} + \cdots + x_{i_n}) = 1$$

得 $x_{i_1} + x_{i_2} + \cdots + x_{i_t} = \dfrac{1}{2}, x_{i_{t+1}} + x_{i_{t+2}} + \cdots + x_{i_n} = -\dfrac{1}{2}$.

注意到

$$|a_1 x_1 + a_2 x_2 + \cdots + a_n x_n| = |a_1(-x_1) + a_2(-x_2) + \cdots + a_n(-x_n)|$$

$$(-x_1) + (-x_2) + \cdots + (-x_n) = -(x_1 + x_2 + x_3 + \cdots + x_n) = 0$$

故我们只需讨论 $a_1 x_1 + a_2 x_2 + \cdots + a_n x_n \geqslant 0$ 时的情形，不然的话，只需令

$$x_1' = -x_1, x_2' = -x_2, \cdots, x_n' = -x_n$$

即可. 由排序不等式

$$a_1 x_1 + a_2 x_2 + \cdots + a_n x_n \leqslant a_1 x_{i_1} + a_2 x_{i_2} + \cdots + a_t x_{i_t} + a_{t+1} x_{i_{t+1}} + \cdots + a_n x_{i_n}$$

$$\leqslant a_1(x_{i_1} + x_{i_2} + \cdots + x_{i_t}) + a_n(x_{i_{t+1}} + \cdots + x_{i_n})$$

$$= \frac{1}{2}(a_1 - a_n)$$

又当 $x_1 = \dfrac{1}{2}, x_2 = x_3 = \cdots = x_{n-1} = 0, x_n = -\dfrac{1}{2}$ 时，$x_1, x_2, \cdots, x_n$ 显然满足条件 ① 和条件 ②. 且

$$|a_1 x_1 + a_2 x_2 + \cdots + a_n x_n| = \frac{1}{2}(a_1 - a_n)$$

因此使不等式 $|a_1 x_1 + a_2 x_2 + \cdots + a_n x_n| \leqslant A(a_1 - a_n)$ 成立的 A 之最小

值 $A_{\min} = \dfrac{1}{2}$.

在例 8 中令 $a_i = \dfrac{1}{i}(i = 1, 2, \cdots, n)$ 我们便可得到：

例9 设 $x_i \in \mathbf{R}(i = 1, 2, \cdots, n; n \geqslant 2)$，且满足 $\displaystyle\sum_{i=1}^{n} |x_i| = 1, \sum_{i=1}^{n} x_i = 0.$ 证明

$$\left| \sum_{i=1}^{n} \frac{x_i}{i} \right| \leqslant \frac{1}{2} - \frac{1}{2n}$$

这就是 1989 年的全国高中数学联赛试题.

应用排序不等式，还可以导出许多著名的不等式.

例10 应用排序原理证明定理 2.

证明 令 $b_1 = \dfrac{a_1}{G_n}, b_2 = \dfrac{a_2}{G_n}, \cdots, b_n = \dfrac{a_n}{G_n}$，于是

$$b_1 b_2 \cdots b_n = 1 \tag{5}$$

现取 $c_1, c_2, \cdots, c_n$ 使 $b_1 = \dfrac{c_1}{c_2}, b_2 = \dfrac{c_2}{c_3}, \cdots, b_{n-1} = \dfrac{c_{n-1}}{c_n}$，则由式（5）知，$b_n = \dfrac{c_n}{c_1}$. 由排序不等式

$$b_1 + b_2 + \cdots + b_n = \frac{c_1}{c_2} + \frac{c_2}{c_3} + \cdots + \frac{c_n}{c_1}（乱序和）$$

$$\geqslant c_1 \cdot \frac{1}{c_1} + c_2 \cdot \frac{1}{c_2} + \cdots + c_n \cdot \frac{1}{c_n} = n（逆序和）$$

所以

$$\frac{a_1}{G_n} + \frac{a_2}{G_n} + \cdots + \frac{a_n}{G_n} \geqslant n$$

即

$$\frac{a_1 + a_2 + \cdots + a_n}{n} \geqslant \sqrt[n]{a_1 a_2 \cdots a_n}$$

下面我们来证明另外一个著名的不等式 —— 切比雪夫不等式.

例11 切比雪夫不等式：设 $a_1 \leqslant a_2 \leqslant \cdots \leqslant a_n, b_1 \leqslant b_2 \leqslant \cdots \leqslant b_n$，试证明

$$\frac{a_1 b_n + a_2 b_{n-1} + \cdots + a_n b_1}{n} \leqslant \frac{a_1 + a_2 + \cdots + a_n}{n} \cdot \frac{b_1 + b_2 + \cdots + b_n}{n}$$

$$\leqslant \frac{a_1 b_1 + a_2 b_2 + \cdots + a_n b_n}{n}$$

证明　为了方便,我们记

$$A = a_1 + a_2 + \cdots + a_n$$
$$B = b_1 + b_2 + \cdots + b_n$$
$$C = a_1 b_n + a_2 b_{n-1} + \cdots + a_n b_1$$
$$D = a_1 b_1 + a_2 b_2 + \cdots + a_n b_n$$

由排序不等式

$$C \leqslant a_1 b_1 + a_2 b_2 + \cdots + a_n b_n = D$$
$$C \leqslant a_1 b_2 + a_2 b_3 + \cdots + a_n b_1 \leqslant D$$
$$\vdots$$
$$C \leqslant a_1 b_n + a_2 b_1 + \cdots + a_n b_{n-1} \leqslant D$$

将上述诸不等式相加,得

$$nC \leqslant a_1 B + a_2 B + \cdots + a_n B \leqslant nD$$

即 $nC \leqslant AB \leqslant nD$,所以

$$\frac{C}{n} \leqslant \frac{A}{n} \cdot \frac{B}{n} \leqslant \frac{D}{n}$$

这样我们便得到了切比雪夫不等式.

切比雪夫不等式也是一个很有用的不等式.

例 12　设 $x_1, x_2, \cdots, x_n$ 都是正数,$n \geqslant 2$ 且 $x_1 + x_2 + \cdots + x_n = 1$. 求 $F = \frac{x_1}{1-x_1} + \frac{x_2}{1-x_2} + \cdots + \frac{x_n}{1-x_n}$ 的最小值.

解　由对称性不妨设 $x_1 \leqslant x_2 \leqslant \cdots \leqslant x_n$,则 $1 - x_1 \geqslant 1 - x_2 \geqslant \cdots \geqslant 1 - x_n$,$\frac{x_1}{1-x_1} \leqslant \frac{x_2}{1-x_2} \leqslant \cdots \leqslant \frac{x_n}{1-x_n}$. 由切比雪夫不等式

$$\frac{1}{n} = \frac{x_1 + x_2 + \cdots + x_n}{n}$$
$$= \frac{1}{n} \left[\frac{x_1}{1-x_1}(1-x_1) + \frac{x_2}{1-x_2}(1-x_2) + \cdots + \frac{x_n}{1-x_n}(1-x_n) \right]$$
$$\leqslant \frac{\frac{x_1}{1-x_1} + \frac{x_2}{1-x_2} + \cdots + \frac{x_n}{1-x_n}}{n} \cdot \frac{1-x_1 + 1-x_2 + \cdots + 1-x_n}{n}$$
$$= \frac{F}{n} \cdot \frac{n-1}{n}$$

所以 $F \geqslant \frac{n}{n-1}$.

又当 $x_k = \frac{1}{n}(k = 1, 2, \cdots, n)$ 时,$F = \frac{n}{n-1}$,所以 $F_{\min} = \frac{n}{n-1}$.

例 13 设 $a_i(i=1,2,\cdots,n)$ 为正数，$r=\alpha+\beta$，且 $\alpha\beta\neq0$，试证：

(1) 若 α,β 同号，则 $\dfrac{1}{n}\sum\limits_{i=1}^{n}a_i^r\geqslant\left(\dfrac{1}{n}\sum\limits_{i=1}^{n}a_i^\alpha\right)\left(\dfrac{1}{n}\sum\limits_{i=1}^{n}a_i^\beta\right)$；

(2) 若 α,β 异号，则 $\dfrac{1}{n}\sum\limits_{i=1}^{n}a_i^r\leqslant\left(\dfrac{1}{n}\sum\limits_{i=1}^{n}a_i^\alpha\right)\left(\dfrac{1}{n}\sum\limits_{i=1}^{n}a_i^\beta\right)$.

证明 (1) 由对称性，我们不妨设 $a_1\geqslant a_2\geqslant\cdots\geqslant a_n>0$. 若 $\alpha>0,\beta>0$，则 $a_1^\alpha\geqslant a_2^\alpha\geqslant\cdots\geqslant a_n^\alpha,a_1^\beta\geqslant a_2^\beta\geqslant\cdots\geqslant a_n^\beta$.

由切比雪夫不等式，有

$$\frac{1}{n}(a_1^\alpha a_1^\beta+a_2^\alpha a_2^\beta+\cdots+a_n^\alpha a_n^\beta)$$

$$\geqslant\frac{1}{n}(a_1^\alpha+a_2^\alpha+\cdots+a_n^\alpha)\cdot\frac{1}{n}(a_1^\beta+a_2^\beta+\cdots+a_n^\beta)$$

即

$$\frac{1}{n}\sum_{i=1}^{n}a_i^r\geqslant\left(\frac{1}{n}\sum_{i=1}^{n}a_i^\alpha\right)\left(\frac{1}{n}\sum_{i=1}^{n}a_i^\beta\right)$$

若 $\alpha<0,\beta<0$，则 $a_1^\alpha\leqslant a_2^\alpha\leqslant\cdots\leqslant a_n^\alpha,a_1^\beta\leqslant a_2^\beta\leqslant\cdots\leqslant a_n^\beta$.

由切比雪夫不等式，有

$$\frac{1}{n}\sum_{i=1}^{n}a_i^r=\frac{1}{n}\sum_{i=1}^{n}a_i^\alpha a_i^\beta\geqslant\left(\frac{1}{n}\sum_{i=1}^{n}a_i^\alpha\right)\left(\frac{1}{n}\sum_{i=1}^{n}a_i^\beta\right)$$

(2) 同理可证，请读者自行完成.

例 14 设 a,b,c 是三角形的三边，且满足 $a+b+c=2p$(定值). 试求 $F=\dfrac{a^n}{b+c}+\dfrac{b^n}{a+c}+\dfrac{c^n}{a+b}(n\in\mathbf{N})$ 的最小值.

猜想 很有可能当 $a=b=c=\dfrac{2}{3}p$ 时，F 取得最小值 $\left(\dfrac{2}{3}\right)^{n-2}p^{n-1}$，故我们猜测有不等式

$$F\geqslant\left(\frac{2}{3}\right)^{n-2}p^{n-1}\tag{6}$$

解 首先证明不等式(6).

我们用数学归纳法. 先考虑 $n=1$，由对称性不妨设 $a\geqslant b\geqslant c$，则 $a+b\geqslant a+c\geqslant b+c$. 因此 $\dfrac{1}{b+c}\geqslant\dfrac{1}{a+c}\geqslant\dfrac{1}{a+b}$.

由切比雪夫不等式

$$a+b+c=\frac{a}{b+c}(b+c)+\frac{b}{a+c}(a+c)+\frac{c}{a+b}(a+b)$$

$$\leqslant\frac{1}{3}\left(\frac{a}{b+c}+\frac{b}{a+c}+\frac{c}{a+b}\right)(b+c+a+c+a+b)$$

158

可导出 $\dfrac{a}{b+c}+\dfrac{b}{a+c}+\dfrac{c}{b+a}\geqslant\left(\dfrac{2}{3}\right)^{-1}$.

假设对于 $n=k$ 有式(6)成立,即

$$\frac{a^k}{b+c}+\frac{b^k}{a+c}+\frac{c^k}{b+a}\geqslant\left(\frac{2}{3}\right)^{k-2}p^{k-1}$$

现在令 $n=k+1$,假设 $a\geqslant b\geqslant c$,那么 $\dfrac{a^k}{b+c}\geqslant\dfrac{b^k}{c+a}\geqslant\dfrac{c^k}{a+b}$.

由切比雪夫不等式以及归纳假设,有

$$\frac{a^{k+1}}{b+c}+\frac{b^{k+1}}{a+c}+\frac{c^{k+1}}{a+b}\geqslant\frac{1}{3}\left(\frac{a^k}{b+c}+\frac{b^k}{a+c}+\frac{c^k}{a+b}\right)(a+b+c)$$

$$\geqslant\frac{1}{3}\left(\frac{2}{3}\right)^{k-2}p^{k-1}\cdot 2p=\left(\frac{2}{3}\right)^{k-1}p^k$$

因此,当 $n=k+1$ 时式(6)亦真,从而对一切自然数 n,不等式(6)成立.

另一方面,取 $a=b=c=\dfrac{2}{3}p$ 时,则式(6)中等号成立.所以,F 的最小值为

$$F_{\min}=\left(\frac{2}{3}\right)^{n-2}p^{n-1}$$

我们可把例14强化为 $n\geqslant 1$,这就是第28届IMO的一个预选题,下面我们给出在 $n\geqslant 1$ 假设下的证明:

设 $a\geqslant b\geqslant c$,则 $a+b\geqslant a+c\geqslant b+c$.

因此 $\dfrac{1}{b+c}\geqslant\dfrac{1}{a+c}\geqslant\dfrac{1}{a+b}$.

由切比雪夫不等式,有

$$\frac{a^n}{b+c}+\frac{b^n}{a+c}+\frac{c^n}{a+b}\geqslant\frac{a^n+b^n+c^n}{3}\left(\frac{1}{a+b}+\frac{1}{b+c}+\frac{1}{c+a}\right) \tag{7}$$

又由几何与算术平均不等式,有

$$2(a+b+c)\left(\frac{1}{a+b}+\frac{1}{b+c}+\frac{1}{c+a}\right)\geqslant 9$$

再由凸函数的琴生不等式,有

$$\frac{a^n+b^n+c^n}{3}\geqslant\left[\frac{1}{3}(a+b+c)\right]^n$$

故

$$\frac{a^n}{b+c}+\frac{b^n}{a+c}+\frac{c^n}{a+b}\geqslant\left[\frac{1}{3}(a+b+c)\right]^n\cdot\frac{9}{2(a+b+c)}=\left(\frac{2}{3}\right)^{n-2}p^{n-1}$$

附注　关于凸函数的琴生不等式,我们将在下面的第9章进行讨论.

琴生不等式

琴生(Jensen)不等式是凸函数的基本不等式. 它不仅概括了许多著名的不等式(如我们已在前面讨论的平均不等式、柯西不等式等等),同时还可以导出许多新的不等式. 本章以数学竞赛为背景,研究和讨论琴生不等式在数学竞赛中的应用.

9.1　凸函数和琴生不等式

我们首先引入凸函数的概念.

设 $f(x)$ 是定义在 (a,b) 内的实值函数,如果对于 (a,b) 内的任意两点 x_1 和 x_2,都有

$$f\left(\frac{x_1 + x_2}{2}\right) \leqslant \frac{1}{2}\left[f(x_1) + f(x_2)\right] \tag{1}$$

那么称 $f(x)$ 在 (a,b) 内是凸函数(简称 $f(x)$ 为凸的). 如果 $x_1 \neq x_2$ 时式(1)中不等号成立,那么称 $f(x)$ 在 (a,b) 内是严格凸函数(简称 $f(x)$ 为严格凸的).

如果函数 $-f(x)$ 是凸的(或严格凸的),则称 $f(x)$ 是凹的(或严格凹的).

显然,凹函数的概念也可以通过将不等式(1)反向的方式来定义,这两种定义的方式完全等价.

由凸函数的定义,我们立即可以得到下面的性质:

$1°$ 若函数 $f(x)$ 是 (a,b) 上的凸函数,则函数 $-f(x)$ 是 (a,b) 上的凹函数,若 $f(x)$ 是 (a,b) 上的凹函数,则 $-f(x)$ 是 (a,b) 上的凸函数.

160

$2°$ 若 $k > 0$,$f(x)$ 是 (a,b) 上的凸函数,则函数 $kf(x)$ 也是 (a,b) 上的凸函数.

如果 $f(x)$ 是定义在 (a,b) 上的一个函数,设 x_0 是 (a,b) 内任意一点,若 x 趋向于 x_0 时,必有 $f(x)$ 趋向于 $f(x_0)$,那么,我们就称 $f(x)$ 在 (a,b) 内是连续函数.

关于连续函数,其几何意义是十分直观的.我们在中学数学中讨论的函数,大部分都是连续函数.例如,线性函数 $f(x)=kx+m$ 是 $(-\infty,+\infty)$ 上的一个连续函数,二次函数 $y=2x^2+5$ 是全实轴上的连续函数,三角函数 $g(x)=\tan x$ 在 $\left(0,\frac{\pi}{2}\right)$ 内是连续函数,等等.

特别地,线性函数 $f(x)=kx+m$ 处处满足平均值公式

$$f\left(\frac{x_1+x_2}{2}\right)=\frac{1}{2}\left[f(x_1)+f(x_2)\right] \tag{2}$$

因此,它当然满足不等式(1),从而 $f(x)$ 是凸的.但另一反面,$-f(x)$ 也满足(2),故它是凹的.这表明线性函数是即凸又凹的连续函数.那么,即凸又凹的函数是否只有线性函数呢? 我们说回答是否定的.事实上,20 世纪初哈米尔(Hamel)已构造出在全实轴上处处满足平均值公式(2)的非线性不连续函数.不过,非连续函数对于不等式理论作用不大,因此,我们仅限于考察连续函数.倘若加上连续的条件,那么满足式(2)的函数便只有线性函数了.这也就是说,即凸又凹的连续函数仅为线性函数.

例 1 $f(x)=-\sin x$ 在 $(0,\pi)$ 内为严格凸函数.

证明 设 $x_1,x_2 \in (0,\pi)$,则

$$\frac{1}{2}(\sin x_1 + \sin x_2) = \sin \frac{1}{2}(x_1+x_2) \cdot \cos \frac{1}{2}(x_1-x_2)$$

$$\leqslant \sin \frac{1}{2}(x_1+x_2)$$

因而

$$-\frac{1}{2}(\sin x_1 + \sin x_2) \geqslant -\sin \frac{1}{2}(x_1+x_2)$$

即

$$f\left(\frac{x_1+x_2}{2}\right) \leqslant \frac{1}{2}\left[f(x_1)+f(x_2)\right]$$

显然,等号当且仅当 $x_1=x_2$ 时成立.因此,$f(x)$ 在 $(0,\pi)$ 内是严格凸的.

例 2 $f(x)=-\ln x$ 在 $(0,+\infty)$ 内为严格凸函数.

证明 令 $x_1, x_2 \in (0, +\infty)$，则 $\dfrac{x_1 + x_2}{2} \geqslant \sqrt{x_1 x_2}$.

两边取对数，并且两端同乘以 -1，有

$$-\ln \frac{x_1 + x_2}{2} \leqslant -\frac{1}{2}(\ln x_1 + \ln x_2)$$

显然，当且仅当 $x_1 = x_2$ 时等号成立. 故 $f(x)$ 在 $(0, +\infty)$ 内是严格凸的.

例 3 $f(x) = x^k (k > 1)$ 在 $(0, +\infty)$ 内是严格凸函数.

证明 令 $x_1, x_2 \in (0, +\infty)$，则我们只需证明

$$\left(\frac{x_1 + x_2}{2}\right)^k \leqslant \frac{1}{2}(x_1^k + x_2^k) \tag{3}$$

其中等号仅当 $x_1 = x_2$ 时成立.

若 $x_1 = x_2$，显然上式等号成立.

现设 $x_1 \neq x_2$，且 $x_1 < x_2$，记 $x_3 = \dfrac{1}{2}(x_1 + x_2)$，则有 $x_1 < x_3 < x_2$，于是

我们只需证明

$$x_2^k - x_3^k > x_3^k - x_1^k \tag{4}$$

由 $f(x) = x^k$，得 $f'(x) = kx^{k-1}$.

我们在 $[x_1, x_3]$ 及 $[x_3, x_2]$ 上分别对 $f(x)$ 应用微分中值定理，有

$$f(x_3) - f(x_1) = f'(\rho)(x_3 - x_1), \quad f(x_2) - f(x_3) = f'(\eta)(x_2 - x_3)$$

即

$$x_3^k - x_1^k = \frac{1}{2}k\rho^{k-1}(x_2 - x_1), \quad x_2^k - x_3^k = \frac{1}{2}k\eta^{k-1}(x_2 - x_1)$$

其中 $0 < x_1 < \rho < x_3 < \eta < x_2$.

因为 $k > 1, k - 1 > 0$，故 $\eta^{k-1} > \rho^{k-1}$，从而我们有 $x_2^k - x_3^k > x_3^k - x_1^k$，上述便是不等式 (4).

因此，$f(x) = x^k (k > 1)$ 在 $(0, +\infty)$ 内是严格凸函数.

这里顺便指出，本章我们要用到一些微积分的初步知识，对于不熟悉微积分的读者，可以将有关内容跳过（或只将结论了解），并不影响阅读本章的绝大部分内容.

现在，我们来看一看函数凸性的几何意义.

假若函数 $f(x)$ 在 $[a, b]$ 上是凸函数，那么由不等式 (1) 表明，曲线 $y = f(x)$ 的每条弦的中点都不位于曲线下方. 若 $f(x)$ 是严格凸的，则曲线 $y = f(x)$ 的每条弦的中点都位于曲线上方，除非弦退化为一点（参见图 9.1）.

对于凹函数，同样有类似的几何意义.

162

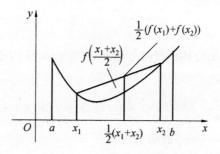

图 9.1

从几何图形中我们不难看到,对于连续函数来说,为了得到凸性并不一定要求在弦的中点满足式(1),只要在弦的内部有一点不位于曲线下方,那么该曲线也必定往下凸了.

由此我们得到:

定理 6   设 $f(x)$ 是 $[a,b]$ 上的连续函数,如果在曲线 $y=f(x)$ 的每条弦上除端点外至少有一点不在曲线下方,那么函数 $f(x)$ 在 $[a,b]$ 上是凸的,并且每条弦上所有的点都不在曲线下方.

证明   以 l 表示曲线 $y=f(x)$,设 $x_1,x_2 \in [a,b]$,且 $x_1 < x_2$,令 $P_1=(x_1, f(x_1))$,$P_2=(x_2,f(x_2))$.由凸函数的定义,我们只需证明弦 P_1P_2 的中点不在 l 的下方.

假若弦 P_1P_2 上有一点 Q 位于曲线 l 的下方,以 R 表示 P_1Q 与 l 的诸交点中最接近于 Q 的,以 S 表示 QP_2 与 l 的交点中最接近于 Q 的.这样,在弦 RS 上除 R 和 S 两点外便不再有与 l 相交的点(如图 9.2).

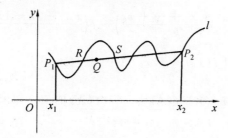

图 9.2

现在,Q 在 l 的下方,从而弦 RS 除端点外都在 l 的下方,这是不可能的,因为已假设每条弦上除端点外至少有一点不在曲线 l 的下方,从而其中点也不在 l 的下方.

有了上面这些关于凸函数的基本知识,现在我们来证明下述的琴生

（Jensen）不等式.

定理 7 Jensen 不等式：

设 $y=f(x)$ 是 (a,b) 内的严格凸函数,则对于 (a,b) 内任意 n 个点 $x_1,x_2,\cdots,$ x_n,有如下不等式成立

$$f\left(\frac{x_1+x_2+\cdots+x_n}{n}\right)\leqslant\frac{1}{n}[f(x_1)+f(x_2)+\cdots+f(x_n)]$$

当且仅当 $x_1=x_2=\cdots=x_n$ 时等号成立.

证明 我们用数学归纳法.

① 当 $n=1,2$ 时,显然结论成立.

② 若 $n=k$ 时结论成立,即

$$f\left(\frac{x_1+x_2+\cdots+x_k}{k}\right)\leqslant\frac{1}{k}[f(x_1)+f(x_2)+\cdots+f(x_k)]$$

当 $n=k+1$ 时,令 $A=\frac{1}{k+1}(x_1+x_2+\cdots+x_{k+1})$,则

$$A=\frac{2kA}{2k}=\frac{(k+1)A+(k-1)A}{2k}=\frac{x_1+x_2+\cdots+x_k+x_{k+1}+(k-1)A}{2k}$$

又令

$$B=\frac{x_1+x_2+\cdots+x_k}{k},C=\frac{x_{k+1}+(k-1)A}{k}$$

不难验证,A,B,C 都在 (a,b) 内.

于是

$$f(A)=f\left(\frac{1}{2}(B+C)\right)\leqslant\frac{1}{2}[f(B)+f(C)]$$

$$=\frac{1}{2}\left[f\left(\frac{x_1+x_2+\cdots+x_k}{k}\right)+f\left(\frac{x_{k+1}+(k-1)A}{k}\right)\right]$$

$$\leqslant\frac{1}{2}\left\{\frac{1}{k}[f(x_1)+f(x_2)+\cdots+f(x_k)]+\right.$$

$$\left.\frac{1}{k}[f(x_{k+1})+\underbrace{f(A)+\cdots+f(A)}_{(k-1)\text{个}}]\right\}$$

$$=\frac{1}{2k}[f(x_1)+f(x_2)+\cdots+f(x_k)+f(x_{k+1})+(k-1)f(A)]$$

所以

$$f(A)\leqslant\frac{1}{k+1}[f(x_1)+f(x_2)+\cdots+f(x_{k+1})]$$

不难验证,当且仅当 $x_1=x_2=\cdots=x_{k+1}$ 时等号成立.

于是,Jensen 不等式对一切自然数 n 成立.

164

定理 7 是由丹麦数学家琴生（Jensen，1859—1925）在 1905 年至 1906 年间建立起来的，故此称为 Jensen 不等式.

为了便于应用，我们把 Jensen 不等式加以推广.

定理 8 加权的 Jensen 不等式：

设 $f(x)$ 是 (a,b) 内的连续凸函数，则对于 (a,b) 内任意 n 个点 $x_1,x_2,\cdots,x_n$ 和正数 $\alpha_1,\alpha_2,\cdots,\alpha_n$，其中 $\alpha_1+\alpha_2+\cdots+\alpha_n=1$，都有

$$f(\sum_{k=1}^{n}\alpha_k x_k)\leqslant\sum_{k=1}^{n}\alpha_k f(x_k) \tag{5}$$

其中当且仅当 $f(x)$ 在包含所有 x_k 的某区间上为线性时等号成立.

特别地，若 $f(x)$ 是 (a,b) 内严格凸的，则当且仅当 $x_1=x_2=\cdots=x_n$ 时等号成立.

证明 以 l 表示曲线 $y=f(x)$，记 $P_k=(x_k,f(x_k))$，$k=1,2,\cdots,n$.

下面我们用归纳法证明.

设 $n=2$，$\alpha_1,\alpha_2>0$，$\alpha_1+\alpha_2=1$. 不妨设 $x_1<x_2$，那么点 $\bar{x}=\alpha_1 x_1+\alpha_2 x_2$ 位于 (x_1,x_2) 内部. 在弦 P_1P_2 上对应于横坐标为 $\bar{x}$ 的点的纵坐标为 $\bar{y}=\alpha_1 f(x_1)+\alpha_2 f(x_2)$. 由定理 6，点 $(\bar{x},\bar{y})$ 不在曲线 l 的下方，即

$$f(\bar{x})\leqslant\bar{y} \tag{6}$$

这就是 $n=2$ 时的不等式(5).

当式(6)等号成立时，我们来证明 $f(x)$ 在 $[x_1,x_2]$ 上是线性的. 倘若不然，那么在 $[x_1,x_2]$ 内存在一点 x_0 使它所对应的点 $Q=(x_0,f(x_0))$ 在弦 P_1P_2 的下方. 不妨设 x_0 位于区间 $(x_1,\bar{x})$ 的内部，于是 $\bar{x}\in(x_0,x_2)$，点 $\bar{P}=(\bar{x},f(\bar{x}))$ 便不在弦 QP_2 的上方（如图 9.3）. 这样，式(5)中等号便不成立，与假设相矛盾.

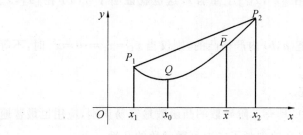

图 9.3

现在假定定理对于 $n=2,3,\cdots,m$ 成立，我们来证明它对于 $n=m+1$ 亦成立.

不妨设 $x_1<x_2<\cdots<x_m<x_{m+1}$，记

$$\beta = \sum_{k=1}^{m} \alpha_k, \beta_k = \frac{\alpha_k}{\beta} \quad (k=1,2,\cdots,m)$$

那么 $\beta + \alpha_{m+1} = 1, \sum_{k=1}^{m} \beta_k = 1$.

令 $x' = \sum_{k=1}^{m} \beta_k x_k$，由归纳假设，有

$$f(\sum_{k=1}^{m+1} \alpha_k x_k) = f(\beta x' + \alpha_{m+1} x_{m+1}) \leqslant \beta f(x') + \alpha_{m+1} f(x_{m+1})$$

$$= \beta f(\sum_{k=1}^{m} \beta_k x_k) + \alpha_{m+1} f(x_{m+1})$$

$$\leqslant \beta \sum_{k=1}^{m} \beta_k f(x_k) + \alpha_{m+1} f(x_{m+1})$$

$$= \sum_{k=1}^{m} \alpha_k f(x_k) + \alpha_{m+1} f(x_{m+1})$$

$$= \sum_{k=1}^{m+1} \alpha_k f(x_k) \tag{7}$$

这就是 $n = m+1$ 时的不等式(5). 因此，对任意自然数 n，不等式(5)成立.

现在考虑等号成立的条件.

若式(7)等号成立，根据归纳假定，由

$$f(\beta(\sum_{k=1}^{m} \beta_k x_k) + \alpha_{m+1} \cdot x_{m+1}) \leqslant \beta f(\sum_{k=1}^{m} \beta_k x_k) + \alpha_{m+1} f(x_{m+1})$$

可知，在 $x' = \sum_{k=1}^{m} \beta_k x_k$ 和 x_{m+1} 之间 $f(x)$ 是线性的，再由式(7)中第二个等号推知在 $[x_1, x_m]$ 上 $f(x)$ 是线性的，但 x' 在 (x_1, x_m) 内部，所以上述两线性函数是相同的(因为它们在 $[x', x_m]$ 上重合)，这也就证明了 $f(x)$ 在 $[x_1, x_{m+1}]$ 上是线性的.

显然，若 $f(x)$ 是 (a,b) 内严格凸的，则仅当 $x_1 = x_2 = \cdots = x_n$ 时，不等式(5)等号成立.

定理 8 到此证完.

在各种凸函数中，具有二阶导数的凸函数最容易识别，应用也最普遍.

下述的定理 9 完全地刻画了二次可微函数的凸性.

定理 9　设函数 $f(x)$ 在 (a,b) 内具有二阶导数 $f''(x)$，那么 $f(x)$ 在 (a,b) 内是凸的，当且仅当

$$f''(x) \geqslant 0 \tag{8}$$

又若式(8)中不等号成立，则 $f(x)$ 是严格凸的.

证明 先证前半部分.

设 $f(x)$ 是凸的,那么当 $x \in (a,b)$ 且 $t > 0$ 充分小时,$x \pm t$ 在 (a,b) 内,从而 $f\left(\dfrac{x+t+x-t}{2}\right) \leqslant \dfrac{1}{2}[f(x+t)+f(x-t)]$,即

$$f(x+t) + f(x-t) - 2f(x) \geqslant 0$$

记上式左边为 $\Delta_t^2 f(x)$,由微分中值定理,存在着点 ρ 和 η,使 $x-t < \rho < x < \eta < x+t$,并且

$$\Delta_t^2 f(x) = t\left[\frac{f(x+t)-f(x)}{t} - \frac{f(x)-f(x-t)}{t}\right] = t[f'(\eta) - f'(\rho)]$$

当 $t \to 0$ 时,$\eta \to x+0$,$\rho \to x-0$.

假若 $f''(x) < 0$,则在 x 的近旁 $f'(x)$ 是严格递减的.因此,当 t 充分小时,有 $f'(\eta) - f'(\rho) < 0$.这与 $\Delta_t^2 f(x) \geqslant 0$ 矛盾.因此 $f''(x) \geqslant 0$.

反之,若 $f''(x) \geqslant 0$,设 $x_1, x_2 \in (a,b)$,记 $\bar{x} = \dfrac{x_1+x_2}{2}$,由泰勒公式有

$$f(x_k) = f(\bar{x}) + (x_k - \bar{x})f'(x) + \frac{1}{2}(x_k - \bar{x})^2 f''(\rho_k)$$

其中 $k = 1, 2$,ρ_k 在 $\bar{x}$ 和 x_k 之间.因此

$$\frac{f(x_1)+f(x_2)}{2} = f(\bar{x}) + \frac{f'(\bar{x})}{2} \cdot (x_1+x_2-2\bar{x}) + \frac{1}{4}\sum_{k=1}^{2}(x_k-\bar{x})^2 f''(\rho_k)$$

$$= f(\bar{x}) + \frac{1}{4}\sum_{k=1}^{2}(x_k-\bar{x})^2 f''(\rho_k) \geqslant f(\bar{x}) = f\left(\frac{x_1+x_2}{2}\right) \quad (9)$$

这表明 $f(x)$ 是凸的.

假若 $f''(x) > 0$,那么式(9)中等号不成立,从而 $f(x)$ 是严格凸的.

定理证毕.

有了上面的定理,对于二次可微函数来说,其凸性的判别就十分简单了.如例 3 中 $f(x)$ 的凸性识别,由于 $f''(x) = k(k-1)x^{k-2} > 0$,故由定理 9 立即可以判断 $f(x)$ 在 $(0, +\infty)$ 上是严格凸的.

下面我们再给出几个凸函数的例子.

例 4 $f(x) = \ln(1+e^x)$ 是 $(-\infty, +\infty)$ 上的严格凸函数.

证明 事实上,由于

$$f'(x) = \frac{e^x}{1+e^x}$$

$$f''(x) = \frac{e^x(1+e^x) - e^x e^x}{(1+e^x)^2} = \frac{e^x}{(1+e^x)^2} > 0$$

故由定理 9 可知,$f(x)$ 在 $(-\infty, +\infty)$ 上是严格凸的.

例 5 $g(x) = -\ln \dfrac{\sin x}{x}$ 是 $(0, \pi)$ 内的严格凸函数.

证明   因为

$$g'(x) = -\frac{x}{\sin x}\left(\frac{x \cos x - \sin x}{x^2}\right) = \frac{1}{x} - \cot x$$

$$g''(x) = -\frac{1}{x^2} + \csc^2 x = \frac{x^2 - \sin^2 x}{x^2 \sin^2 x}$$

若 $x \in \left[\dfrac{\pi}{2}, \pi\right)$，则 $x^2 > \sin^2 x$，从而 $g''(x) > 0$.

若 $x \in \left(0, \dfrac{\pi}{2}\right)$，则 $x > \sin x > 0$，从而又有 $g''(x) > 0$.

因此，$f(x)$ 在 $(0, \pi)$ 上是严格凸函数.

例 6 $y = -\sqrt{x \sin x}$ 是 $(0, \pi)$ 内的严格凸函数.

请熟悉微积分的读者自己验证.

在数学知识的汪洋大海中，凸函数宛如一条清清的小溪流，相信读者一定会喜欢它. 关于它的一般理论，有兴趣的读者可进一步参考这方面的专门论著，如史树中教授的《凸性》(湖南教育出版社出版)一书.

9.2   琴生不等式在代数中的应用

首先，利用 Jensen 不等式，我们可以得到许多重要的不等式.

例 1   平均不等式：

对于任意的 $x_i > 0 (i = 1, 2, \cdots, n)$，有

$$\frac{n}{\displaystyle\sum_{i=1}^{n} \frac{1}{x_i}} \leqslant \sqrt[n]{\prod_{i=1}^{n} x_i} \leqslant \frac{1}{n} \sum_{i=1}^{n} x_i \leqslant \sqrt{\frac{1}{n} \sum_{i=1}^{n} x_i^2}$$

成立，当且仅当 $x_1 = x_2 = \cdots = x_n$ 时等号成立.

证明   由上一节例 2 知，$f(x) = -\ln x$ 在 $(0, +\infty)$ 是严格凸函数，于是 Jensen 不等式

$$-\ln\left(\frac{1}{n} \sum_{i=1}^{n} x_i\right) \leqslant -\frac{1}{n} \sum_{i=1}^{n} \ln x_i$$

从而

$$\ln\left(\frac{1}{n} \sum_{i=1}^{n} x_i\right) \geqslant \frac{1}{n} \sum_{i=1}^{n} \ln x_i$$

所以

$$\frac{1}{n}\sum_{i=1}^{n}x_i \geqslant \sqrt[n]{\prod_{i=1}^{n}x_i} \tag{1}$$

同样,我们还可以得到

$$\frac{1}{n}\sum_{i=1}^{n}\frac{1}{x_i} \geqslant \sqrt[n]{\prod_{i=1}^{n}\frac{1}{x_i}}$$

即

$$\frac{n}{\sum_{i=1}^{n}\frac{1}{x_i}} \leqslant \sqrt[n]{\prod_{i=1}^{n}x_i} \tag{2}$$

另一方面,由于 $f(x)=x^2$ 是 $(0,+\infty)$ 内的严格凸函数,故又有

$$\left(\frac{1}{n}\sum_{i=1}^{n}x_i\right)^2 \leqslant \frac{1}{n}\sum_{i=1}^{n}x_i^2$$

所以

$$\frac{1}{n}\sum_{i=1}^{n}x_i \leqslant \sqrt{\frac{1}{n}\sum_{i=1}^{n}x_i^2} \tag{3}$$

由 Jensen 不等式等号成立的条件知,不等式(1),(2),(3)当且仅当 $x_1 = x_2 = \cdots = x_n$ 时等号成立. 从而由式(1)(2)(3)即得欲证结论.

例 2 赫尔德(Holder)不等式:

设 $a_i, b_i (i=1,2,\cdots,n)$ 是正实数,$\alpha,\beta > 0$ 且 $\alpha+\beta=1$,则

$$\sum_{i=1}^{n}a_i^{\alpha}b_i^{\beta} \leqslant \left(\sum_{i=1}^{n}a_i\right)^{\alpha}\left(\sum_{i=1}^{n}b_i\right)^{\beta}$$

当且仅当 a_i 和 b_i 成正比例时,等号成立.

证明 令 $A=\sum_{i=1}^{n}a_i, B=\sum_{i=1}^{n}b_i$,则

$$A^{-\alpha}B^{-\beta}\sum_{i=1}^{n}a_i^{\alpha}b_i^{\beta} = \sum_{i=1}^{n}\left(\frac{a_i}{A}\right)^{\alpha} \cdot \left(\frac{b_i}{B}\right)^{\beta}$$

由于 $f(x)=-\ln x$ 在 $(0,+\infty)$ 是严格凸函数,故由加权 Jensen 不等式,有

$$\alpha\ln\frac{a_i}{A}+\beta\ln\frac{b_i}{B} \leqslant \ln\left(\alpha \cdot \frac{a_i}{A}+\beta \cdot \frac{b_i}{B}\right)$$

于是

$$\left(\frac{a_i}{A}\right)^{\alpha} \cdot \left(\frac{b_i}{B}\right)^{\beta} \leqslant \alpha \cdot \frac{a_i}{A}+\beta \cdot \frac{b_i}{B}$$

其中 $i=1,2,\cdots,n$.

故

$$\sum_{i=1}^{n}\left(\frac{a_i}{A}\right)^{\alpha}\cdot\left(\frac{b_i}{B}\right)^{\beta}\leqslant\sum_{i=1}^{n}\left(\alpha\cdot\frac{a_i}{A}+\beta\cdot\frac{b_i}{B}\right)=1$$

即

$$\sum_{i=1}^{n}a_i^{\alpha}b_i^{\beta}\leqslant\left(\sum_{i=1}^{n}a_i\right)^{\alpha}\left(\sum_{i=1}^{n}b_i\right)^{\beta}$$

易见,当且仅当 $\frac{a_i}{A}=\frac{b_i}{B}(i=1,2,\cdots,n)$,即 $\frac{a_1}{b_1}=\frac{a_2}{b_2}=\cdots=\frac{a_n}{b_n}$ 时,等号成立.

特别地,令 $p=\frac{1}{\alpha},q=\frac{1}{\beta}$,则 $\frac{1}{p}+\frac{1}{q}=1,p,q>1$.

再令 $x_i=a_i^{\alpha},y_i=b_i^{\beta}$,则 $x_i^p=a_i,y_i^q=b_i$,从而有

$$\sum_{i=1}^{n}x_iy_i\leqslant\left(\sum_{i=1}^{n}x_i^p\right)^{\frac{1}{p}}\left(\sum_{i=1}^{n}y_i^q\right)^{\frac{1}{q}} \tag{4}$$

当且仅当 x_i^p 与 y_i^q 成正比例时,等号成立.

这就是我们通常所指的赫尔德－柯西(Holder－Cauchy)不等式.

更特别的是,在不等式(4)中,当 $p=2,q=2$ 时,我们就得到了定理1(即柯西不等式)

$$\left(\sum_{i=1}^{n}x_iy_i\right)^2\leqslant\sum_{i=1}^{n}x_i^2\sum_{i=1}^{n}y_i^2$$

例3 幂平均不等式:

设 $\alpha>\beta>0,a_1,a_2,\cdots,a_n$ 是正实数,则

$$\left(\frac{1}{n}\sum_{i=1}^{n}a_i^{\alpha}\right)^{\frac{1}{\alpha}}\geqslant\left(\frac{1}{n}\sum_{i=1}^{n}a_i^{\beta}\right)^{\frac{1}{\beta}} \tag{5}$$

等价于

$$\frac{1}{n}\sum_{i=1}^{n}x_i^{\frac{\alpha}{\beta}}\geqslant\left(\frac{1}{n}\sum_{i=1}^{n}x_i\right)^{\frac{\alpha}{\beta}}$$

其中 $\frac{\alpha}{\beta}>1$.

由上一节例3知, $f(x)=x^k(k>1)$ 在 $(0,+\infty)$ 上是严格凸的,故由Jensen不等式即得不等式(5)成立,并且当且仅当 $x_1=x_2=\cdots=x_n$,即 $a_1=a_2=\cdots=a_n$ 时等号成立.

例4 舒尔(Schur)不等式:

设 $a_{ij}\geqslant0$,且满足 $\sum_{i=1}^{n}a_{ij}=\sum_{j=1}^{n}a_{ij}=1$,又设 $x_k\geqslant0(1\leqslant k\leqslant n),y_i=\sum_{i=1}^{n}a_{ik}x_k(1\leqslant i\leqslant n)$,则

170

$$y_1 y_2 \cdots y_n \geqslant x_1 x_2 \cdots x_n$$

证明 若 x_k 中至少有一个为 0,则不等式显然成立. 故我们不妨设 $x_k >$ $0(1 \leqslant k \leqslant n)$,由于 $f(x) = -\ln x$ 在 $(0, +\infty)$ 是严格凸函数,故由加权 Jensen 不等式,有

$$-\ln y_i = -\ln(\sum_{k=1}^{n} a_{ik} x_k) \leqslant -\sum_{k=1}^{n} a_{ik} \ln x_k$$

即

$$\ln y_i \geqslant \sum_{k=1}^{n} a_{ik} \ln x_k$$

所以

$$\sum_{i=1}^{n} \ln y_i \geqslant \sum_{i=1}^{n} \sum_{k=1}^{n} a_{ik} \ln x_k = \sum_{k=1}^{n} \ln x_k$$

即

$$y_1 y_2 \cdots y_n \geqslant x_1 x_2 \cdots x_n$$

上面我们从某些初等函数出发,应用 Jensen 不等式解决了一些著名的重要不等式. 从中我们可以看到,应用 Jensen 不等式的关键就在于构造一个适当的初等函数.

例5 设 $x, y > 0$,证明:$x\ln x + y\ln y \geqslant (x+y)\ln \dfrac{x+y}{2}$,等号仅在 $x = y$ 时成立.

证明 令 $f(x) = x\ln x (0 < x < +\infty)$.

由于 $f''(x) = \dfrac{1}{x} > 0$,故由定理 9 知函数 $f(x)$ 在 $(0, +\infty)$ 是严格凸的,因此,由 Jensen 不等式

$$f\left(\frac{x+y}{2}\right) \leqslant \frac{1}{2}[f(x) + f(y)]$$

即

$$\frac{x+y}{2}\ln \frac{x+y}{2} \leqslant \frac{1}{2}(x\ln x + y\ln y)$$

所以

$$x\ln x + y\ln y \geqslant (x+y)\ln \frac{x+y}{2}$$

其中等号仅当 $x = y$ 时成立.

例6 设 $x_i \geqslant 0$,且 $\sum_{i=1}^{n} x_i = 1$,证明:$\sum_{i=1}^{n} x_i^k \geqslant \dfrac{1}{n^{k-1}} (k \in \mathbf{N})$.(苏联数学奥

林匹克试题)

证明 显然 $k=1$ 时结论成立.

当 $k>1$ 时,由于 $f(x)=x^k$ 是 $[0,+\infty)$ 上的严格凸函数,故

$$x_1^k+x_2^k+\cdots+x_n^k \geqslant n\left(\frac{x_1+x_2+\cdots+x_n}{n}\right)^k=\frac{1}{n^{k-1}}$$

综上所述,有

$$\sum_{i=1}^{n} x_i^k \geqslant \frac{1}{n^{k-1}} \quad (k\in\mathbf{N})$$

例7 设 n 为自然数,a,b 为正实数,且满足 $a+b=2$,试求: $\dfrac{1}{1+a^n}+\dfrac{1}{1+b^n}$

的最小值.(1990 年全国高中数学联赛试题)

分析 从表面上看,本题似乎可用 Jensen 不等式:

$$f(a)+f(b) \geqslant 2f\left(\frac{a+b}{2}\right)=2f(1)=1 \text{（正好是常数）}$$

其实,函数 $f(x)=\dfrac{1}{1+x^n}(0<x<+\infty)$,当 $n\geqslant 2$ 时并非 $(0,+\infty)$ 上的凸函数.

下面我们应用几何与算术平均不等式解之.

解 因为 $a,b>0$.所以

$$ab \leqslant \left(\frac{a+b}{2}\right)^2=1$$

故

$$a^n b^n \leqslant 1$$

从而

$$f=\frac{1}{1+a^n}+\frac{1}{1+b^n}=\frac{1+a^n+1+b^n}{1+a^n+b^n+a^n b^n} \geqslant 1$$

又当 $a=b=1$ 时,$f=1$,所以 $f_{\min}=1$.

例 7 告诉我们,判断一个函数是否是凸函数,必须根据定义或有关判定法则老老实实检验.只有确定了是凸函数后,才能应用 Jensen 不等式,否则就会出错.

例8 设 $a+b+c=1$,试证明: $\sqrt{13a+1}+\sqrt{13b+1}+\sqrt{13c+1} \leqslant 4\sqrt{3}$.

证明 令 $f(x)=-\sqrt{13x+1}$,容易验证 $f(x)$ 在定义域内是严格凸函数,从而由 Jensen 不等式

$$\sqrt{13\cdot\frac{a+b+c}{3}+1} \geqslant \frac{1}{3}\left(\sqrt{13a+1}+\sqrt{13b+1}+\sqrt{13c+1}\right)$$

172

从分析解题过程学解题
——竞赛中的不等式问题

所以

$$\sqrt{13a+1}+\sqrt{13b+1}+\sqrt{13c+1}\leqslant 4\sqrt{3}$$

等号成立当且仅当 $a=b=c=\dfrac{1}{3}$ 时.

例 9 设 $x_1,x_2,\cdots,x_n$ 是正数,且 $\sum\limits_{i=1}^{n}x_i=a$. 证明:对一切 $p<0$,有

$$(1+x_1^p)(1+x_2^p)\cdots(1+x_n^p)\geqslant\left[1+\left(\frac{a}{n}\right)^p\right]^n$$

仅当 $x_1=x_2=\cdots=x_n=\dfrac{a}{n}$ 时,等号成立.

证明 令 $f(x)=\ln(1+\mathrm{e}^x)$,由上一节例 4 知,$f(x)$ 在 $(0,+\infty)$ 上是严格凸的.

再令 $a_1=p\ln x_1,a_2=p\ln x_2,\cdots,a_n=p\ln x_n$,则由 Jensen 不等式

$$\frac{1}{n}\sum_{i=1}^{n}\ln(1+\mathrm{e}^{a_i})\geqslant\ln(1+\mathrm{e}^{\frac{1}{n}\sum\limits_{i=1}^{n}a_i})$$

即

$$(1+x_1^p)(1+x_2^p)\cdots(1+x_n^p)\geqslant\left[1+(x_1x_2\cdots x_n)^{\frac{p}{n}}\right]^n$$

又因为 $p<0$,故由几何与算术平均不等式得

$$(x_1x_2\cdots x_n)^{\frac{p}{n}}\geqslant\left(\frac{x_1+x_2+\cdots+x_n}{n}\right)^p=\left(\frac{a}{n}\right)^p$$

所以

$$(1+x_1^p)(1+x_2^p)\cdots(1+x_n^p)\geqslant\left[1+\left(\frac{a}{n}\right)^p\right]^n$$

例 10 设 $a_i,b_i(i=1,2,\cdots,n)$ 是正数,且正数 $\alpha_1,\alpha_2,\cdots,\alpha_n$ 满足 $\sum\limits_{i=1}^{n}\alpha_i=1$. 证明

$$a_1^{\alpha_1}a_2^{\alpha_2}\cdots a_n^{\alpha_n}+b_1^{\alpha_1}b_2^{\alpha_2}\cdots b_n^{\alpha_n}\leqslant(a_1+b_1)^{\alpha_1}\cdot(a_2+b_2)^{\alpha_2}\cdots(a_n+b_n)^{\alpha_n}$$

仅当 a_i 与 b_i 成比例时,等号成立.

证明 由于 $f(x)=\ln(1+\mathrm{e}^x)$ 是 $(-\infty,+\infty)$ 上的严格凸函数,故由加权的 Jensen 不等式,对 $f(x)$ 在定义域内的 $x_1,x_2,\cdots,x_n$,有

$$f\left(\sum_{i=1}^{n}\alpha_ix_i\right)\leqslant\sum_{i=1}^{n}\alpha_if(x_i)$$

即

$$\ln(1+\mathrm{e}^{\sum\limits_{i=1}^{n}\alpha_ix_i})\leqslant\sum_{i=1}^{n}\alpha_i\ln(1+\mathrm{e}^{x_i}) \tag{6}$$

当且仅当 $x_1 = x_2 = \cdots = x_n$ 时，等号成立.

在式(6)中令 $x_i = \ln \dfrac{a_i}{b_i}$，得

$$\ln\left(1 + \prod_{i=1}^{n}\left(\frac{a_i}{b_i}\right)^{\alpha_i}\right) \leqslant \sum_{i=1}^{n} \alpha_i \ln\left(1 + \frac{a_i}{b_i}\right)$$

所以

$$1 + \prod_{i=1}^{n}\left(\frac{a_i}{b_i}\right)^{\alpha_i} \leqslant \prod_{i=1}^{n}\left(1 + \frac{a_i}{b_i}\right)^{\alpha_i}$$

即

$$\prod_{i=1}^{n} a_i^{\alpha_i} + \prod_{i=1}^{n} b_i^{\alpha_i} \leqslant \prod_{i=1}^{n}(a_i + b_i)^{\alpha_i}$$

当且仅当 $x_1 = x_2 = \cdots = x_n$ 时，即 a_i 与 b_i 成比例时，等号成立.

例 10 是第 7 章第 2 节例 18 的加权形式. 它也是一个很有用处的不等式，请看下面的例子.

例 11 设 $x_i > 0 (i = 1, 2, \cdots, n)$，$\displaystyle\sum_{i=1}^{n} x_i = 1$，证明：

(1) $\left(1 + \dfrac{1}{x_1}\right)\left(1 + \dfrac{1}{x_2}\right) \cdots \left(1 + \dfrac{1}{x_n}\right) \geqslant (1+n)^n$；

(2) $\left(1 + \dfrac{1}{x_1}\right)^m + \left(1 + \dfrac{1}{x_2}\right)^m + \cdots + \left(1 + \dfrac{1}{x_n}\right)^m \geqslant n(1+n)^m (m > 1)$；

(3) $\left(x_1 + \dfrac{1}{x_1}\right)\left(x_2 + \dfrac{1}{x_2}\right) \cdots \left(x_n + \dfrac{1}{x_n}\right) \geqslant \left(n + \dfrac{1}{n}\right)^n$.

我们用两种方法来证明.

证法 1 由例 10，我们有

$$\sqrt[n]{\left(1 + \frac{1}{x_1}\right)\left(1 + \frac{1}{x_2}\right) \cdots \left(1 + \frac{1}{x_n}\right)} \geqslant \sqrt[n]{1^n} + \sqrt[n]{\frac{1}{x_1 x_2 \cdots x_n}}$$

$$\geqslant 1 + \frac{n}{x_1 + x_2 + \cdots + x_n} = 1 + n$$

所以

$$\left(1 + \frac{1}{x_1}\right)\left(1 + \frac{1}{x_2}\right) \cdots \left(1 + \frac{1}{x_n}\right) \geqslant (1+n)^n$$

这样我们便证明了(1).

同样

$$\sqrt[n]{\left(x_1 + \frac{1}{x_1}\right)\left(x_2 + \frac{1}{x_2}\right) \cdots \left(x_n + \frac{1}{x_n}\right)} \geqslant \sqrt[n]{x_1 x_2 \cdots x_n} + \sqrt[n]{\frac{1}{x_1 x_2 \cdots x_n}}$$

令 $y = \sqrt[n]{\dfrac{1}{x_1 x_2 \cdots x_n}}$，由第 3 章第 1 节例 1 知 $f(y) = y + \dfrac{1}{y}\,(y > 0)$ 在 $[1,$ $+\infty)$ 上是严格递增的,而由上面的证明可以知道 $y \geqslant n \geqslant 1$. 因此

$$y + \frac{1}{y} \geqslant n + \frac{1}{n}$$

所以

$$\left(x_1 + \frac{1}{x_1}\right)\left(x_2 + \frac{1}{x_2}\right) \cdots \left(x_n + \frac{1}{x_n}\right) \geqslant \left(n + \frac{1}{n}\right)^n$$

于是我们又证明了(3).

另一方面,由于

$$\frac{1}{n} \sum_{i=1}^{n} \left(1 + \frac{1}{x_i}\right)^m \geqslant \sqrt[n]{\left(1 + \frac{1}{x_1}\right)^m \left(1 + \frac{1}{x_2}\right)^m \cdots \left(1 + \frac{1}{x_n}\right)^m}$$

从而利用(1)立即可得(2):

$$\left(1 + \frac{1}{x_1}\right)^m + \left(1 + \frac{1}{x_2}\right)^m + \cdots + \left(1 + \frac{1}{x_n}\right)^m \geqslant n(1 + n)^m$$

证法 2　我们同样用 Jensen 不等式证明.

先证明(1). 令 $f(x) = \ln\left(1 + \dfrac{1}{x}\right)\,(0 < x < 1)$,由于

$$f''(x) = \frac{2x + 1}{x^2 (1 + x)^2} > 0$$

故由定理 9 知 $f(x)$ 在 $(0,1)$ 内是严格凸函数,从而由 Jensen 不等式

$$\frac{1}{n} \sum_{i=1}^{n} \ln\left(1 + \frac{1}{x_i}\right) \geqslant \ln\left[1 + \frac{1}{\dfrac{1}{n} \sum_{i=1}^{n} x_i}\right]$$

即

$$\left(1 + \frac{1}{x_1}\right)\left(1 + \frac{1}{x_2}\right) \cdots \left(1 + \frac{1}{x_n}\right) \geqslant \left(1 + \frac{1}{n}\right)^n$$

同样,我们只要考虑 $f(x) = \ln\left(1 + \dfrac{1}{x}\right)$ 在 $(0,1)$ 上的凸性,便可完成(3).

下面证明(2).

令 $f(x) = \ln\left(1 + \dfrac{1}{x}\right)^m\,(0 < x < 1$ 且 $m > 1)$,则

$$f''(x) = m(m-1)\left(1 + \frac{1}{x}\right)^{m-2} \cdot \frac{1}{x^4} + 2m\left(1 + \frac{1}{x}\right)^{m-1} \cdot \frac{1}{x^3} > 0$$

因此,$f(x)$ 在 $(0,1)$ 内是严格凸函数,于是

$$\frac{1}{n}\sum_{i=1}^{n}\left(1+\frac{1}{x_i}\right)^m \geqslant \left[1+\frac{1}{\frac{1}{n}\sum_{i=1}^{n}x_i}\right]^m$$

即

$$\sum_{i=1}^{n}\left(1+\frac{1}{x_i}\right)^m \geqslant n\,(1+n)^m$$

作为本节的结束,我们给出例 4(Schur 不等式)的一个有趣的应用.

例 12 若 $a_k \geqslant 0, x_i = a_i + \dfrac{n-3}{n-1}(\sum_{i=1}^{n} a_k - a_i)$,其中 $1 \leqslant i \leqslant n, n \geqslant 3$. 证明

$$x_1 x_2 \cdots x_n \geqslant \prod_{i=1}^{n}(\sum_{k=1}^{n} a_k - 2a_i)$$

证明 令 $a_{ik} = \dfrac{1}{n-1}(1 - \delta_{ik})$,其中

$$\delta_{ik} = \begin{cases} 1, i = k \\ 0, i \neq k \end{cases}$$

则

$$\sum_{k=1}^{n} a_{ik} = \sum_{i=1}^{n} a_{ik} = 1$$

再令 $S = \sum_{k=1}^{n} a_k$,则我们只需证明

$$x_1 x_2 \cdots x_n \geqslant \prod_{i=1}^{n}(S - 2a_i)$$

由于

$$\sum_{k=1}^{n}\left[a_{ik}(S - 2a_k)\right] = S - 2\sum_{k=1}^{n} a_{ik} \cdot a_k$$

$$= S - \frac{2}{n-1}\sum_{k=1}^{n}(1 - \delta_{ik})a_k = S - \frac{2}{n-1}(S - a_i)$$

$$= \frac{2}{n-1}a_i + \frac{n-3}{n-1}S = a_i + \frac{n-3}{n-1}(S - a_i) = x_i$$

由例 4(Schur 不等式)即得

$$x_1 x_2 \cdots x_n \geqslant \prod_{i=1}^{n}(\sum_{k=1}^{n} a_k - 2a_i)$$

特别地,取 $n = 3$,则有

$$a_1 a_2 a_3 \geqslant (a_1 + a_2 - a_3)(a_2 + a_3 - a_1)(a_1 + a_3 - a_2)$$

这便是第 5 章第 6 节中的例 10.

9.3 琴生不等式在三角形中的应用

我们从上一节中可以看到,Jensen 不等式对研究某些代数不等式是十分有用的,不仅如此,在讨论某些三角不等式时,应用 Jensen 不等式会显得更简便.

例 1 设 $0 < x_i < \pi (i = 1, 2, \cdots, n)$,证明

$$\sin x_1 + \sin x_2 + \cdots + \sin x_n \leqslant n \cdot \sin\left(\frac{x_1 + x_2 + \cdots + x_n}{n}\right) \tag{1}$$

$$\sin x_1 \cdot \sin x_2 \cdot \cdots \cdot \sin x_n \leqslant \sin^n\left(\frac{x_1 + x_2 + \cdots + x_n}{n}\right) \tag{2}$$

(苏联数学奥林匹克试题)

证明 由本章第 1 节例 1 知,$f(x) = -\sin x$ 在 $(0, \pi)$ 内是严格凸函数,故由 Jensen 不等式即得

$$\sin x_1 + \sin x_2 + \cdots + \sin x_n \leqslant n \cdot \sin\left(\frac{x_1 + x_2 + \cdots + x_n}{n}\right)$$

式(1) 得证.

同样,我们利用 $f(x) = \ln\dfrac{1}{\sin x}$ 在 $(0, \pi)$ 内的凸性,就可以得到式(2),请读者自己给出解答.

读者可别轻视本例的不等式(1) 与不等式(2),它们都是很有用处的. 例如,在 $\triangle ABC$ 中应用式(1) 与式(2),便可得到许多大家熟知的不等式,如

$$\sin A + \sin B + \sin C \leqslant \frac{3}{2}\sqrt{3}$$

$$\sin A \cdot \sin B \cdot \sin C \leqslant \frac{3}{8}\sqrt{3}$$

$$\sin\frac{A}{2} + \sin\frac{B}{2} + \sin\frac{C}{2} \leqslant \frac{3}{2}$$

$$\sin\frac{A}{2} \cdot \sin\frac{B}{2} \cdot \sin\frac{C}{2} \leqslant \frac{1}{8}$$

等等.

例 2 设 $0 < x_i < \pi (i = 1, 2, \cdots, n)$,$x = \dfrac{1}{n}\sum_{i=1}^{n} x_i$. 证明

$$\frac{\sin x_1}{x_1} \cdot \frac{\sin x_2}{x_2} \cdot \cdots \cdot \frac{\sin x_n}{x_n} \leqslant \left(\frac{\sin x}{x}\right)^n$$

证明 令 $f(x) = -\ln\dfrac{\sin x}{x}(0 < x < \pi)$，由本章第 1 节例 5 知，$f(x)$ 在 $(0, \pi)$ 内是严格凸函数，故由 Jensen 不等式有

$$\ln\frac{\sin\dfrac{1}{n}\sum\limits_{i=1}^{n}x_i}{\dfrac{1}{n}\sum\limits_{i=1}^{n}x_i} \geqslant \frac{1}{n}\sum_{i=1}^{n}\ln\frac{\sin x_i}{x_i}$$

即

$$n\ln\frac{\sin x}{x} \geqslant \sum_{i=1}^{n}\ln\frac{\sin x_i}{x_i}$$

所以

$$\frac{\sin x_1}{x_1}\cdot\frac{\sin x_2}{x_2}\cdot\cdots\cdot\frac{\sin x_n}{x_n} \leqslant \left(\frac{\sin x}{x}\right)^n$$

例 3 在 $\triangle ABC$ 中，求证

$$\sqrt{\tan\frac{A}{2}\cdot\tan\frac{B}{2}+5} + \sqrt{\tan\frac{B}{2}\cdot\tan\frac{C}{2}+5} + \sqrt{\tan\frac{C}{2}\cdot\tan\frac{A}{2}+5} \leqslant 4\sqrt{3}$$

证明 显然 $\tan\dfrac{A}{2}, \tan\dfrac{B}{2}, \tan\dfrac{C}{2} > 0$，由于 $f(x) = -\sqrt{x+5}$ 是 $(0, +\infty)$ 上的严格凸函数. 故对于

$$x_1 = \tan\frac{A}{2}\cdot\tan\frac{B}{2}, x_2 = \tan\frac{B}{2}\cdot\tan\frac{C}{2}, \ x_3 = \tan\frac{C}{2}\cdot\tan\frac{A}{2}$$

由 Jensen 不等式有

$$\frac{1}{3}\left(\sqrt{\tan\frac{A}{2}\tan\frac{B}{2}+5} + \sqrt{\tan\frac{B}{2}\tan\frac{C}{2}+5} + \sqrt{\tan\frac{C}{2}\tan\frac{A}{2}+5}\right)$$

$$\leqslant \sqrt{\frac{\tan\dfrac{A}{2}\tan\dfrac{B}{2} + \tan\dfrac{B}{2}\tan\dfrac{C}{2} + \tan\dfrac{C}{2}\tan\dfrac{A}{2}}{3} + 5}$$

又因为

$$\tan\frac{A}{2}\cdot\tan\frac{B}{2} + \tan\frac{B}{2}\cdot\tan\frac{C}{2} + \tan\frac{C}{2}\cdot\tan\frac{A}{2} = 1$$

所以

$$\sqrt{\tan\frac{A}{2}\tan\frac{B}{2}+5} + \sqrt{\tan\frac{B}{2}\cdot\tan\frac{C}{2}+5} + \sqrt{\tan\frac{C}{2}\cdot\tan\frac{A}{2}+5} \leqslant 4\sqrt{3}$$

细心的读者不难发现，在凸函数理论的观点下，本题与本章第 2 节例 8 在本质上完全是一致的，它们都是函数 $f(x) = -\sqrt{x}(x \geqslant 0)$ 的凸性之推论.

例 4 在 $\triangle ABC$ 中，证明

$$\sin^2 A + \sin^2 B + \sin^2 C \leqslant \frac{9}{4}$$

证明 因为

$$\sin^2 A + \sin^2 B + \sin^2 C$$

$$= \frac{1 - \cos 2A}{2} + \frac{1 - \cos 2B}{2} + \frac{1 - \cos 2C}{2}$$

$$= \frac{3}{2} - \frac{1}{2}(\cos 2A + \cos 2B + \cos 2C)$$

$$= 2 + 2\cos A\cos B\cos C$$

因此,若 A, B, C 中有一个角大于或等于 $\frac{\pi}{2}$,则显然有

$$\sin^2 A + \sin^2 B + \sin^2 C \leqslant 2 < \frac{9}{4}$$

从而我们仅需考虑 $\triangle ABC$ 为锐角三角形的情形.

令 $f(x) = -\ln \cos x (0 < x < \frac{\pi}{2})$. 不难验证 $f(x)$ 在 $\left(0, \frac{\pi}{2}\right)$ 内是严格凸的. 于是

$$\ln \cos \frac{A + B + C}{3} \geqslant \frac{1}{3}(\ln \cos A + \ln \cos B + \ln \cos C)$$

即

$$\cos A\cos B\cos C \leqslant \cos^3 \frac{\pi}{3} = \frac{1}{8}$$

所以

$$\sin^2 A + \sin^2 B + \sin^2 C \leqslant 2 + \frac{2}{8} = \frac{9}{4} \tag{3}$$

等号仅在 $\triangle ABC$ 为正三角形时成立.

我们也可利用三角形变换直接将式(3)推出来:

$$\sin^2 A + \sin^2 B + \sin^2 C = \frac{3}{2} - \frac{1}{2}(\cos 2A + \cos 2B + \cos 2C)$$

$$= 2 - \cos(A + B)\cos(A - B) - \cos^2(A + B)$$

$$= 2 - \left[\cos(A + B) + \frac{1}{2}\cos(A - B)\right]^2 +$$

$$\frac{1}{4}\cos^2(A - B)$$

$$\leqslant 2 + \frac{1}{4}\cos^2(A - B)$$

179

$$\leqslant 2 + \frac{1}{4} = \frac{9}{4}$$

当且仅当

$$
\begin{cases}
\cos(A-B) = 1 & \text{(4)} \\
\cos(A+B) + \frac{1}{2}\cos(A-B) = 0 & \text{(5)}
\end{cases}
$$

时等号成立. 将式(4)代入式(5)得 $\cos(A+B) = -\frac{1}{2}$, 也就是 $\cos C = \frac{1}{2}$, 因此, $C = \frac{\pi}{3}$, 从而 $A = B = C = \frac{\pi}{3}$. 即等号成立的充要条件是 $\triangle ABC$ 是等边三角形.

这里, 我们不厌其烦地指出等号成立的条件(在本书的大部分例子中, 我们都给出了等号成立的条件), 也许有些读者会认为这是微不足道的细节. 一方面这样做当然是出于数学严密性的需要; 另一方面更是由于不少重要的结论往往恰好蕴含在这些微不足道的细节之中. 事实上, 我们在应用不等式求解极值问题时所依据的正是关于这些细节的知识.

我们来看下面的问题.

例 5 已知 $0 \leqslant \theta_i \leqslant \pi (i = 1, 2, \cdots, n)$, $\sum\limits_{i=1}^{n} \theta_i = \pi$, 试求

$$S = \sin^2\theta_1 + \sin^2\theta_2 + \cdots + \sin^2\theta_n$$

的最大值. (第 26 届 IMO 预选题)

解 $\sin^2\theta_1 + \sin^2\theta_2 + \cdots + \sin^2\theta_n$

$$= \frac{1-\cos 2\theta_1}{2} + \frac{1-\cos 2\theta_2}{2} + \cdots + \frac{1-\cos 2\theta_n}{2}$$

$$= \frac{1}{2}(n - \cos 2\theta_1 - \cos 2\theta_2 - \cdots - \cos 2\theta_n)$$

令 $\alpha_i = 2\theta_i$, 问题就等价于求

$$S = \frac{1}{2}(n - \cos \alpha_1 - \cos \alpha_2 - \cdots - \cos \alpha_n)$$

的最大值. 其中 $\alpha_1 + \alpha_2 + \cdots + \alpha_n = 2\pi, 0 \leqslant \alpha_i \leqslant 2\pi, i = 1, 2, \cdots, n$.

假如 $n \geqslant 4$, 那么在 $\alpha_1, \alpha_2, \cdots, \alpha_n$ 中一定存在两个角, 它们的和小于等于 π, 不妨设 $\alpha_{n-1} + \alpha_n \leqslant \pi$, 这时

$$\cos \alpha_{n-1} + \cos \alpha_n = 2\cos\frac{\alpha_{n-1}+\alpha_n}{2}\cos\frac{\alpha_{n-1}-\alpha_n}{2}$$

$$\geqslant 2\cos^2\frac{\alpha_{n-1}+\alpha_n}{2}$$

180

$$= \cos(\alpha_{n-1} + \alpha_n) + 1$$

于是

$$S \leqslant \frac{1}{2}[n - 1 - \cos \alpha_1 - \cos \alpha_2 - \cdots - \cos \alpha_{n-2} - \cos(\alpha_{n-1} + \alpha_n)]$$

这就是说,若用 0 与 $\alpha_{n-1} + \alpha_n$ 代替 α_{n-1}, α_n,则 S 的值将增大,从而问题就化归为 $n-1$ 的情形,经有限次同样的代替后,我们总可以将问题归结为 $n < 4$ 的情形.

设 $n = 2$,则

$$S = \sin^2\theta_1 + \sin^2\theta_2 = \frac{1}{2}(2 - \cos 2\theta_1 - \cos 2\theta_2)$$

$$= \frac{1}{2}[2 + 2\cos(\theta_1 - \theta_2)] \leqslant 2$$

又当 $\theta_1 = \theta_2 = \frac{\pi}{2}$ 时,$S = 2$. 因此,$n = 2$ 时 S 的最大值为 2.

设 $n = 3$,则由例 4 可知

$$S = \sin^2\theta_1 + \sin^2\theta_2 + \sin^2\theta_3 \leqslant \frac{9}{4}$$

并且当 $\theta_1 = \theta_2 = \theta_3 = \frac{\pi}{3}$ 时,$S = \frac{9}{4}$. 故 $n = 3$ 时,S 的最大值为 $\frac{9}{4}$.

综上所述,$S_{\max} = \frac{9}{4}$.

例 5 中,局部调整的思想又一次显示了其巨大的作用和优越性. 这是一个颇有启发性的问题,希望读者能仔细揣摩.

例 6 在 $\triangle ABC$ 中,证明

$$\cos \frac{1}{2}(B - C) + \cos \frac{1}{2}(C - A) + \cos \frac{1}{2}(A - B)$$

$$\leqslant \frac{2}{\sqrt{3}}\left(\cos \frac{A}{2} + \cos \frac{B}{2} + \cos \frac{C}{2}\right)$$

证明 令 $\alpha = \frac{A}{2}, \beta = \frac{B}{2}, \gamma = \frac{C}{2}$,则

$$\alpha + \beta + \gamma = \frac{\pi}{2}$$

由于

$$\cos \frac{B - C}{2} + \cos \frac{C - A}{2} + \cos \frac{A - B}{2}$$

$$= \cos \alpha \cos \beta + \cos \beta \cos \gamma + \cos \gamma \cos \alpha + \sin \alpha \sin \beta + \sin \beta \sin \gamma + \sin \gamma \sin \alpha$$

$$= \frac{1}{2} \left[(\cos \alpha + \cos \beta + \cos \gamma)^2 + (\sin \alpha + \sin \beta + \sin \gamma)^2 - 3 \right]$$

又由例 1 知, $\sin \alpha + \sin \beta + \sin \gamma \leqslant \frac{3}{2}$, 因此

$$\cos \frac{B-C}{2} + \cos \frac{C-A}{2} + \cos \frac{A-B}{2} \leqslant \frac{1}{2} \left[(\cos \alpha + \cos \beta + \cos \gamma)^2 + \frac{9}{4} - 3 \right]$$

从而我们只需证明

$$(\cos \alpha + \cos \beta + \cos \gamma)^2 - \frac{4}{\sqrt{3}} (\cos \alpha + \cos \beta + \cos \gamma) - \frac{3}{4} \leqslant 0$$

这等价于

$$\cos \alpha + \cos \beta + \cos \gamma \leqslant \frac{3\sqrt{3}}{2}$$

显然, $f(x) = -\cos x$ 在 $\left(0, \frac{\pi}{2} \right)$ 内是严格凸函数, 故由 Jensen 不等式, 有

$$\cos \alpha + \cos \beta + \cos \gamma \leqslant 3\cos \frac{\alpha + \beta + \gamma}{3} = \frac{3}{2} \sqrt{3}$$

于是原不等式获证.

例 7 在 $\triangle ABC$ 中, 求证

$$-2 \leqslant \sin 3A + \sin 3B + \sin 3C \leqslant \frac{3}{2} \sqrt{3}$$

(美国数学奥林匹克试题)

证明 先证 $\sin 3A + \sin 3B + \sin 3C \geqslant -2$. 不妨设 $A \leqslant B \leqslant C$, 则必有 $0 \leqslant A \leqslant \frac{\pi}{3}$, 因而 $\sin 3A \geqslant 0$, 所以

$$\sin 3A + \sin 3B + \sin 3C \geqslant -1 - 1 = -2$$

下证 $\sin 3A + \sin 3B + \sin 3C \leqslant \frac{3}{2} \sqrt{3}$. 令

$$f(\theta) = (1 + \cos \theta) \sin \theta$$

则

$$f^2(\theta) = \frac{1}{3} (1 + \cos \theta)^3 (3 - 3\cos \theta)$$

由平均不等式, 得

$$f^2(\theta) \leqslant \frac{1}{3} \left(\frac{6}{4} \right)^4 = \frac{27}{16}$$

从而

$$\left| (1 + \cos \theta) \sin \theta \right| \leqslant \frac{3}{4} \sqrt{3}$$

182

另一方面

$$\sin 3A + \sin 3B + \sin 3C$$

$$= \sin 3A + 2\sin \frac{3}{2}(B+C)\cos \frac{3}{2}(B-C)$$

$$\leqslant |\sin 3A| + \left| 2\sin \frac{3}{2}(B+C)\cos \frac{3}{2}(B-C) \right|$$

$$\leqslant |\sin 3A| + 2\left| \sin \frac{3}{2}(B+C) \right|$$

$$= \left| 2\sin \frac{3}{2}(B+C)\cos \frac{3}{2}(B+C) \right| + 2\left| \sin \frac{3}{2}(B+C) \right|$$

$$= \left| 2\sin \frac{3}{2}(B+C) \right| \cdot \left(1 + \left| \cos \frac{3}{2}(B+C) \right| \right)$$

$$\leqslant 2 \cdot \frac{3}{4}\sqrt{3} = \frac{3}{2}\sqrt{3}$$

综上所述

$$-2 \leqslant \sin 3A + \sin 3B + \sin 3C \leqslant \frac{3}{2}\sqrt{3}$$

例 8　在 $\triangle ABC$ 中,求证

$$\cos \frac{A}{2} + \cos \frac{B}{2} + \cos \frac{C}{2} + \cot \frac{A}{2} + \cot \frac{B}{2} + \cot \frac{C}{2} \geqslant \frac{9}{2}\sqrt{3}$$

证明　令 $g(x) = \cos x + \cot x \left(0 \leqslant x \leqslant \frac{\pi}{2} \right)$,则

$$g''(x) = -\cos x \left(\frac{2}{\sin^2 x} - 1 \right) > 0$$

于是由定理 9 知 $g(x)$ 在 $\left(0, \frac{\pi}{2} \right)$ 内为严格凸函数.

因此,由 Jensen 不等式,有

$$\cos \frac{A}{2} + \cos \frac{B}{2} + \cos \frac{C}{2} + \cot \frac{A}{2} + \cot \frac{B}{2} + \cot \frac{C}{2} \geqslant 3\left(\cos \frac{\pi}{6} + \cot \frac{\pi}{6} \right) = \frac{9}{2}\sqrt{3}$$

等号仅当 $A = B = C = \frac{\pi}{3}$ 时成立.

例 8 证毕.

由本节的讨论我们可以看到,Jensen 不等式在解决某些三角不等式时会显得相当的简便,特别地,在解决一些三角形中的不等式时,我们可以避免烦琐的三角函数恒等变形而将问题圆满解决.

183

9.4 琴生不等式在几何中的应用

本小节我们讨论 Jensen 不等式在几何中的一些应用.

例 1 在 $\triangle ABC$ 中,a,b,c 为其三边,A,B,C 为对应的三内角,R 是它的外接圆半径.证明:$\sqrt{abAB} + \sqrt{bcBC} + \sqrt{caCA} \leqslant \sqrt{3}\,\pi R$.

证明 令 $f(x) = -\sqrt{x\sin x}\,(0 < x < \pi)$,由本章第 1 节例 6 知,$f(x)$ 在 $(0,\pi)$ 内是严格凸函数.所以

$$\sqrt{A\sin A} + \sqrt{B\sin B} + \sqrt{C\sin C} \leqslant 3\sqrt{\frac{\pi}{3}\sin\frac{\pi}{3}}$$

又由正弦定理,有

$$\sqrt{abAB} + \sqrt{bcBC} + \sqrt{caCA}$$

$$= 2R(\sqrt{A\sin A \cdot B\sin B} + \sqrt{B\sin B \cdot C\sin C} + \sqrt{C\sin C \cdot A\sin A})$$

$$\leqslant 2R\,\frac{(\sqrt{A\sin A} + \sqrt{B\sin B} + \sqrt{C\sin C})^2}{3}$$

$$\leqslant 2R \cdot \frac{1}{3} \cdot 9 \cdot \frac{\pi}{3}\sin\frac{\pi}{3} = \sqrt{3}\,\pi R$$

所以

$$\sqrt{abAB} + \sqrt{bcBC} + \sqrt{caCA} \leqslant \sqrt{3}\,\pi R$$

例 2 设圆 O 的外切 n 边形$(n \geqslant 3)$ 的面积为 1.求证:在此 n 边形的内部有一点,它到各边的距离不超过 $\sqrt{\dfrac{1}{n}\cot\dfrac{\pi}{n}}$.

证明 设此 n 边形为 $A_1 A_2 \cdots A_n$,圆 O 的半径为 r.

由于其面积为 1,且各内角和为 $(n-2)\pi$,所以

$$1 = r^2 \sum_{i=1}^{n} \cot\frac{A_i}{2}$$

又因为 $f(x) = \cot x$ 在 $\left(0,\dfrac{\pi}{2}\right)$ 内是严格凸的,故

$$1 = r^2 \sum_{i=1}^{n} \cot\frac{A_i}{2} \geqslant nr^2 \cot\frac{A_1 + A_2 + \cdots + A_n}{2n}$$

$$= nr^2 \cot\frac{(n-2)\pi}{2n} = nr^2 \tan\frac{\pi}{n}$$

所以

184

$$r \leqslant \sqrt{\frac{1}{n} \cot \frac{\pi}{n}}$$

这就是说,圆心 O 即为所求点.

例3 设有一圆 O,$A_0 A_1 \cdots A_n O$ 为一多边形,它的顶点除 O 外依次分布在圆周上,其中 O,A_0,A_n 是固定的,而 A_1,A_2,$\cdots$,$A_{n-1}(n \geqslant 2)$ 是变动的.

试求此多边形面积之最大值.

解 不妨设圆 O 的半径为 R.记圆心角 $\angle A_{i-1} O A_i = x_i (1 \leqslant i \leqslant n)$,圆心角 $\angle A_0 O A_n = \alpha$,则

$$x_1 + x_2 + \cdots + x_n = \alpha$$

又记多边形 $A_0 A_1 \cdots A_n$ 的面积为 S,则

$$S = \frac{1}{2} R^2 \sum_{i=1}^{n} \sin x_i$$

由本章第 3 节例 1 知

$$S \leqslant \frac{1}{2} n R^2 \sin \frac{x_1 + x_2 + \cdots + x_n}{n} = \frac{1}{2} n R^2 \sin \frac{\alpha}{n} \text{(定值)}$$

等号仅当 $x_1 = x_2 = \cdots = x_n = \frac{\alpha}{n}$ 时成立. 此时

$$A_0 A_1 = A_1 A_2 = \cdots = A_{n-1} A_n$$

所以

$$S_{\max} = \frac{1}{2} n R^2 \sin \frac{\alpha}{n}$$

例4 在 $\triangle ABC$ 中,设 S 为其面积,证明:$ab + bc + ca \geqslant 4\sqrt{3} S$.

证明 因为 $S = \frac{1}{2} ab \sin C$,所以

$$\frac{ab}{S} = \frac{2}{\sin C}$$

同理

$$\frac{bc}{S} = \frac{2}{\sin A}$$

$$\frac{ac}{S} = \frac{2}{\sin B}$$

所以

$$\frac{ab + bc + ca}{S} = 2\left(\frac{1}{\sin A} + \frac{1}{\sin B} + \frac{1}{\sin C}\right) \geqslant 2 \cdot 3 \sqrt[3]{\frac{1}{\sin A \sin B \sin C}}$$

由本章第 3 节例 1 知

$$\sin A\sin B\sin C\leqslant\frac{3}{8}\sqrt{3}$$

所以

$$\frac{ab+bc+ca}{S}\geqslant 2\cdot 3\sqrt[3]{\frac{8}{3\sqrt{3}}}=4\sqrt{3}$$

即

$$ab+bc+ca\geqslant 4\sqrt{3}S$$

另外，由于 $a^2+b^2+c^2\geqslant ab+bc+ca$，故由上面的结论即得

$$a^2+b^2+c^2\geqslant 4\sqrt{3}S$$

这就是著名的魏森伯克不等式，它曾作为第 3 届 IMO 试题.

例 5　设三角形的三内角是 x,y,z，外接圆半径为 R，面积为 S. 试证明

$$\tan\frac{x}{2}+\tan\frac{y}{2}+\tan\frac{z}{2}\leqslant\frac{9R^2}{4S}$$

（第 26 届 IMO 预选题）

证明　由于在三角形中有

$$\tan\frac{x}{2}=\frac{r}{p-a},\tan\frac{y}{2}=\frac{r}{p-b},\tan\frac{z}{2}=\frac{r}{p-c}$$

$$S=\sqrt{p(p-a)(p-b)(p-c)}=rp$$

其中，r 为内切圆半径，p 为半周长，a,b,c 为三边长.

因此，欲证不等式等价于

$$\frac{r}{p-a}+\frac{r}{p-b}+\frac{r}{p-c}\leqslant\frac{9R^2}{4rp}$$

化简，得

$$(p-a)(p-b)+(p-b)(p-c)+(p-c)(p-a)\leqslant\frac{9}{4}R^2$$

亦即

$$a^2+b^2+c^2\leqslant 9R^2$$

由正弦定理，上式又等价于

$$\sin^2 x+\sin^2 y+\sin^2 z\leqslant\frac{9}{4}$$

这正是本章第 3 节中的例 4，故命题获证.

例 6　设 R,r 分别为三角形外接圆半径和内切圆半径. 试证明：$R\geqslant 2r$.

证明　设 P 为三角形半周长. 由于

$$R=\frac{p}{\sin A+\sin B+\sin C},r=p\tan\frac{A}{2}\tan\frac{B}{2}\tan\frac{C}{2}$$

186

故

$$\frac{R}{r} = \frac{1}{(\sin A + \sin B + \sin C)\tan\frac{A}{2}\tan\frac{B}{2}\tan\frac{C}{2}}$$

又

$$\sin A + \sin B + \sin C = 4\cos\frac{A}{2}\cos\frac{B}{2}\cos\frac{C}{2}$$

所以

$$\frac{R}{r} = \frac{1}{4\sin\frac{A}{2}\sin\frac{B}{2}\sin\frac{C}{2}}$$

于是由本章第 3 节例 1,我们有

$$\frac{R}{r} \geqslant \frac{1}{4} \cdot 8 = 2$$

即

$$R \geqslant 2r \tag{1}$$

其中,等号仅当三角形为正三角形时成立.

不等式(1)是三角形中的一个基本不等式.

例 7　设 a,b,c 为 $\triangle ABC$ 的三边长. 证明

$$2abc < a^2(b+c-a) + b^2(c+a-b) + c^2(a+b-c) \leqslant 3abc$$

证明　本题初看有点吓人,但仔细观察其特征,欲证不等式等价于

$$2abc < a(b^2+c^2-a^2) + b(c^2+a^2-b^2) + c(a^2+b^2-c^2) \leqslant 3abc$$

即

$$1 < \frac{b^2+c^2-a^2}{2bc} + \frac{c^2+a^2-b^2}{2ac} + \frac{a^2+b^2-c^2}{2ab} \leqslant \frac{3}{2}$$

从而我们只需证明

$$1 < \cos A + \cos B + \cos C \leqslant \frac{3}{2}$$

又大家熟知

$$\cos A + \cos B + \cos C = 1 + 4\sin\frac{A}{2}\sin\frac{B}{2}\sin\frac{C}{2}$$

再由本章第 3 节例 1 知

$$\sin\frac{A}{2}\sin\frac{B}{2}\sin\frac{C}{2} \leqslant \frac{1}{8}$$

所以

$$1 < \cos A + \cos B + \cos C \leqslant 1 + \frac{4}{8} = \frac{3}{2}$$

显然等号仅在 $A = B = C = \frac{\pi}{3}$ 时成立.

例 7 还可用第 5 章第 6 节所介绍的代数化方法来解决,读者不妨自己动手试试.

例 8 设 $\triangle ABC$ 和 $\triangle A'B'C'$ 的各边分别为 a,b,c 和 a',b',c',对应的面积为 S 和 S'. 试证明

$$(aa')^2 + (bb')^2 + (cc')^2 \geqslant 16SS'$$

证明 设 $\triangle ABC$ 与 $\triangle A'B'C'$ 的外接圆半径分别为 R, R'. 由正弦定理,欲证不等式等价于

$$16R^2R'^2(\sin^2 A \sin^2 A' + \sin^2 B \sin^2 B' + \sin^2 C \sin^2 C')$$
$$\geqslant 16 \cdot 4R^2R'^2 \sin A \sin B \sin C \sin A' \sin B' \sin C'$$

即

$$\sin^2 A \sin^2 A' + \sin^2 B \sin^2 B' + \sin^2 C \sin^2 C'$$
$$\geqslant 4 \sin A \sin B \sin C \sin A' \sin B' \sin C'$$

又

$$\sin^2 A \sin^2 A' + \sin^2 B \sin^2 B' + \sin^2 C \sin^2 C'$$
$$\geqslant 3\sqrt[3]{(\sin A \sin B \sin C \sin A' \sin B' \sin C')^2}$$

从而我们只需证明

$$3\sqrt[3]{(\sin A \sin B \sin C \sin A' \sin B' \sin C')^2}$$
$$\geqslant 4 \sin A \sin B \sin C \sin A' \sin B' \sin C'$$

这就是

$$\sin A \sin B \sin C \sin A' \sin B' \sin C' \leqslant \left(\frac{3}{4}\right)^3 \qquad (2)$$

由本章第 3 节例 1,有

$$\sin A \sin B \sin C \leqslant \frac{3\sqrt{3}}{8}, \sin A' \sin B' \sin C' \leqslant \frac{3\sqrt{3}}{8}$$

因此,显然有不等式(2)成立.

三角化和代数化是解决关于三角形各元素之不等式的两把利器.

我们再看一个关于三角形元素的不等式.

例 9 在 $\triangle ABC$ 中,证明

$$\frac{1}{a^2} + \frac{1}{b^2} + \frac{1}{c^2} \leqslant \frac{3\sqrt{3}}{4S} + \left(\frac{1}{a} - \frac{1}{b}\right)^2 + \left(\frac{1}{b} - \frac{1}{c}\right)^2 + \left(\frac{1}{c} - \frac{1}{a}\right)^2$$

其中 S 为 $\triangle ABC$ 的面积.

证明 因为

$$\frac{1}{a^2}+\frac{1}{b^2}+\frac{1}{c^2}-\left[\left(\frac{1}{a}-\frac{1}{b}\right)^2+\left(\frac{1}{b}-\frac{1}{c}\right)^2+\left(\frac{1}{c}-\frac{1}{a}\right)^2\right]$$

$$=2\left(\frac{1}{ab}+\frac{1}{bc}+\frac{1}{ca}\right)-\left(\frac{1}{a^2}+\frac{1}{b^2}+\frac{1}{c^2}\right)$$

$$\leqslant\frac{1}{ab}+\frac{1}{bc}+\frac{1}{ca}=\frac{a+b+c}{abc}=\frac{a+b+c}{4RS}\quad(R\text{ 为其外接圆半径})$$

$$=\frac{1}{2S}(\sin A+\sin B+\sin C)$$

由本章第 3 节例 1

$$\sin A+\sin B+\sin C\leqslant\frac{3}{2}\sqrt{3}$$

所以

$$\frac{1}{2S}(\sin A+\sin B+\sin C)\leqslant\frac{3\sqrt{3}}{4S}$$

故此,我们也就证明了原不等式.

例 10 设 O 为 $\triangle ABC$ 内任意一点(如图 9.4),O 到三边的距离分别为 m,n,p,到三顶点的距离分别为 x,y,z. 试证明

$$(m+n)(n+p)(p+m)\leqslant xyz$$

并指出等号成立的条件.

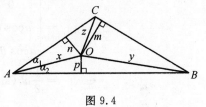

图 9.4

证明 因为

$$\frac{n+p}{x}=\frac{n}{x}+\frac{p}{x}=\sin\alpha_1+\sin\alpha_2=2\sin\frac{\alpha_1+\alpha_2}{2}\cos\frac{\alpha_1-\alpha_2}{2}$$

$$=2\sin\frac{A}{2}\cos\frac{\alpha_1-\alpha_2}{2}\leqslant2\sin\frac{A}{2}$$

显然,上式等号仅当 $\alpha_1=\alpha_2$,即 O 位于 $\angle A$ 的平分线上时成立.

同理,有

$$\frac{m+p}{y}\leqslant2\sin\frac{B}{2}$$

等号成立仅当 O 位于 $\angle B$ 的平分线上.

$$\frac{m+n}{z}\leqslant2\sin\frac{C}{2}$$

等号成立仅当 O 位于 $\angle C$ 的平分线上.

189

因此

$$\frac{(m+n)(n+p)(p+m)}{xyz} \leqslant 8\sin\frac{A}{2}\sin\frac{B}{2}\sin\frac{C}{2}$$

等号成立仅当 O 为三角形的内心.

于是我们只需证明

$$\sin\frac{A}{2}\sin\frac{B}{2}\sin\frac{C}{2} \leqslant \frac{1}{8}$$

这已是大家十分熟悉的不等式.

到此我们便证明了 $(m+n)(n+p)(p+m) \leqslant xyz$, 等号成立的条件是 O 为正三角形的中心.

下面是一个解析几何的问题.

例 11 试求: 椭圆 $\dfrac{x^2}{a^2}+\dfrac{y^2}{b^2}=1(a>b>0)$ 内接 n 边形的最大面积.

解 不妨设内接 n 边形 $A_1A_2\cdots A_n$ 的周界是逆时针走向的, 顶点 A_i 的坐标为 $(a\cos\theta_i, b\cos\theta_i)$, 其中 $i=1,2,\cdots,n$. 令 $\theta_2-\theta_1=\alpha_1, \theta_3-\theta_2=\alpha_2, \cdots,$ $(2\pi+\theta_1)-\theta_n=\alpha_n$. 显然对于 $\triangle OA_iA_{i+1}$, 其周界也是逆时针走向的, 因此

$$\begin{aligned}
S_{\triangle OA_iA_{i+1}} &= \begin{vmatrix} 0 & 0 & 1 \\ a\cos\theta_i & b\sin\theta_i & 1 \\ a\cos\theta_{i+1} & b\sin\theta_{i+1} & 1 \end{vmatrix} \\
&= \frac{1}{2}ab(\sin\theta_{i+1}\cos\theta_i - \cos\theta_{i+1}\sin\theta_i) \\
&= \frac{1}{2}ab\sin(\theta_{i+1}-\theta_i) \\
&= \frac{1}{2}ab\sin\alpha_i
\end{aligned}$$

其中 $1 \leqslant i \leqslant n$, 且令 $\theta_{i+1}=2\pi+\theta_1$.

因此, 内接 n 边形的面积 S 为

$$S = \sum_{i=1}^{n} S_{\triangle OA_iA_{i+1}} = \frac{1}{2}ab\sum_{i=1}^{n}\sin\alpha_i$$

由于 $\alpha_i \in (0,\pi)$, 且 $\displaystyle\sum_{i=1}^{n}\alpha_i = \sum_{i=1}^{n}(\theta_{i+1}-\theta_i) = 2\pi$.

故由本章第 3 节例 1, 得

$$S \leqslant \frac{1}{2}nab\sin\frac{2\pi}{n}$$

等号仅当 $\alpha_1=\alpha_2=\cdots=\alpha_n=\dfrac{2\pi}{n}$ 时成立.

所以

$$S_{\max} = \frac{1}{2} nab \sin \frac{2\pi}{n}$$

例 12 设 $x, y, z > 0$,求证

$$\sqrt{\frac{y+z}{x}} + \sqrt{\frac{z+x}{y}} + \sqrt{\frac{x+y}{z}} \geqslant 2\left(\sqrt{\frac{x}{y+z}} + \sqrt{\frac{y}{z+x}} + \sqrt{\frac{z}{x+y}}\right)$$

证明 令 $a = y+z, b = z+x, c = x+y, p = \frac{1}{2}(a+b+c)$.

显然,a, b, c 可作为三角形的三边. 这样欲证不等式等价于

$$\sqrt{\frac{a}{p-a}} + \sqrt{\frac{b}{p-b}} + \sqrt{\frac{c}{p-c}} \geqslant 2\left(\sqrt{\frac{p-a}{a}} + \sqrt{\frac{p-b}{b}} + \sqrt{\frac{p-c}{c}}\right)$$

即

$$\sqrt{\frac{\sin \frac{A}{2}}{\sin \frac{B}{2} \sin \frac{C}{2}}} + \sqrt{\frac{\sin \frac{B}{2}}{\sin \frac{C}{2} \sin \frac{A}{2}}} + \sqrt{\frac{\sin \frac{C}{2}}{\sin \frac{A}{2} \sin \frac{B}{2}}}$$

$$\geqslant 2\left(\sqrt{\frac{\sin \frac{B}{2} \sin \frac{C}{2}}{\sin \frac{A}{2}}} + \sqrt{\frac{\sin \frac{C}{2} \sin \frac{A}{2}}{\sin \frac{B}{2}}} + \sqrt{\frac{\sin \frac{A}{2} \sin \frac{B}{2}}{\sin \frac{C}{2}}}\right)$$

也就是

$$\sin \frac{A}{2} + \sin \frac{B}{2} + \sin \frac{C}{2} \geqslant 2\left(\sin \frac{A}{2} \sin \frac{B}{2} + \sin \frac{B}{2} \sin \frac{C}{2} + \sin \frac{C}{2} \sin \frac{A}{2}\right)$$

由于

$$\sin \frac{A}{2} \sin \frac{B}{2} + \sin \frac{B}{2} \sin \frac{C}{2} + \sin \frac{C}{2} \sin \frac{A}{2} \leqslant \frac{1}{3}\left(\sin \frac{A}{2} + \sin \frac{B}{2} + \sin \frac{C}{2}\right)^2$$

而

$$\sin \frac{A}{2} + \sin \frac{B}{2} + \sin \frac{C}{2} \leqslant \frac{3}{2} \quad (\text{见本章第 3 节例 1})$$

故

$$\sin \frac{A}{2} \sin \frac{B}{2} + \sin \frac{B}{2} \sin \frac{C}{2} + \sin \frac{C}{2} \sin \frac{A}{2} \leqslant \frac{1}{3} \cdot \frac{3}{2}\left(\sin \frac{A}{2} + \sin \frac{B}{2} + \sin \frac{C}{2}\right)$$

所以

$$\sin \frac{A}{2} + \sin \frac{B}{2} + \sin \frac{C}{2} \geqslant 2\left(\sin \frac{A}{2} \sin \frac{B}{2} + \sin \frac{B}{2} \sin \frac{C}{2} + \sin \frac{C}{2} \sin \frac{A}{2}\right)$$

例 12 到此证毕.

最后,我们讨论下面的第 32 届 IMO 试题.

例 13 设 P 为 $\triangle ABC$ 内一点,求证:$\angle PBC$,$\angle PCA$ 和 $\angle PAB$ 中至少有一个小于或等于 $\frac{\pi}{6}$.

证明 如图 9.5,设 $\angle PAB = \alpha$,$\angle PAC = \alpha'$,$\angle PBC = \beta$,$\angle PBA = \beta'$,$\angle PCA = \gamma$,$\angle PCB = \gamma'$,记 P 到 AB,BC,CA 的距离为 d_1,d_2,d_3. 则

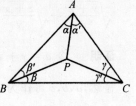

图 9.5

$$d_1 = PA\sin\alpha = PB\sin\beta'$$
$$d_2 = PB\sin\beta = PC\sin\gamma'$$
$$d_3 = PC\sin\gamma = PA\sin\alpha'$$

于是

$$\sin\alpha\sin\beta\sin\gamma = \sin\alpha'\sin\beta'\sin\gamma'$$

又由本章第 3 节例 1,有

$$(\sin\alpha\sin\beta\sin\gamma)^2 = \sin\alpha\sin\beta\sin\gamma\sin\alpha'\sin\beta'\sin\gamma'$$
$$\leqslant \sin^6\frac{\alpha+\beta+\gamma+\alpha'+\beta'+\gamma'}{6}$$
$$= \sin^6\frac{\pi}{6} = \frac{1}{64}$$

所以

$$\sin\alpha\sin\beta\sin\gamma \leqslant \frac{1}{8}$$

这样 α,β,γ 中必存在一个,不妨设为 α,满足 $\sin\alpha \leqslant \frac{1}{2}$,从而有 $\alpha \leqslant \frac{\pi}{6}$ 或 $\alpha \geqslant \frac{5}{6}\pi$.

又在 $\alpha \geqslant \frac{5}{6}\pi$ 时,β 和 γ 均小于 $\frac{\pi}{6}$.

到此,问题完全得证.

累次极值问题

在中学数学中,通常仅涉及单变量函数的极值问题.但是,在国内外数学奥林匹克中,经常出现一些多变量函数的极值问题.我们已在前面陆续介绍了一些解决多变量函数极值问题的方法(如应用不等式、局部调整法等等),然而在数学的理论研究以及实际问题中,我们还会遇到更复杂的情形,因变量是多个自变量的函数,要求先关于其中的一些变量求因变量的某种极值(极大或极小),然后再关于其余的变量求相反意义的极值.近年来,随着数学奥林匹克活动的深入开展,这一类复杂的问题或它们的雏形正逐渐登上数学奥林匹克的舞台,一般来说,解决这类问题需要运用多种数学思想和方法.这也就对参赛选手提出了更高的综合与分析能力的要求.

本章我们将讨论一些这种类型的问题以及解决它们的方法.

10.1　函数的最佳一次逼近

1983 年的全国高中数学联赛试题中,有这样一个问题:

例1　函数

$$F(x) = |\cos^2 x + 2\sin x\cos x - \sin^2 x + Ax + B|$$

在 $0 \leqslant x \leqslant \dfrac{3}{2}\pi$ 上的最大值 M 与参数 A,B 有关.试问 A,B 取何值时 M 最小?

这是由施咸亮教授提供的一个函数极值问题,我们已在第 5 章第 4 节例 6 中讨论了它的解法.下面我们再作一些进一步的分析和探究.

很明显,$F(x)$ 与 x,A,B 有关,现在要求先关于 x 求最大值,然后再关于 A,B 求最小值,也就是要求确定 A,B 使下面的极值达到

$$d = \min_{A,B} \max_{x \in \left[0, \frac{3}{2}\pi\right]} |g(x) + Ax + B|$$

其中 $g(x) = \cos^2 x + 2\sin x \cos x - \sin^2 x$.

令 $p(x) = -Ax - B$,我们把

$$\rho = \max_{x \in \left[0, \frac{3}{2}\pi\right]} |g(x) - p(x)|$$

称作 $g(x)$ 与 $p(x)$ 在区间 $\left[0, \frac{3}{2}\pi\right]$ 上的偏差.那么上面的问题就要我们确定一个一次函数 $p(x)$,使它与 $g(x)$ 在 $\left[0, \frac{3}{2}\pi\right]$ 上的偏差最小.

由此,我们进一步提出下面的一般性问题:

设 $g(x)$ 是区间 $[a,b]$ 上的连续函数,试确定一次函数 $p(x) = kx + m$,使偏差

$$\rho = \max_{x \in [a,b]} |g(x) - p(x)|$$

达到极小.

这就是函数逼近论中的最佳逼近问题.它的解,也即使 ρ 达到极小的一次函数 $p(x)$,我们称之为函数 $g(x)$ 的最佳一次近似或最佳一次逼近.

最佳逼近问题是由俄国数学家切比雪夫(1821—1894)在 1876 年首先提出的.他从研究瓦特(Watt)蒸汽机上的平行四边形入手,提出如下问题:为了使机械运动的精确度最大,就要选择一条直线,使得活塞在运动时,离开这条线的偏差相对于其他直线而言是最小的,这就是最佳逼近问题的雏形.

为了研究上述问题,我们先来考察一种特殊的情形:

设 $y = g(x)$ 是 $[a,b]$ 上的连续函数,试确定常数 c,使

$$\rho = \max_{x \in [a,b]} |g(x) - c|$$

达到极小

这个问题相对比较容易.

不妨假定 $g(x) \not\equiv$ 常数,同时设

$$M = \max_{x \in [a,b]} g(x), \quad m = \min_{x \in [a,b]} g(x)$$

分别是 $g(x)$ 在区间 $[a,b]$ 上的最大值和最小值.

由图 10.1 不难看出,当 $c = \frac{1}{2}(M+m)$ 时,ρ 达到极小值 $\rho_{\min} = \frac{1}{2}(M-m)$.

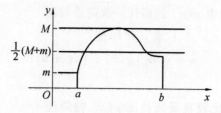

图 10.1

事实上,由于在闭区间 $[a,b]$ 上的连续函数,一定有最大值和最小值.因此,我们可以在 $[a,b]$ 上找到两点 x_1 和 x_2,使

$$M = g(x_1),\ m = g(x_2)$$

假如 $c > \frac{1}{2}(M+m)$,则

$$|g(x_2) - c| = c - g(x_2) > \frac{1}{2}(M-m)$$

从而 $\rho > \frac{1}{2}(M-m)$.

假如 $c < \frac{1}{2}(M+m)$,则

$$|g(x_1) - c| = g(x_1) - c > \frac{1}{2}(M-m)$$

从而

$$\rho > \frac{1}{2}(M-m)$$

这便证明了当且仅当 $c = \frac{1}{2}(M+m)$ 时,ρ 达到极小值 $\frac{1}{2}(M-m)$.

我们来看一个具体的例子.

例 2　设 $g(x) = x^2 + 1$,求常数 c,使

$$\rho = \max_{x \in [0,2]} |g(x) - c|$$

达到极小值.

解　由于

$$\max_{x \in [0,2]} g(x) = g(2) = 5$$
$$\min_{x \in [0,2]} g(x) = g(0) = 1$$

因此,根据刚才的讨论可见,当且仅当 $c = \frac{5+1}{2} = 3$ 时,ρ 达到最小值

$$\rho_{\min} = \frac{5-1}{2} = 2$$

现在我们转回到求 $g(x)$ 的最佳一次逼近问题.

例 3　设 $g(x) = x^2 + 1$,求 a 和 b,使

$$\rho = \max_{x \in [0,2]} |g(x) - (ax + b)|$$

达到最小值.

由图 10.2 可以比较直观地找出 $g(x)$ 的最佳一次逼近函数 $p(x) = ax + b$ 来.设 l_1 是联结抛物线两端点 $A(0,1)$ 和 $B(2,5)$ 的直线,那么在区间 $[0,2]$ 上抛物线 $y = g(x)$ 在直线段 AB 的下方.又设抛物线平行于 l_1 的切线为 l_2,切点为 $C(x_0, g(x_0))$,那么 l_1 和 l_2 的平行中线 l 就是抛物线 $y = x^2 + 1$ 在 $[0,2]$ 上的最佳一次近似.

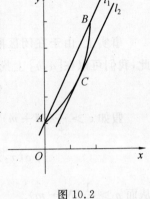

图 10.2

设 l 的方程为 $y = p(x)$,则它有以下两条性质:

① 偏差

$$\rho = \max_{x \in [0,2]} |g(x) - p(x)|$$

在三个点达到,它们是(依从小到大顺序排列) $x_1 = 0, x_2 = x_0, x_3 = 2$.我们称这三个点为偏差点.

② 在偏差点函数值之差的符号交错

$$g(x_1) - p(x_1) = g(0) - p(0) = \rho$$
$$g(x_2) - p(x_2) = g(x_0) - p(x_0) = -\rho$$
$$g(x_3) - p(x_3) = g(2) - p(2) = \rho$$

这样的偏差点 $x_1, x_2, x_3 (x_1 < x_2 < x_3)$ 称为一个交错组.

我们说具有上述两个特征的 $p(x)$ 就是 $g(x)$ 的最佳一次逼近.

一般地,有下面的定理成立.

定理 10　一次函数 $p_0(x) = a_0 x + b_0$ 成为区间 $[c,d]$ 上的连续函数 $g(x)$ 的最佳一次逼近(近似)的充分必要条件是:$g(x) - p_0(x)$ 至少在 $[c,d]$ 上 3 个点处交错地达到 $\max_{x \in [0,2]} |g(x) - p_0(x)|$.

这就是逼近论中著名的切比雪夫定理.关于它的证明,已经超出了本书的范围.我们在这里不再论述,有兴趣的读者可以进一步参阅有关逼近论方面的著作.

现在我们就可以来解决例 3 了.

首先确定 a,由定理 10,有

$$g(0)-p(0)=g(2)-p(2)$$

即

$$1-b=2^2+1-2a-b$$

由此求得 $a=2$.

再求 b. 既然 a 已求出,那么问题就化归为求 b,使

$$\rho'=\max_{x\in[0,2]}|x^2+1-2x-b|$$

达到最小值.

由于函数 $f(x)=x^2+1-2x=(x-1)^2$ 在 $[0,2]$ 上的最大值为 1,最小值为 0,故由前面的讨论知道,当 $b=\dfrac{1+0}{2}=\dfrac{1}{2}$ 时,ρ' 达到最小.

这样,$g(x)=x^2+1$ 在 $[0,2]$ 上的最佳一次逼近为 $y=2x+\dfrac{1}{2}$,并且

$$\min_{a,b}\max_{x\in[0,2]}|x^2+1-(ax+b)|$$

$$=\max_{x\in[0,2]}\left|x^2+1-\left(2x+\frac{1}{2}\right)\right|=\frac{1}{2}$$

有了上面的讨论,我们对第 5 章第 4 节例 6 的解法就容易理解了. 事实上

由于

$$g(x)=\cos^2 x+2\sin x\cos x-\sin^2 x$$

$$=\sqrt{2}\sin\left(2x+\frac{\pi}{4}\right)$$

不难看出,$g(x)$ 在 $\left[0,\dfrac{3}{2}\pi\right]$ 上有两个最大值点 $x_1=\dfrac{\pi}{8}$ 和 $x_3=\dfrac{9}{8}\pi$,以及一个最小值点 $x_2=\dfrac{5}{8}\pi$. 即有

$$\max_{x\in\left[0,\frac{3}{2}\pi\right]}g(x)=g\left(\frac{\pi}{8}\right)=g\left(\frac{9}{8}\pi\right)=\sqrt{2}$$

$$\min_{x\in\left[0,\frac{3}{2}\pi\right]}g(x)=g\left(\frac{5}{8}\pi\right)=-\sqrt{2}$$

由此可见,$y=0$ 便具有定理 10 中 $p_0(x)$ 的性质. 也就是说,当 $A=B=0$ 时

$$M=\max_{x\in\left[0,\frac{3}{2}\pi\right]}F(x)$$

达到最小值.

例 4 在所有首项系数为 1 的二次函数

$$f(x)=x^2+bx+c$$

197

中找出使

$$M = \max_{x \in \left[-\frac{1}{2}, 2 \right]} |f(x)|$$

达到最小的二次多项式,并求出 $M_{\min}$.

解 显然,问题等价于确定一次函数

$$p(x) = -(bx + c)$$

使

$$\max_{x \in \left[-\frac{1}{2}, 2 \right]} |x^2 - p(x)|$$

达到最小.

类似于例 3 的分析,b, c 应当满足

$$\left(-\frac{1}{2} \right)^2 - p\left(-\frac{1}{2} \right) = 2^2 - p(2)$$

即

$$\frac{1}{4} - \frac{1}{2}b + c = 4 + 2b + c$$

由此解得 $b = -\frac{3}{2}$. 又 $y = x^2 - \frac{3}{2}x$ 在 $\left[-\frac{1}{2}, 2 \right]$ 上的最大值为 1,最小值为 $-\frac{9}{16}$,

故取 $-c = \frac{1}{2}\left(1 - \frac{9}{16} \right)$,即 $c = -\frac{7}{32}$ 时

$$\max_{x \in \left[-\frac{1}{2}, 2 \right]} \left| x^2 - \frac{3}{2}x + c \right|$$

达到最小,并且

$$\min_c \max_{x \in \left[-\frac{1}{2}, 2 \right]} \left| x^2 - \frac{3}{2}x + c \right|$$

$$= \max_{x \in \left[-\frac{1}{2}, 2 \right]} \left| x^2 - \frac{3}{2}x - \frac{7}{32} \right| = \frac{25}{32}$$

因此,所求的二次多项式为

$$f(x) = x^2 - \frac{3}{2}x - \frac{7}{32}$$

且

$$M_{\min} = \frac{25}{32}$$

下面的问题,我们留给读者自己练习.

例 5 求 a, b,使 $\max\limits_{x \in [-1,1]} |x^2 + x + 1 + ax + b|$ 达到最小值.

在讨论了上述连续情形后,相应于离散情形的同类问题就比较容易解决.

198

设平面上有 n 个点:

$A_1 = (x_1, y_1), A_2 = (x_2, y_2), \cdots, A_n = (x_n, y_n)$,其中 $x_1 < x_2 < \cdots < x_n$.

试确定一直线 $l: y = kx + m$,使得它与这些点的偏离尽可能地小,也就是说,求 k, m 使

$$\rho = \max_{1 \leqslant i \leqslant n} \left| (kx_i + m) - y_i \right|$$

达到最小.

这个问题的讨论,我们留给读者自己去进行.

10.2 动态规划方法

我们先来看下面的极值问题:

例 1 设 $x \geqslant 0, y \geqslant 0, z \geqslant 0$,且满足 $x + y + z = 1$.求 $A = 2x^2 + 3y + z^2$ 的最小值.

假如把 A 改为 $A' = 2x^2 + 3y^2 + z^2$,那么问题实际上便是第 6 章例 10,从而我们立即会想到用柯西不等式求解是条捷径.但是,我们在第 6 章已经提到,应用柯西不等式解极值问题时,各个变量之间的次数有一定的关系,假如变量的次数关系不符合柯西不等式指定的要求,那么柯西不等式便无能为力了.如今 y^2 变成 y,我们也就无法应用柯西不等式.

现在我们介绍一种有普遍意义的方法.这一方法的基本思路就是局部调整的思想:把其中一些变量固定起来,化成几个一元函数的极值问题逐步求解.这种方法在近代分析数学中,称为把多重条件极值化为累次极值;在近代数学规划论中,又相当于应用动态规划思想解决"静态"的数学规划问题.

以例 1 的问题为例,我们先把 z 固定起来,令 $t = 1 - z$,于是 $x \geqslant 0, y \geqslant 0$, $x + y = t$,其中 $0 \leqslant t \leqslant 1$ 是暂时固定的.记 $B = 2x^2 + 3y$,我们先求 B 的最小值,这个最小值显然可以求出,并且与 t 有关,记作 $\varphi(t)$,即 $B_{\min} = \varphi(t)$.于是 A 的最小值为

$$A_{\min} = \min_{x \in [0,1]} \left[\varphi(1 - z) + z^2 \right]$$

这样,通过求解两个一元极值问题便可把 A 的最小值求出来.

例 1 的解 令 $t = 1 - z$,则 $0 \leqslant t \leqslant 1, x \geqslant 0, y \geqslant 0, x + y = t$,记 $B = 2x^2 + 3y$,把 $y = t - x$ 代入得

$$B = 2x^2 - 3x + 3t, x \in [0, t]$$

于是

$$B = 2\left(x - \frac{3}{4}\right)^2 + 3t - \frac{9}{8}, x \in [0, t]$$

因此,倘若 $\frac{3}{4} \in [0, t]$,即 $\frac{3}{4} \leqslant t \leqslant 1$,那么 B 的最小值在 $x = \frac{3}{4}$ 时达到

$$B_{\min} = -\frac{9}{8} + 3t$$

倘若 $t < \frac{3}{4}$,那么 B 的最小值应在区间 $[0, t]$ 的端点 t 处达到,即

$$B_{\min} = 2t^2 - 3t + 3t = 2t^2$$

因此,我们得到

$$B_{\min} = \varphi(t) = \begin{cases} -\dfrac{9}{8} + 3t & \left(\dfrac{3}{4} \leqslant t \leqslant 1\right) \\ 2t^2 & \left(0 \leqslant t \leqslant \dfrac{3}{4}\right) \end{cases} \tag{1}$$

下面根据式(1) 来求 A 的最小值.

由于 $\frac{3}{4} \leqslant t \leqslant 1$ 等价于 $0 \leqslant z \leqslant \frac{1}{4}$,而 $0 \leqslant t \leqslant \frac{3}{4}$ 等价于 $\frac{1}{4} \leqslant z \leqslant 1$. 因此

$$\varphi(1 - z) + z^2 = \begin{cases} z^2 - 3z + \dfrac{15}{8} & \left(0 \leqslant z \leqslant \dfrac{1}{4}\right) \\ 3z^2 - 4z + 2 & \left(\dfrac{1}{4} \leqslant z \leqslant 1\right) \end{cases}$$

容易看出,在区间 $\left[0, \frac{1}{4}\right]$ 上二次多项式 $z^2 - 3z + \frac{15}{8}$ 的最小值在 $z = \frac{1}{4}$ 处达到,其值为 $\frac{19}{16}$;在区间 $\left[\frac{1}{4}, 1\right]$ 上二次多项式 $3z^2 - 4z + 2$ 的最小值在 $z = \frac{2}{3}$ 处达到,其值为 $\frac{2}{3}$.

所以

$$A_{\min} = \min\left(\frac{19}{16}, \frac{2}{3}\right) = \frac{2}{3}$$

读者不难应用同样的方法求出 A 的最大值.

例 2 设 $x \geqslant 0, y \geqslant 0, z \geqslant 0, x + y + 2z = 1$,试求 $A = 2x^2 + y + 3z^2$ 的最大值.

解 令 $t = 1 - 2z$,则 $0 \leqslant t \leqslant 1, x + y = t, x \geqslant 0, y \geqslant 0$. 记 $B = 2x^2 + y$,我们先求 B 的最大值. 由 $y = t - x$ 得

200

$$B = 2x^2 - x + t \quad (0 \leqslant x \leqslant t)$$

B 的最大值在区间 $[0,t]$ 的端点处达到,因此

$$B_{\max} = \varphi(t) = \max(2t^2, t)$$

具体写出来便是

$$\varphi(t) = \begin{cases} t & (0 \leqslant t \leqslant \frac{1}{2}) \\ 2t^2 & (\frac{1}{2} \leqslant t \leqslant 1) \end{cases} \tag{2}$$

于是 A 的最大值为

$$A_{\max} = \max_{0 \leqslant z \leqslant \frac{1}{2}} \left[\varphi(1-2z) + 3z^2 \right]$$

注意到 $0 \leqslant t \leqslant \frac{1}{2}$ 等价于 $\frac{1}{4} \leqslant z \leqslant \frac{1}{2}$,$\frac{1}{2} \leqslant t \leqslant 1$ 等价于 $0 \leqslant z \leqslant \frac{1}{4}$. 因此,由式(2)便可得到

$$\varphi(1-2z) + 3z^2 = \begin{cases} 3z^2 + (1-2z) & (\frac{1}{4} \leqslant z \leqslant \frac{1}{2}) \\ 3z^2 + 2(1-2z)^2 & (0 \leqslant z \leqslant \frac{1}{4}) \end{cases}$$

容易看出,在 $\left[\frac{1}{4}, \frac{1}{2}\right]$ 上二次多项式 $3z^2 + (1-2z)$ 的最大值在 $z = \frac{1}{2}$ 处达到,其值为 $\frac{3}{4}$;在 $\left[0, \frac{1}{4}\right]$ 上二次多项式 $3z^2 + 2(1-2z)^2$ 的最大值在 $z = 0$ 处达到,其值为 2.

因此,当且仅当 $z = 0$ 时,$\varphi(1-2z) + 3z^2$ 达到最大值 2. 即

$$A_{\max} = 2$$

下面我们考虑一般情形.

例 3 在条件

$$\begin{cases} x_1 \geqslant 0, x_2 \geqslant 0, \cdots, x_n \geqslant 0 \\ x_1 + x_2 + \cdots + x_n = a \end{cases}$$

之下,求 $A = g_1(x_1) + g_2(x_2) + \cdots + g_n(x_n)$ 的最大值和最小值,其中 $g_i(x)$ $(i = 1, 2, \cdots, n)$ 是连续函数.

这是一类特殊的数学规划问题,现在我们介绍根据动态规划思想给出的解法.

解 用 $\varphi_i(t)$ 表示在条件

$$\begin{cases} x_1 \geqslant 0, x_2 \geqslant 0, \cdots, x_i \geqslant 0 \\ x_1 + x_2 + \cdots + x_i = t \end{cases}$$

之下,函数

$$F_i(x_1, x_2, \cdots, x_i) = g_1(x_1) + g_2(x_2) + \cdots + g_i(x_i)$$

的最大值. 显然

$$\varphi_1(t) = g_1(t)$$

$$\varphi_2(t) = \max_{0 \leqslant x_2 \leqslant t} [g_2(x_2) + \varphi_1(t - x_2)]$$

假如 $\varphi_i(t)$ 已求出,那么

$$\varphi_{i+1}(t) = \max_{0 \leqslant x_{i+1} \leqslant t} [g_{i+1}(x_{i+1}) + \varphi_i(t - x_{i+1})]$$

对于 $i = 2, 3, \cdots, n-1$ 解决一串一元极值问题,最后便可求得最大值

$$F_{\max} = \varphi_n(a)$$

类似地,我们可求出 F 的最小值.

例 4 设 $\begin{cases} x_1 \geqslant 0, x_2 \geqslant 0, \cdots, x_n \geqslant 0 \\ x_1 + x_2 + \cdots + x_n = t \end{cases}$,试求 $\varphi = x_1 x_2 \cdots x_n$ 的最大值.

解 以 $\varphi_n(t)$ 表示 φ 的最大值. 显然问题等价于在约束条件

$$\begin{cases} x_1 \geqslant 0, x_2 \geqslant 0, \cdots, x_n \geqslant 0 \\ x_1 + x_2 + \cdots + x_{n-1} = t - x_n \end{cases}$$

下,求 $x_1 x_2 \cdots x_{n-1}$ 的最大值. 由此可见

$$\varphi_n(t) = \max_{0 \leqslant x_n \leqslant t} [x_n \varphi_{n-1}(t - x_n)] \tag{3}$$

设

$$y_1 = \frac{x_1}{t}, y_2 = \frac{x_2}{t}, \cdots, y_n = \frac{x_n}{t}$$

由于 $\varphi_n(t) = t^n \varphi_n(1)$,故由式(3)推得

$$\begin{aligned}
\varphi_n(t) &= t^n \varphi_n(1) \\
&= \max_{0 \leqslant y_n \leqslant 1} [y_n t \varphi_{n-1}(1)(t - t y_n)^{n-1}] \\
&= t^n \varphi_{n-1}(1) \max_{0 \leqslant y_n \leqslant 1} [y_n (1 - y_n)^{n-1}] \\
&= \frac{t^n \varphi_{n-1}(1)(n-1)^{n-1}}{n^n}
\end{aligned}$$

注意到 $\varphi_1(1) = 1$,故由上式得

$$\begin{aligned}
\varphi_n(1) &= \frac{(n-1)^{n-1}}{n^n} \varphi_{n-1}(1) \\
&= \frac{(n-1)^{n-1}}{n^n} \cdot \frac{(n-2)^{n-2}}{(n-1)^{n-1}} \varphi_{n-2}(1) \\
&= \cdots
\end{aligned}$$

从分析解题过程学解题
——竞赛中的不等式问题

$$= \frac{(n-1)^{n-1}}{n^n} \cdot \frac{(n-2)^{n-2}}{(n-1)^{n-1}} \cdot \cdots \cdot \frac{1}{2^2} \varphi_1(1)$$

$$= \frac{1}{n^n}$$

因此

$$\frac{x_1}{t} \cdot \frac{x_2}{t} \cdot \cdots \cdot \frac{x_n}{t} \leqslant \frac{1}{n^n}$$

即

$$x_1 x_2 \cdots x_n \leqslant \left(\frac{t}{n}\right)^n = \left(\frac{x_1 + x_2 + \cdots + x_n}{n}\right)^n$$

这样,我们又一次漂亮地导出了几何与算术平均不等式

$$\sqrt[n]{x_1 x_2 \cdots x_n} \leqslant \frac{x_1 + x_2 + \cdots + x_n}{n}$$

由本节的讨论可以见到,在一定约束条件下求多元函数 $f(x_1, x_2, \cdots, x_n)$ 的极大或极小值问题,有时可把它化为累次极值问题来求解. 当然这种转化并不永远可以进行. 但一般来说,只要所给的条件和函数满足某些假定,那么这种转化就可以进行.

10.3 不等式中参数的最值问题

在一定条件下,给出了一个含参数的不等式,求使不等式恒成立的参数之最值(或取值范围),这是近年来数学奥林匹克中出现的新题型,由于这类问题本身并没有提供答案,而是要求参赛选手自己去寻找、探索和论证,因此大部分都难度较大,其解法灵活多样、技巧性强.

本节我们讨论这类开放型问题的解法.

例 1 设 $f(x) = \lg \dfrac{1 + 2^x + 3^x + \cdots + (n-1)^x + n^x \cdot a}{n}$,其中 a 是实数,n 是任意给定的自然数,且 $n \geqslant 2$. 如果当 $x \in (-\infty, 1]$ 时 $f(x)$ 有意义,求 a 的取值范围.

解 当 $x \in (-\infty, 1]$ 时 $f(x)$ 有意义的条件是

$$1 + 2^x + 3^x + \cdots + (n-1)^x + n^x \cdot a > 0$$

即

$$a > -\left[\left(\frac{1}{n}\right)^x + \left(\frac{2}{n}\right)^x + \cdots + \left(\frac{n-1}{n}\right)^x\right] \quad (n \geqslant 2)$$

由于 $g(x) = -\left(\dfrac{k}{n}\right)^x (k = 1, 2, \cdots, n-1)$ 在 $(-\infty, 1]$ 上都是增函数，从而 $G(x) =$

$-\sum\limits_{k=1}^{n-1}\left(\dfrac{k}{n}\right)^x$ 在 $(-\infty, 1]$ 上也是增函数，故它在 $x = 1$ 时取得最大值

$$G_{\max}(x) = G(1) = -\left(\dfrac{1}{n} + \dfrac{2}{n} + \cdots + \dfrac{n-1}{n}\right) = -\dfrac{1}{2}(n-1)$$

因此，$a > -\dfrac{1}{2}(n-1)$ 就是 a 的取值范围.

例 2　已知 $x \in (1, 2)$ 总满足关于 x 的不等式 $\dfrac{\lg 2ax}{\lg(a+x)} < 1$，求实数 a 的

取值范围.

解　$x \in (1, 2)$，$2ax > 0$，所以 $a > 0$，$a + x > 1$，因此原不等式化为

$$\lg 2ax < \lg(a+x) \Rightarrow 2ax < a + x$$

即 $a < \dfrac{x}{2x-1} = \dfrac{1}{2 - \dfrac{1}{x}}$，在 $x \in (1, 2)$ 上恒成立.

由于 $f(x) = \dfrac{1}{2 - \dfrac{1}{x}}$ 在 $x \in (1, 2)$ 是减函数，故 $f(2) < f(x) < f(1)$，即

$$\dfrac{2}{3} < f(x) < 1$$

因此

$$a \leqslant f(2) = \dfrac{2}{3}$$

因此，a 的取值范围是 $0 < a \leqslant \dfrac{2}{3}$.

例 3　关于 x 的不等式 $\sqrt{ax - a^2} < x - 3a \, (a \neq 0)$ 在 $[-4, -3]$ 上恒成立，求实数 a 的取值范围.

解　先求出不等式的解

$$\sqrt{ax - a^2} < x - 3a \, (a \neq 0) \Leftrightarrow \begin{cases} x - 3a > 0 \\ ax - a^2 \geqslant 0 \\ ax - a^2 < x^2 - 6ax + 9a^2 \end{cases}$$

解此不等式得：当 $a > 0$ 时，不等式的解为 $(5a, +\infty)$；当 $a < 0$ 时，不等式的解

为 $(2a, a]$. 当 $a > 0$ 时，原不等式在 $[-4, -3]$ 上不成立；当 $a < 0$ 时，a 满足的

充要条件为 $[-4, -3] \subseteq (2a, a] \Leftrightarrow \begin{cases} 2a < -4 \\ a \geqslant -3 \end{cases} \Leftrightarrow -3 \leqslant a < -2$，这就是所求的

204

取值范围.

例 4　设 n 为自然数, 对任意的实数 x,y,z 恒有 $(x^2+y^2+z^2)^2 \leqslant n(x^4+y^4+z^4)$ 成立. 试求 n 的最小值. (1990 年全国高中数学联赛试题)

解　令 $a=x^2,b=y^2,c=z^2$, 则题设不等式化为

$$(a+b+c)^2 \leqslant n(a^2+b^2+c^2) \tag{1}$$

由于

$$\begin{aligned}
(a+b+c)^2 &= a^2+b^2+c^2+2ab+2bc+2ca \\
&\leqslant a^2+b^2+c^2+a^2+b^2+b^2+c^2+c^2+a^2 \\
&= 3(a^2+b^2+c^2)
\end{aligned}$$

因而当 $n=3$ 时, 不等式 (1) 成立.

另一方面, 当 $a=b=c>0$ 时, 不等式 (1) 化为 $9a^2 \leqslant 3na^2$, 于是必有 $n \geqslant 3$. 因此, n 的最小值为 3.

例 5　设 λ 是给定的正数, 试求最大的常数 $c=c(\lambda)$, 使得对所有非负实数 x,y 均有 $x^2+y^2+\lambda xy \geqslant c(x+y)^2$.

解　对 λ 分两种情形讨论.

① 若 $\lambda \geqslant 2$, 则

$$x^2+y^2+\lambda xy \geqslant x^2+y^2+2xy = (x+y)^2$$

又当 $x=0$ 或 $y=0$ 时, 上述不等式取等号.

故当 $\lambda \geqslant 2$ 时, $c_{\max}=1$.

② 若 $0<\lambda<2$, 则

$$\begin{aligned}
x^2+y^2+\lambda xy &= (x+y)^2-(2-\lambda)xy \\
&\geqslant (x+y)^2-(2-\lambda)\left(\frac{x+y}{2}\right)^2 \\
&= \frac{2+\lambda}{4}(x+y)^2
\end{aligned}$$

又当 $x=y$ 时, 上述不等式等号成立.

故当 $0<\lambda<2$ 时, $c_{\max}=\dfrac{2+\lambda}{4}$.

例 6　设实数 $x_0>x_1>x_2>x_3>0$, 要使

$$\log_{\frac{x_0}{x_1}} 1\,993 + \log_{\frac{x_1}{x_2}} 1\,993 + \log_{\frac{x_2}{x_3}} 1\,993 \geqslant k\log_{\frac{x_0}{x_3}} 1\,993$$

恒成立. 试求 k 的最大值. (1993 年全国高中数学联赛试题)

解　题设不等式可化为

$$\frac{1}{\log_{1\,993} \frac{x_0}{x_1}} + \frac{1}{\log_{1\,993} \frac{x_1}{x_2}} + \frac{1}{\log_{1\,993} \frac{x_2}{x_3}} \geqslant \frac{k}{\log_{1\,993}\left(\frac{x_0}{x_1} \cdot \frac{x_1}{x_2} \cdot \frac{x_2}{x_3}\right)}$$

即

$$\frac{1}{\log_{1\,993}\frac{x_0}{x_1}}+\frac{1}{\log_{1\,993}\frac{x_1}{x_2}}+\frac{1}{\log_{1\,993}\frac{x_2}{x_3}}\geqslant\frac{k}{\log_{1\,993}\frac{x_0}{x_1}+\log_{1\,993}\frac{x_1}{x_2}+\log_{1\,993}\frac{x_2}{x_3}}$$

令

$$t_1=\log_{1\,993}\frac{x_0}{x_1},\ t_2=\log_{1\,993}\frac{x_1}{x_2},\ t_3=\log_{1\,993}\frac{x_2}{x_3}$$

于是题设不等式又变为

$$(t_1+t_2+t_3)\left(\frac{1}{t_1}+\frac{1}{t_2}+\frac{1}{t_3}\right)\geqslant k$$

但

$$(t_1+t_2+t_3)\left(\frac{1}{t_1}+\frac{1}{t_2}+\frac{1}{t_3}\right)\geqslant 3\sqrt[3]{t_1t_2t_3}\cdot 3\sqrt[3]{\frac{1}{t_1}\cdot\frac{1}{t_2}\cdot\frac{1}{t_3}}=9$$

当且仅当 $t_1=t_2=t_3$ 即 x_0,x_1,x_2,x_3 成等比数列时,上式等号成立.

所以 $k_{\max}=9$

由上面的讨论可以看到,确立使不等式恒成立的参数之最值,大都经过两个步骤:其一是设法求出参数的上界或下界,其二是说明参数能达到所得出的上界或下界.

例 7 试求最小实数 a,使不等式

$$a(x^2+y^2+z^2)+xyz\geqslant\frac{a}{3}+\frac{1}{27}$$

对一切满足 $x,y,z\geqslant 0$ 且 $x+y+z=1$ 的实数 x,y,z 成立.

解 当 $x=y=\frac{1}{2},z=0$ 时,原不等式为

$$a\left(\frac{1}{4}+\frac{1}{4}+0\right)\geqslant\frac{a}{3}+\frac{1}{27}$$

即 $a\geqslant\frac{2}{9}$.

我们猜测 a 的最小值为 $\frac{2}{9}$.为此需要证明

$$\frac{2}{9}(x^2+y^2+z^2)+xyz\geqslant\frac{1}{9}$$

即

$$2(x^2+y^2+z^2)+9xyz\geqslant 1 \tag{2}$$

事实上,不妨设 $x\geqslant y\geqslant z$,则由 $x+y+z=1$,知

$$0 \leqslant z \leqslant \frac{1}{3}$$

令

$$x + y = \frac{2}{3} + \varepsilon$$

$$z = \frac{1}{3} - \varepsilon \quad (0 \leqslant \varepsilon \leqslant \frac{1}{3})$$

于是

$$
\begin{aligned}
2(x^2 + y^2 + z^2) + 9xyz &= 2[(x+y)^2 + z^2 - 2xy] + 9xyz \\
&= 2(x+y)^2 + 2z^2 + 9xy\left(z - \frac{4}{9}\right) \\
&= 2\left(\frac{2}{3} + \varepsilon\right)^2 + 2\left(\frac{1}{3} - \varepsilon\right)^2 + 9xy\left(\frac{1}{3} - \varepsilon - \frac{4}{9}\right) \\
&= \frac{10}{9} + \frac{4}{3}\varepsilon + 4\varepsilon^2 - xy(1 + 9\varepsilon) \\
&\geqslant \frac{10}{9} + \frac{4}{3}\varepsilon + 4\varepsilon^2 - \left(\frac{x+y}{2}\right)^2(1 + 9\varepsilon) \\
&= \frac{10}{9} + \frac{4}{3}\varepsilon + 4\varepsilon^2 - \frac{1}{9} - \frac{4}{3}\varepsilon - \frac{13}{4}\varepsilon^2 - \frac{9}{4}\varepsilon^3 \\
&= 1 + \frac{3}{4}\varepsilon^2(1 - 3\varepsilon) \geqslant 1
\end{aligned}
$$

从而式(2)成立,且当且仅当 $x = y, \varepsilon = \frac{1}{3}$ 即 $x = y = \frac{1}{2}, z = 0$ 时,等号成立.

因此,欲求 a 之最小值为 $\frac{2}{9}$.

在例 7 中,我们通过取特殊值猜测 a 的最小值,然后再进行论证. 这种利用特殊值"先猜后证"的方法是解决不等式中参数最值的有效方法和手段.

我们再看下面的例子

例 8　求最小的实数 k,使对于任何满足条件 $x_1 + x_2 + \cdots + x_n \leqslant x_{n+1}$ $(n = 1, 2, \cdots)$ 的正数列 $\{x_i\}$,都有

$$\sqrt{x_1} + \sqrt{x_2} + \cdots + \sqrt{x_n} \leqslant k\sqrt{x_1 + x_2 + \cdots + x_n}$$

解　取满足条件 $x_1 + x_2 + \cdots + x_n \leqslant x_{n+1}$ $(n = 1, 2, \cdots)$ 的数列 $x_i = 2^{i-1}$ $(i = 1, 2, \cdots)$ 由题设有

$$\sqrt{x_1} + \sqrt{x_2} + \cdots + \sqrt{x_n} \leqslant k\sqrt{x_1 + x_2 + \cdots + x_n} \quad (n = 1, 2, \cdots)$$

即

$$1 + 2^{\frac{1}{2}} + 2^{\frac{2}{2}} + \cdots 2^{\frac{n-1}{2}} = \frac{2^{\frac{n}{2}} - 1}{\sqrt{2} - 1} \leqslant k\sqrt{2^n - 1}$$

所以

$$k \geqslant \frac{1}{\sqrt{2} - 1} \cdot \frac{2^{\frac{n}{2}} - 1}{\sqrt{2^n - 1}} = \frac{1}{\sqrt{2} - 1} \cdot \frac{1 - 2^{-\frac{n}{2}}}{\sqrt{1 - 2^{-n}}}$$

令 $n \to +\infty$,得

$$k \geqslant \frac{1}{\sqrt{2} - 1} = \sqrt{2} + 1$$

下面,我们证明 $\sqrt{2} + 1$ 即为 k 的最小值.

用归纳法.当 $k = \sqrt{2} + 1$ 时,显然对任意满足题设条件的数列 $\{x_i\}$,有

$$\sqrt{x_1} \leqslant (\sqrt{2} + 1)\sqrt{x_1}$$

记 $S_n = x_1 + x_2 + \cdots + x_n$.

若

$$\sqrt{x_1} + \sqrt{x_2} + \cdots + \sqrt{x_n} \leqslant (\sqrt{2} + 1)\sqrt{x_1 + x_2 + \cdots + x_n}$$

则

$$\sqrt{x_1} + \sqrt{x_2} + \cdots + \sqrt{x_n} + \sqrt{x_{n+1}} \leqslant (\sqrt{2} + 1)\sqrt{S_n} + \sqrt{x_{n+1}}$$

由于

$$(\sqrt{2} + 1)\sqrt{S_n} + \sqrt{x_{n+1}} \leqslant (\sqrt{2} + 1)\sqrt{S_n + x_{n+1}}$$

等价于

$$(3 + 2\sqrt{2})S_n + 2(\sqrt{2} + 1) \cdot \sqrt{S_n x_{n+1}} + x_{n+1} \leqslant (3 + 2\sqrt{2})(S_n + x_{n+1})$$

即

$$2(\sqrt{2} + 1)\sqrt{S_n x_{n+1}} \leqslant 2(\sqrt{2} + 1)x_{n+1}$$

也就是 $S_n \leqslant x_{n+1}$.

上述不等式是题设中的条件.于是,我们便证明了:对任意满足题设条件的数列 $\{x_i\}$,都有

$$\sqrt{x_1} + \sqrt{x_2} + \cdots + \sqrt{x_n} \leqslant (\sqrt{2} + 1)\sqrt{x_1 + x_2 + \cdots + x_n}$$

所以

$$k_{\min} = \sqrt{2} + 1$$

例 9 试求最大的实数 λ,使不等式

$$a^2(b+c) + b^2(c+a) + c^2(a+b) \geqslant \lambda abc$$

对一切满足 $a, b, c > 0$,且 $a^2 + b^2 = c^2$ 的实数 a, b, c 成立.

本题也可利用取特殊值"先猜后证"的方法来解决. 我们留给读者作为练习.

例 10　试着确定参数 a 的范围,使对一切实数 x,y 都有

$$2ax^2 + 2ay^2 + 4axy - 2xy - y^2 - 2x + 1 \geqslant 0$$

解　原不等式等价于

$$2a(x+y)^2 \geqslant (x+y)^2 - (x-1)^2 \tag{3}$$

若 $x = -y$,则上式变为

$$0 \geqslant -(x-1)^2$$

显然上述不等式恒成立,也就是说,此时式(3)对任意实数 a 都成立.

若 $x \neq -y$,则由式(3)有

$$a \geqslant \frac{1}{2} - \frac{(x-1)^2}{2(x+y)^2}$$

令 $x = 1$,得 $a \geqslant \frac{1}{2}$.

另一方面,若 $a \geqslant \frac{1}{2}$,则对一切 $x \neq -y$,有

$$a \geqslant \frac{1}{2} - \frac{(x-1)^2}{2(x+y)^2}$$

从而此时有式(3)成立,又 $x = -y$ 时式(3)恒成立. 因此,a 的取值范围是 $a \geqslant \frac{1}{2}$.

例 11　求最小正数 k,使对任何满足条件:

①$1 \leqslant a_i \leqslant 2, 1 \leqslant b_i \leqslant 2 (i = 1, 2, \cdots)$;

②$a_1^2 + a_2^2 + \cdots + a_n^2 = b_1^2 + b_2^2 + \cdots + b_n^2 (n = 1, 2, \cdots)$ 的数列 $\{a_i\}, \{b_i\}$,都有

$$\frac{a_1^3}{b_1} + \frac{a_2^3}{b_2} + \cdots + \frac{a_n^3}{b_n} \leqslant k(a_1^2 + a_2^2 + \cdots + a_n^2)$$

解　对任意的 $x_i, y_i \in [1, 2]$,有

$$\frac{1}{2} \leqslant \frac{x_i}{y_i} \leqslant 2 \quad (i = 1, 2, \cdots)$$

即

$$\frac{1}{2} y_i \leqslant x_i \leqslant 2y_i$$

因此

$$\left(\frac{1}{2} y_i - x_i\right)(2y_i - x_i) \leqslant 0$$

即

$$x_i^2 + y_i^2 \leqslant \frac{5}{2} x_i y_i$$

于是

$$\sum_{i=1}^{n} x_i^2 + \sum_{i=1}^{n} y_i^2 \leqslant \frac{5}{2} \sum_{i=1}^{n} x_i y_i \qquad (4)$$

现设 $\{a_i\}, \{b_i\}$ 是满足题设要求的数列. 由于

$$a_i^2 = \sqrt{\frac{a_i^3}{b_i}} \cdot \sqrt{a_i b_i}$$

且

$$\frac{1}{2} \leqslant \frac{\sqrt{\dfrac{a_i^3}{b_i}}}{\sqrt{a_i b_i}} = \frac{a_i}{b_i} \leqslant 2$$

故由式(4)

$$\sum_{i=1}^{n} \left(\sqrt{\frac{a_i^3}{b_i}} \right)^2 + \sum_{i=1}^{n} (\sqrt{a_i b_i})^2 \leqslant \frac{5}{2} \sum_{i=1}^{n} \left(\sqrt{\frac{a_i^3}{b_i}} \cdot \sqrt{a_i b_i} \right)$$

即

$$\frac{5}{2} \sum_{i=1}^{n} a_i^2 \geqslant \sum_{i=1}^{n} \frac{a_i^3}{b_i} + \sum_{i=1}^{n} a_i b_i$$

$$\geqslant \sum_{i=1}^{n} \frac{a_i^3}{b_i} + \frac{2}{5} \left(\sum_{i=1}^{n} a_i^2 + \sum_{i=1}^{n} b_i^2 \right)$$

$$= \sum_{i=1}^{n} \frac{a_i^3}{b_i} + \frac{4}{5} \sum_{i=1}^{n} a_i^2$$

所以

$$\sum_{i=1}^{n} \frac{a_i^3}{b_i} \leqslant \frac{17}{10} \sum_{i=1}^{n} a_i^2$$

另一方面,取 $n=2, a_1=1, a_2=2, b_1=2, b_2=1$,则有

$$\frac{a_1^3}{b_1} + \frac{a_2^3}{b_2} = \frac{1}{2} + 8 = \frac{17}{2}$$

$$\frac{17}{10}(a_1^2 + a_2^2) = \frac{17}{10}(1+4) = \frac{17}{2}$$

此时不等式等号成立.

所以 $k_{\min} = \dfrac{17}{10}$.

从分析解题过程学解题
——竞赛中的不等式问题

10.4　其他问题

例 1　设 x,y 是正数,$A=\min\left(x,\dfrac{y}{x^2+y^2}\right)$.试求 $A_{\max}$.

解　①若 $x\geqslant\dfrac{y}{x^2+y^2}$,则

$$A=\frac{y}{x^2+y^2}$$

因此

$$A^2=\left(\frac{y}{x^2+y^2}\right)^2\leqslant\frac{y}{x^2+y^2}\cdot x=\frac{xy}{x^2+y^2}\leqslant\frac{xy}{2xy}=\frac{1}{2}$$

即 $A\leqslant\dfrac{\sqrt{2}}{2}$.

当且仅当 $x=y=\dfrac{\sqrt{2}}{2}$ 时,$A=\dfrac{\sqrt{2}}{2}$.

②若 $x\leqslant\dfrac{y}{x^2+y^2}$,则 $A=x$,于是

$$A^2=x^2\leqslant\frac{xy}{x^2+y^2}\leqslant\frac{xy}{2xy}=\frac{1}{2}$$

即 $A\leqslant\dfrac{\sqrt{2}}{2}$.

当且仅当 $x=y=\dfrac{\sqrt{2}}{2}$ 时,$A=\dfrac{\sqrt{2}}{2}$.

由①②知,$A_{\max}=\dfrac{\sqrt{2}}{2}$.

例 2　设函数

$$f(x)=-x^2+(2a-4)x-a-1$$

试求 $\min\limits_{a\in\mathbf{R}}\max\limits_{x\in\mathbf{R}}f(x)$.

解　$$f(x)=-[x-(a-2)]^2+a^2-5a+3$$

因此

$$\max_{x\in\mathbf{R}}f(x)=f(a-2)=a^2-5a+3$$

又

$$F(a) = \max_{x \in \mathbf{R}} f(x) = \left(a - \frac{5}{2}\right)^2 - \frac{13}{4}$$

所以

$$\min_{a \in \mathbf{R}} \max_{x \in \mathbf{R}} f(x) = F\left(\frac{5}{2}\right) = -\frac{13}{4}$$

例 3 设函数

$$g(x) = x^2 - 2mx + m$$

试求 $\max\limits_{m \in \mathbf{R}} \min\limits_{x \in [-1,1]} g(x)$.

解 由于

$$g(x) = (x - m)^2 + m - m^2$$

所以

$$G(m) = \min_{x \in [-1,1]} g(x) = \begin{cases} g(1) = 1 - m & (m \geqslant 1) \\ g(m) = m - m^2 & (-1 < m < 1) \\ g(-1) = 1 + 3m & (m \leqslant -1) \end{cases}$$

于是

$$\max_{m \in \mathbf{R}} G(m) = \begin{cases} G(1) = 0 & (m \geqslant 1) \\ G\left(\frac{1}{2}\right) = \frac{1}{4} & (-1 < m < 1) \\ G(-1) = -2 & (m \leqslant -1) \end{cases}$$

所以

$$\max_{m \in \mathbf{R}} \min_{x \in [-1,1]} g(x) = \frac{1}{4}$$

例 4 设 x, y 是实数

$$M = \max(|x+y|, |x-y|, |1-x|, |1-y|)$$

试求 M 的最小值.

解 ① 若 $xy \geqslant 0$ 则

$$|x - y| \leqslant |x| + |y| = |x + y|$$

于是

$$\begin{aligned} M &= \max(|x+y|, |x-y|, |1-x|, |1-y|) \\ &= \max(|x+y|, |1-x|, |1-y|) \end{aligned}$$

由于 M 是 $|x+y|$,$|1-x|$,$|1-y|$ 中的最大值,故 M 不小于这三者的算术平均,即

$$M \geqslant \frac{1}{3}(|x+y| + |1-x| + |1-y|)$$

$$\geqslant \frac{1}{3} \mid (x+y) + (1-x) + (1-y) \mid = \frac{2}{3}$$

又当 $x = y = \frac{1}{3}$ 时,$M = \frac{2}{3}$.

② 若 $xy < 0$,则 $\max(\mid 1-x \mid, \mid 1-y \mid) > 1$,于是

$$M = \max(\mid x+y \mid, \mid x-y \mid, \mid 1-x \mid, \mid 1-y \mid)$$

$$\geqslant \max(\mid 1-x \mid, \mid 1-y \mid) > 1 > \frac{2}{3}$$

因此,由①② 可知 $M_{\min} = \frac{2}{3}$.

例 5 设 $x_i \geqslant 0 (i=1,2,\cdots,7)$,且满足 $x_1 + x_2 + \cdots + x_7 = a$(定值),记

$$A = \max(x_1 + x_2 + x_3, x_2 + x_3 + x_4, \cdots, x_5 + x_6 + x_7)$$

试求 $A_{\min}$.

解 $A = \max(x_1 + x_2 + x_3, x_2 + x_3 + x_4, \cdots, x_5 + x_6 + x_7)$

$$\geqslant \max(x_1 + x_2 + x_3, x_4 + x_5 + x_6, x_5 + x_6 + x_7)$$

注意到 $x_i \geqslant 0 (i=1,2,\cdots,7)$,故

$$x_5 + x_6 + x_7 \geqslant x_7$$

因此

$$A \geqslant \max(x_1 + x_2 + x_3, x_4 + x_5 + x_6, x_7)$$

$$\geqslant \frac{1}{3}(x_1 + x_2 + x_3 + x_4 + x_5 + x_6 + x_7) = \frac{a}{3}$$

又当 $x_1 = x_4 = x_7 = \frac{a}{3}, x_2 = x_3 = x_5 = x_6 = 0$ 时,$A = \frac{a}{3}$.

所以 $A_{\min} = \frac{a}{3}$.

例 6 设 $a_1, a_2, \cdots, a_n (n \geqslant 2)$ 是 n 个互不相同的实数,设 $a_1^2 + a_2^2 + \cdots + a_n^2 = S$. 试求 $\max\limits_{1 \leqslant i < j \leqslant n} \min\limits_{1 \leqslant i < j \leqslant n} (a_i - a_j)^2$.

解 不妨设 $a_1 > a_2 > \cdots > a_n$,令 $M = \min\limits_{1 \leqslant i < j \leqslant n} (a_i - a_j)^2$,则

$$a_i - a_j \geqslant (j-i) \sqrt{M} \quad (j > i)$$

于是

$$\sum_{i<j} (a_i - a_j)^2 \geqslant M \sum_{i<j} (j-i)^2$$

$$= M \sum_{k=1}^{n-1} (1^2 + 2^2 + \cdots + k^2)$$

$$= M \sum_{k=1}^{n-1} [(C_1^1 + (2C_2^2 + C_2^1) + \cdots + (2C_k^2 + C_k^1)]$$

213

$$= M\sum_{k=1}^{n-1}(C_{k+1}^2 + 2C_{k+1}^3)$$

$$= M(C_{n+1}^2 + 2C_{n+1}^4) = \frac{M}{12}n^2(n^2-1)$$

另一方面,有

$$\sum_{i<j}(a_i - a_j)^2 = (n-1)\sum a_i^2 - 2\sum_{i<j} a_i a_j = n\sum a_i^2 - \left(\sum a_i\right)^2$$

$$= nS - \left(\sum a_i\right)^2 \leqslant nS$$

所以 $\frac{M}{12}n^2(n^2-1) \leqslant nS$,即 $M \leqslant \dfrac{12S}{n(n^2-1)}$.

又当 $\sum a_i = 0$,且 $\{a_i\}$ 成等差数列(公差 $d = -1$)时,$M = \dfrac{12S}{n(n^2-1)}$.

所以

$$\max_{1\leqslant i<j\leqslant n}\min_{1\leqslant i<j\leqslant n}(a_i - a_j)^2 = \frac{12S}{n(n^2-1)}$$

例 7 设 l 表示所有内接于三角形 T 的长方形的对角线中最短的长. 对所有三角形 T,试确定 $\dfrac{l^2}{T \text{的面积}}$ 之最大值.(第 26 届 IMO 预选题)

解 如图 10.3 所示. 设内接矩形 $EFGH$ 的边 EF 在 BC 上,令 $EF = u$,$FG = v$,$AH = x$,那么 $u = \dfrac{ax}{c}$,$v = \dfrac{h_a(c-x)}{c}$. 其中,$a = BC$,$c = AB$,h_a 为 BC 边上的高.

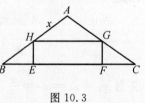

图 10.3

又设此时对角线长为 l_a,则

$$l_a^2 = \left(\frac{ax}{c}\right)^2 + \left[\frac{h_a(c-x)}{c}\right]^2$$

l_a^2 是关于 x 的二次函数,容易求得当 $x = \dfrac{ch_a^2}{a^2 + h_a^2}$ 时,l_a^2 达到最小值

$$\min l_a^2 = \frac{a^2 h_a^2}{a^2 + h_a^2} = \frac{4T^2}{a + 4T^2 a^{-2}}$$

同理

$$\min l_b^2 = \frac{4T^2}{b^2 + 4T^2 b^{-2}}$$

假如 $a \geqslant b$,那么由 $ab \geqslant 2T$ 得

$$a^2 + 4T^2 a^{-2} - (b^2 + 4T^2 b^{-2}) = (a^2 - b^2)(1 - 4T^2 a^{-2} b^{-2}) \geqslant 0$$

由此可见,当矩形的边 EF 位于 $\triangle ABC$ 的最长边上时,l 达到最小值.

不妨设 $BC = a$ 是三角形之最长边,并设其面积 $T = \dfrac{1}{2}$,即 $ah_a = 1$,则由 $B \leqslant \dfrac{\pi}{3}$(或 $C \leqslant \dfrac{\pi}{3}$),有 $\dfrac{h_a}{a} = \dfrac{c \sin B}{a} \leqslant \sin B \leqslant \dfrac{\sqrt{3}}{2}$.

因此

$$a^2 = ah_a \cdot \dfrac{a}{h_a} \geqslant \dfrac{2}{\sqrt{3}}$$

又由第 3 章第 1 节例 1 知,当 $x \geqslant 1$ 时,$f(x) = x + \dfrac{1}{x}$ 是严格单调递增函数,故

$$a^2 + 4T^2 a^{-2} = a^2 + a^{-2} \geqslant \dfrac{2}{\sqrt{3}} + \dfrac{\sqrt{3}}{2} = \dfrac{7}{2\sqrt{3}}$$

从而 $\dfrac{l^2}{T}$ 的最大值为

$$\max \dfrac{l^2}{T} = \max \dfrac{4T}{a^2 + 4T^2 a^{-2}} = \dfrac{4\sqrt{3}}{7}$$

例 8 平面上任给五个相异的点,它们的最大距离与最小距离之比为 λ,试求 λ 的最小值和达到最小值的状态.

先证明如下的命题:

假如在 $\triangle ABC$ 中,$\angle C \geqslant 108°$ 且 $a \leqslant b$,那么必有 $\dfrac{c}{a} \geqslant 2\sin 54°$,并且等号当且仅当 $\angle C = 108°$,$a = b$ 时成立.

事实上,由余弦定理可得

$$\begin{aligned}
c^2 &= a^2 + b^2 - 2ab\cos C \geqslant a^2 + b^2 - 2ab\cos 108° \\
&= (a-b)^2 + 2ab(1 - \cos 108°) \geqslant 2a^2(1 - \cos 108°) \\
&= 4a^2 \sin^2 54°
\end{aligned}$$

所以 $\dfrac{c}{a} \geqslant 2\sin 54°$.

由上述过程不难看出,等号当且仅当 $\angle C = 108°$,且 $a = b$ 时成立.

下面我们来考虑原来的问题.

例 8 的解 不妨设五点中两点间的最大距离为 p,最小距离为 q,又记五点分别为 A, B, C, D, E.

(1)若五点构成凸五边形(如图 10.4).我们分两种情形加以讨论.

(a)假如凸五边形有一个内角大于 108°,那么,不妨设,$\angle A > 108°$,那么 $\triangle EAB$ 中最大的角 $\angle A > 108°$.不妨设 $AE \leqslant AB$,则根据上面证明的命题即得

到 $\lambda = \dfrac{p}{q} \geqslant \dfrac{BE}{AE} > 2\sin 54°$.

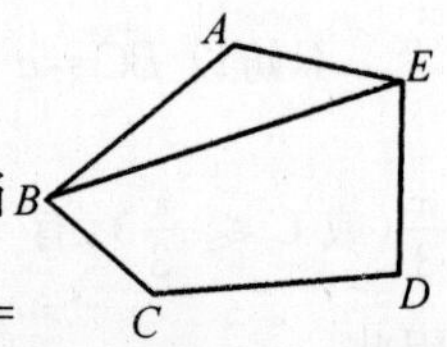

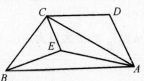

（b）假如 $\angle A = \angle B = \angle C = \angle D = \angle E = 108°$，那么当五边全相等时，$ABCDE$ 构成正五边形，此时显然有 $\lambda = \dfrac{p}{q} = 2\sin 54°$.

图 10.4

当五边不全相等时，则必存在三点，设为 A, B, C，使得 $\triangle ABC$ 中 $\angle C = 108°$，且 $a < b$. 从而根据上面的命题又有 $\lambda = \dfrac{p}{q} \geqslant \dfrac{c}{a} > 2\sin 54°$.

（2）若五点不构成凸五边形. 我们分两种情形：

（a）假如有三点共线，则 $\lambda \geqslant 2 > 2\sin 54°$；

（b）不然的话，必有某点 E 落在四边形 $ABCD$ 内部，从而 E 必在某三点，例如 A, B, C 为顶点的三角形内部. 此时 $\angle AEB, \angle AEC, \angle BEC$ 中至少有一个 $\geqslant 120° > 108°$，设 $\angle AEC \geqslant 120°$，又不妨设 $CE \leqslant AE$，（如图 10.5），那么 $\lambda = \dfrac{p}{q} \geqslant \dfrac{AC}{CE} > 2\sin 54°$.

图 10.5

综上所述，当且仅当五点为正五边形的顶点时，λ 取最小值 $2\sin 54°$.

例 8 是由 1985 年全国高中数学联赛试题改编而来的.

类似于例 8 的思想方法，我们不难解决下面的问题：

例9 任意给平面上四个相异的点，它们的最大距离与最小距离之比为 λ，求 λ 的最小值和达到最小值的状态.

这也是根据国外数学奥林匹克试题改编的，请读者自己给出解答.

例 8 和例 9 这一类问题，是近年来十分热门的问题，曾多次出现在数学竞赛中. 它们均属于下述的 Heilbron 问题：

设平面上有 n 个相异的点，每两点之间有一个距离，最大距离与最小距离之比为 λ_n. 求 λ_n 的最小值（下确界）和达到最小值的状态.

关于 Heilbron 问题，有一个著名的猜想

$$\lambda_n \geqslant 2\sin \dfrac{n-2}{2n}\pi \quad (n \geqslant 3)$$

这一猜想已被华南师范大学附中高一女学生卢颖华同学所证明，而且她还得到了一个更强的结果 $\lambda_n \geqslant 2 \ (n \geqslant 8)$.

例10 设单位正方形内（包括边界上）有 5 个相异的点 A_1, A_2, A_3, A_4, A_5，试求最短距离 $\min\limits_{1 \leqslant i < j \leqslant 5} A_i A_j$ 的最大值 a.

解　取单位正方形 $ABCD$ 四边的中点,并把对边上两中点相联结,从而把正方形分成四个边长为 $\frac{1}{4}$ 的小正方形. 由于点 A_1,A_2,A_3,A_4,A_5 在正方形内(包括边界上),故至少有两点落在同一个小正方形内(包括边界上). 于是这两点的距离 $\leqslant \frac{\sqrt{2}}{2}$,从而 $\min\limits_{1\leqslant i<j\leqslant 5} A_iA_j \leqslant \frac{\sqrt{2}}{2}$. 又若把 A_1,A_2,A_3,A_4 四点放到大正方形的四个顶点,而把 A_5 放在大正方形的中心,则 $\min\limits_{1\leqslant i<j\leqslant 5} A_iA_j = \frac{\sqrt{2}}{2}$. 因此 $a=\frac{\sqrt{2}}{2}$.

例 11　设半径为 1 的圆内(包括圆周上)有六个不同的点 $A_1,A_2,A_3,A_4,$ A_5,A_6,试着求最短距离 $\min\limits_{1\leqslant i<j\leqslant 6} A_iA_j$ 的最大值 b.

解　作单位圆的内接正六边形 $ABCDEF$,联结 OA,OB,OC,OD,OE,OF,使得 A_1 落在 OA 上(如图 10.6).

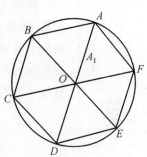

假如其余五点 A_2,A_3,A_4,A_5,A_6 中有某个点 A_k 落在扇形 OAB 或 OAF 上,那么 $\min\limits_{1\leqslant i<j\leqslant 6} A_iA_j \leqslant 1$.

不然的话,那么五点 A_2,A_3,A_4,A_5,A_6 落在四个扇形 OBC,OCD,ODE,OEF 上,从而必有两点落在同一个扇形上. 因此这两点的距离 $\leqslant 1$.

图 10.6

综上所述,我们有 $\min\limits_{1\leqslant i<j\leqslant 6} A_iA_j \leqslant 1$.

另一方面,若把 A_1,A_2,A_3,A_4,A_5,A_6 分别放置在单位圆的内接正六边形的顶点 A,B,C,D,E,F 上,则 $\min\limits_{1\leqslant i<j\leqslant 6} A_iA_j = 1$,所以 $b=1$.

例 12　设单位圆内(包括圆周上)有 8 个点,试求最短距离 $\min\limits_{1\leqslant i<j\leqslant 8} A_iA_j$ 的最大值.

本题可用类似于例 11 的方法来解决,请读者自己给出解答.

灵活多样的问题

前面十章的讨论,我们介绍了一些代表性的极值和不等式问题.但是,极值和不等式问题变化无穷.为帮助读者进一步领略这个领域中千姿百态的方法和技巧,本章我们选编了一些出现在国内外数学竞赛中,方法比较巧妙的问题,有些则根据原题做了适当修改.

11.1 代数和数论问题

例1 试将 1 988 表示成一些正整数之和,使这些正整数的积为最大.(第 29 届 IMO 预选题)

解 设 $X_1 + X_2 + \cdots + X_n = 1\,988$.

显然,当乘积 $W = X_1 \cdot X_2 \cdots \cdot X_n$ 取最大值时,一切 $X_k > 1$. 假如有某个 $X_k \geqslant 4$,那么可把 X_k 分拆成 $X_k - 2$ 和 2,这时它们的和不变,但是它们的乘积

$$(X_k - 2) \cdot 2 = 2X_k - 4 \geqslant X_k$$

由此可见,用 $X_k - 2$ 和 2 代替 X_k 其积不减,于是,经有限次这样的操作就可以把一切 X_k 变成 $\leqslant 3$.其乘积不减.

因此,当乘积 W 取最大值时,总可假设一切 X_k 取值 2 和 3.设 $W = 2^p \cdot 3^q$,由于 $2^3 < 3^2$,故 $p \leqslant 2$.又 p,q 是方程

$$2p + 3q = 1\,988 \tag{1}$$

的整数解.当 $p = 0,2$ 时,方程(1)没有整数解.因此,只可能 $p = 1$,从而由式(1)推得

$$q = \frac{1\,988 - 2p}{3} = \frac{1\,988 - 2}{3} = 662$$

所以, W 的最大值为 $W_{\max} = 2 \cdot 3^{662}$.

我们不难将本题推广到一般情形:

将自然数 N 分拆成若干个自然数之和,其乘积 W 的最大值是

$$W_{\max} = \begin{cases} 3^k & ,当 N = 3k \text{ 时} \\ 2^2 \cdot 3^{k-1} & ,当 N = 3k+1 \text{ 时} \quad (\text{其中 } k \text{ 是自然数}) \\ 2 \cdot 3^k & ,当 N = 3k+2 \text{ 时} \end{cases}$$

例 2 已知 k 和 n 为自然数 $(k > n)$,把 k 分拆成 n 个自然数之和,对于各种分法,它们的各数乘积的最大值记为 $F(k)$,又若 k 除以 n 得商为 q,余数为 r. 试证: $F(k) = q^{n-r}(q+1)^r$.

证明 设 $k = X_1 + X_2 + \cdots + X_n$.

假如某个 $X_j < q$,那么必有 $X_k > q$.

由 $(X_j + 1)(X_k - 1) = X_j X_k + X_k - X_j - 1 \geqslant X_j X_k$,可知,以 $X_j + 1$ 代替 X_j, $X_k - 1$ 代替 X_k,其积不减. 因此为使乘积 $W = X_1 X_2 \cdots X_n$ 取最大值,可认为一切 $X_k \geqslant q$. 假如此时有某个 $X_j > q+1$,那么由

$$(q+1)(X_j - 1) = qX_j + X_j - q - 1 > qX_j$$

可知,以 $q+1$ 代替某个 q, $X_j - 1$ 代替 X_j,其积变小. 因此,当 W 取最大值时,不可能有 $X_j > q+1$. 这就证明了 $F(k)$ 必对某组取值 q 和 $q+1$ 的 $X_1, X_2, \cdots, X_n$ 取到. 由于

$$k = nq + r = (n-r)q + r(q+1)$$

所以 $F(k) = q^{n-r}(q+1)^r$.

例 1 与例 2 的基本思路显然是局部调整的思想. 可见局部调整的思想对于解决某些极值问题确有不可估量的作用.

例 3 将 $1, 2, \cdots, 1\,962$ 排列成一行 $a_1, a_2, \cdots, a_{1\,962}$,使 $y = |a_1 - a_2| + |a_2 - a_3| + \cdots + |a_{1\,961} - a_{1\,962}| + |a_{1\,962} - a_1|$ 达到最大值. (苏联数学奥林匹克试题)

解 由于每个数 a_k 在 y 的表达式中都出现了 2 次,如果把式中绝对值去掉,那么总是一半数取正,一半数取负,因此

$$y = b_1 + b_2 + \cdots + b_{1\,962} - (b_{1\,963} + b_{1\,964} + \cdots + b_{3\,924})$$

其中 $b_1, b_2, \cdots, b_{3\,924}$ 是数集 $M = \{1, 1, 2, 2, \cdots, 1\,962, 1\,962\}$ 的一个排列. 由于 $\frac{1}{2} \cdot 1\,962 = 981$,故

$$y \leqslant 1\,962 + 1\,962 + \cdots + 982 + 982 - (981 + 981 + \cdots + 1 + 1)$$
$$= 2 \times 981^2 = 1\,924\,722$$

另一方面,把 M 分为两个集 $M = A \bigcup B$,其中

$$A = \{1, 1, \cdots, 981, 981\}, B = \{982, 982, \cdots, 1\,962, 1\,962\}$$

假如对于 $k = 1, 2, \cdots, 981$,让 a_{2k-1} 取自 A 组,a_{2k} 取自 B 组.那么

$$y = 2(a_2 + a_4 + \cdots + a_{1\,962} - a_1 - a_3 - \cdots - a_{1\,961}) = 2 \times 981^2 = 1\,924\,722$$

所以 $y_{\max} = 1\,924\,722$.

例 4 在 $1, 2, \cdots, 2n$ 中,任意取 n 个数 $a_1, a_2, \cdots, a_n$.设 $X_1, X_2, \cdots, X_n$ 是余下的数组成的一个排列,求 $y = |X_1 - a_1| + |X_2 - a_2| + \cdots + |X_n - a_n|$ 的最大值.

本题是根据一道国外竞赛试题改编的,读者可以应用例 3 的思想方法来解决它.

例 5 设 S 为相异的正奇数集 $\{a_i\}$,$i = 1, 2, \cdots, n$.其中没有两个差的绝对值 $|a_i - a_j|$ 相等,$1 \leqslant i < j \leqslant n$.证明

$$a_1 + a_2 + \cdots + a_n \geqslant \frac{1}{3} n(n^2 + 2)$$

并给出等号成立的可能性.(英国数学奥林匹克试题)

证明 不失一般性,可设 $a_1 < a_2 < \cdots < a_n$.由条件知

$$a_2 - a_1 \geqslant 2$$
$$a_3 - a_1 \geqslant 2 + 4 = 6$$
$$\vdots$$
$$a_r - a_1 \geqslant 2 + 4 + \cdots + 2(r-1) = r(r-1)$$

因此

$$a_r \geqslant a_1 + r(r-1) \geqslant 1 + r(r-1)$$

这样就有

$$a_1 + a_2 + \cdots + a_n \geqslant n + 2 \cdot 1 + 3 \cdot 2 + \cdots + n(n-1)$$
$$= n + \frac{(n-1)n(n+1)}{3}$$
$$= \frac{1}{3} n(n^2 + 2)$$

另一方面,若取 $a_1 = 1, a_2 = 3, a_3 = 7, \cdots, a_n = 1 + n(n-1)$,则所有的 $|a_i - a_j|$ 都不相同,且

$$a_1 + a_2 + \cdots + a_n = \frac{1}{3} n(n^2 + 2)$$

所以

$$\sum_{i=1}^{n} a_i \geqslant \frac{1}{3} n(n^2 + 2)$$

并且上述不等式中等号可以取到.

例 6 设 $a_1, a_2, \cdots, a_n$ 是递增的自然数列,对于 $m \geqslant 1$ 定义 $b_m = \min\{n : a_n \geqslant m\}$,即 b_m 是使 $a_n \geqslant m$ 的最小 n.若 $a_{19} = 85$,求 $W = a_1 + a_2 + \cdots + a_{19} + b_1 + b_2 + \cdots + b_{85}$ 的最大值.(美国数学奥林匹克试题)

解 设 $a_q = p$.

① 假如 $a_i \equiv p (1 \leqslant i \leqslant q)$,那么一切 $b_j \equiv 1 (1 \leqslant j \leqslant p)$,由此易得

$$W = a_1 + a_2 + \cdots + a_q + b_1 + b_2 + \cdots + b_p = qp + p = p(q+1) \qquad (2)$$

② 假如

$$a_1, a_2, \cdots, a_k < p, a_{k+1} = \cdots = a_q = p$$

设 $u = a_t$,以 $a_t + 1$ 代替 a_t 不会改变 $b_j (j \neq u+1)$ 的值,但 b_{u+1} 减少 1.因此,经此操作后,W 之值不变,经有限次变更可把一切 a_j 都变得等于 p 而总和 W 的值不变.因此式(2)成立.

现在 $q = 19, p = 85$,故 $W = p(q+1) = 1\,700$ 为常数,当然这也是 W 的最大值.

例 7 试求使 $n^3 + 100$ 能被 $n + 10$ 整除的正整数 n 的最大值.(美国数学邀请赛试题)

解 因为

$$\frac{n^3 + 100}{n + 10} = n^2 - 10n + 100 - \frac{900}{n + 10}$$

故当 $n = 890$ 时,$n^3 + 100$ 能被 $n + 10$ 整除,这自然是最大的 n 值.

例 8 设 A 为自然数集,A 的任意两个元素 x, y 满足 $|x - y| \geqslant \frac{xy}{25}$,试求 $|A|$ 的最大值.

这里,$|A|$ 表示集合 A 的阶,即集合 A 的元素个数.(第 26 届 IMO 预选题)

解 设 $A = \{X_1, X_2, \cdots, X_n\}$ 且 $X_1 < X_2 < \cdots < X_n$,则

$$X_{j+1} - X_j \geqslant \frac{X_j X_{j+1}}{25}$$

也即

$$X_{j+1}\left(1 - \frac{X_j}{25}\right) \geqslant X_j$$

由此推得

$$X_j < 25 \quad (j=1,2,\cdots,n-1)$$

并且

$$X_{j+1} \geqslant \frac{25X_j}{25-X_j} \quad (j=1,2,\cdots,n-1)$$

由于 $X_1 \geqslant 1$，则由上式逐次推出

$$X_2 \geqslant 2, X_3 \geqslant 3, X_4 \geqslant 4, X_5 \geqslant 5, X_6 \geqslant 7, X_7 \geqslant 10, X_8 \geqslant 17, X_9 \geqslant 54$$

因为 $X_{n-1} < 25$，故 $n \leqslant 9$.

另一方面，取

$$X_1=1, X_2=2, X_3=3, X_4=4, X_5=5, X_6=7, X_7=10, X_8=17, X_9=54,$$

则组成一个符合要求的集合 A，所以 $|A|_{\max}=9$.

例 9 集合 M 由整数组成，它的最小元素是 1，最大元素是 100，集合 M 中除 1 以外，每个数等于该集中的两个（可能是同一的）数之和. 试求满足上述条件的集合 M，使得 $|M|$ 最小.（苏联数学奥林匹克试题）

解 集合 $M=\{1,2,3,5,10,20,30,50,100\}$ 是由 9 个元素组成的集（不一定是唯一的），它满足题中所说的条件. 现在我们证明 9 是最小的元素数.

设 $M=\{a_1,a_2,\cdots,a_n\}$，满足 $1=a_1<a_2<\cdots<a_n=100$，对于任意 k，$a_k=a_p+a_q$（其中 $p<q<k$），因此 $a_k \leqslant 2a_{k-1}$.

但是，由于 100 不是 2 的正整数次幂，故对于每个 k 都有 $a_k=2a_{k-1}$ 是不可能的. 于是有某个 $k \leqslant n$，使得

$$a_k \leqslant a_{k-1}+a_{k-2} \leqslant 3a_{k-2}$$

这样，我们便有

$$100=a_n \leqslant 2a_{n-1} \leqslant 2^2 a_{n-2} \leqslant \cdots \leqslant 2^{n-k}a_k$$
$$\leqslant 3 \cdot 2^{n-k}a_{k-2} \leqslant 3 \cdot 2^{n-k+1}a_{k-3} \leqslant \cdots \leqslant 3 \cdot 2^{n-3}a_1$$

因此，我们有

$$2^{n-3} \geqslant \frac{100}{3}$$

由此解得 $n-3 \geqslant 6$，即 $n \geqslant 9$.

例 10 设

$$a=\frac{m^{m+1}+n^{n+1}}{m^m+n^n}$$

其中 m,n 是自然数，证明：$a^m+a^n \geqslant m^m+n^n$.（1991 年美国数学奥林匹克试题）

证明 不妨设 $m \geqslant n$，则

$$a=\frac{m^{m+1}+n^{n+1}}{m^m+n^n} \leqslant \frac{m^{m+1}+mn^n}{m^m+n^n}=m$$

222

$$a = \frac{m^{m+1} + n^{n+1}}{m^m + n^n} \geqslant \frac{n \cdot m^m + n^{n+1}}{m^m + n^n} = n$$

即 $n \leqslant a \leqslant m$.

于是

$$m^m - a^m = (m-a)(m^{m-1} + m^{m-2}a + \cdots + a^{m-1})$$
$$\leqslant (m-a)(m^{m-1} + m^{m-1} + \cdots + m^{m-1}) = (m-a)m^m$$
$$a^n - n^n = (a-n)(a^{n-1} + a^{n-2}n + \cdots + n^{n-1})$$
$$\geqslant (a-n)(n^{n-1} + n^{n-1} + \cdots + n^{n-1}) = (a-n)n^n$$

又由 $a = \dfrac{m^{m+1} + n^{n+1}}{m^m + n^n}$,得

$$(m-a)m^m = (a-n)n^n$$

所以

$$a^n - n^n \geqslant m^m - a^m$$

即 $a^m + a^n \geqslant m^m + n^n$.

11.2　几何问题

在各式各样的极值和不等式问题中,尤其以几何方面的问题花样多、难度大.特别是一些关于三角形各元素的极值和不等式问题,常常带有深刻的背景,以其创造性的数学思想和简洁的陈述而引人入胜.

例 1　在 $\triangle ABC$ 中,P,Q,R 将其周长三等分,且 P,Q 在边 AB 上,求证:$\dfrac{S_{\triangle PQR}}{S_{\triangle ABC}} > \dfrac{2}{9}$.(1988 年全国高中数学联赛试题)

证明　如图 11.1,在 AB 上取一点 Q',使

$$AQ' = PQ = \frac{1}{3}(AB + BC + CA)$$
$$> \frac{1}{3}(AB + AB) = \frac{2}{3}AB$$

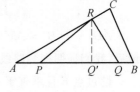

图 11.1

又 $AP < \dfrac{1}{3}AB$,故

$$AR = (AP + AR) - AP$$
$$> \frac{1}{3}(AB + BC + CA) - \frac{1}{3}AB$$

223

$$= \frac{1}{3}(BC + CA) > \frac{1}{3}AC$$

所以

$$\frac{S_{\triangle PQR}}{S_{\triangle ABC}} = \frac{S_{\triangle AQ'R}}{S_{\triangle ABC}} = \frac{\frac{1}{2}AR \cdot AQ' \cdot \sin A}{\frac{1}{2}AB \cdot AC \cdot \sin A} > \frac{\frac{1}{3}AC \cdot \frac{2}{3}AB}{AC \cdot AB} = \frac{2}{9}$$

在本题中,若 P,Q,R 的位置分别在 $\triangle ABC$ 的三条边上,那么其结论是否仍然成立?

这个问题我们留给读者自己做进一步思考.

例 2 一个战士要探明一个区域的内部或边界上是否埋有地雷. 这个区域的形状是一个正三角形(包括边界),探测器的效力范围等于这个正三角形高的一半,这个战士从三角形的一个顶点开始探测,问他选择怎样的探测路线才能使探遍整个区域的路程最短. (第 15 届 IMO 试题)

解 设正三角形 ABC 的高为 h,战士从 A 出发探测,为探明 B 和 C 两点,他必须到达分别以 B 和 C 为中心,以 $\frac{h}{2}$ 为半径的圆弧的某点 D 和 E. 由于 $BE = \frac{h}{2}$,故当路径 $ADEB$ 最短时,ADE 也最短. 此时,从 A 到 D 和从 D 到 E 的路径必须是直线段,且 E 必须在线段 BD 上. 因此,我们应当(在以 C 为中心的弧上)找一点 D,使折线 $AD + DB$ 最短.

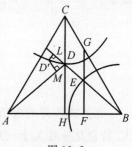

图 11.2

下面我们证明 C 到 AB 边上的高的中点 D 即为所求(如图 11.2).

事实上,若取弧上另一点 D',我们作 $D'L \perp DB$ 于 L,作 $D'M \perp AD$ 于 M,那么,D' 必在 DL 和 $\angle LDM$ 的平分线之间,从而有

$$D'L < D'M, LD > MD$$
$$AD' + D'B > AM + LB = (AD + DB) + (LD - MD) > AD + DB$$

最后,我们证明探测路线取折线 ADE 可探遍整个区域.

设过点 E 且垂直于 AB 的直线分别交 AB,BC 于点 F,G. 在折线 ADE 上任意一点作 AB 的垂线,显然这点和垂线与正三角形边的交点的距离不大于 $\frac{h}{2}$,故沿着折线 ADE 探测时,可探遍整个四边形区域 $AFGC$. 又点 G,F,B 均在以 E 为圆心,半径为 $\frac{h}{2}$ 的圆内,故余下的 $\triangle FGB$ 区域在 E 点处可全部探遍.

因此,整个区域在折线 ADE 探测路线下可全部探遍.

从分析解题过程学解题
——竞赛中的不等式问题

例3 设 $ABCD$ 是一个梯形($AB//CD$),E 是线段 AB 上一点,F 是线段 CD 上的一点,线段 CE 与 BF 相交于点 H,线段 ED 与 AF 相交于点 G.

求证:$S_{四边形EHFG} \leqslant \dfrac{1}{4} S_{梯形ABCD}$. (1994 年 CMO 试题)

证明 如图 11.3,联结 EF,在梯形 $AEFD$ 中,由于 $AE//DF$,故 △AEG 和 △GFD 相似.

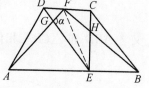

图 11.3

所以,设

$$\frac{AG}{GF} = \frac{EG}{GD} = t$$

从而

$$S_{\triangle AGD} = \frac{1}{2} AG \cdot GD \cdot \sin \alpha = \frac{1}{2} GF \cdot EG \cdot \sin \alpha = S_{\triangle EFG}$$

又

$$S_{\triangle AGE} = t S_{\triangle EFG}, \quad S_{\triangle DFG} = \frac{1}{t} S_{\triangle AGD}$$

所以

$$S_{\triangle AGE} + S_{\triangle DFG} = \left(t + \frac{1}{t} \right) S_{\triangle EFG} \geqslant 2 S_{\triangle EFG}$$

所以

$$S_{梯形AEFD} = S_{\triangle AGE} + S_{\triangle DFG} + S_{\triangle AGD} + S_{\triangle EFG} \geqslant 4 S_{\triangle EFG}$$

所以

$$S_{\triangle EFG} \leqslant \frac{1}{4} S_{梯形AEFD}$$

同理

$$S_{\triangle EFH} \leqslant \frac{1}{4} S_{梯形EBCF}$$

所以

$$S_{四边形EHFG} = S_{\triangle EFG} + S_{\triangle EFH} \leqslant \frac{1}{4} S_{梯形AEFD} + \frac{1}{4} S_{梯形EBCF} = \frac{1}{4} S_{梯形ABCD}$$

请读者进一步思考:如果将题中的 E,F 两点分别取在梯形的另一组对边 AD,BC 上(亦即不平行的那一组对边上),那么是否结论仍然同样成立?

例4 在直角三角形 ABC 中,AD 是斜边 BC 上的高,联结 △ABD 的内心与 △ACD 的内心的直线分别与 AB,AC 相交于 K,L 两点.记 △ABC 和 △AKL 的面积分别为 S 和 T.证明:$S \geqslant 2T$.(第 29 届 IMO 试题)

证明 设 $|AB| = c$,$|AC| = b$,$|BC| = a$,直角 △ABC 的内心 I 在斜边 BC

上的投影为 E，并记 $|CE|=m$，$|EI|=n$，则易知

$$|CE|+|EI|=|AC|$$

即 $m+n=b$.

设 $\triangle ABD$ 的内心 I_1 在 AB 上的投影为 E_1，记 $|AE_1|=m_1$，$|E_1I_1|=n_1$ 则

$$m_1+n_1=|AD|$$

又 $\triangle ABD$ 和 $\triangle CBA$ 相似，从而可得 $|AD|=\dfrac{bc}{a}$，因此

$$m_1+n_1=\frac{bc}{a}$$

同理，设 $\triangle ACD$ 的内心 I_2 在 AC 上的投影为 E_2，记 $|AE_2|=m_2$，$|E_2I_2|=n_2$，则有

$$m_2+n_2=\frac{bc}{a}$$

以 A 为坐标原点，直线 AB，AC 为 x 轴、y 轴建立坐标系（如图 11.4）.

显然，$I_1(m_1,n_1)$，$I_2(n_2,m_2)$ 满足直线 $x+y=$

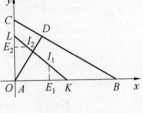

$\dfrac{bc}{a}$，因此，$|AK|=|AL|=\dfrac{bc}{a}$，于是

$$\frac{S}{2T}=\frac{\dfrac{1}{2}bc}{2\cdot\dfrac{1}{2}\left(\dfrac{bc}{a}\right)^2}=\frac{a^2}{2bc}=\frac{b^2+c^2}{2bc}\geqslant 1$$

图 11.4

所以 $S\geqslant 2T$.

例 5 已知 I 是 $\triangle ABC$ 的内心，AI，BI，CI 分别交 BC，CA，AB 于 A'，B'，C'，试证：$\dfrac{1}{4}<\dfrac{AI\cdot BI\cdot CI}{AA'\cdot BB'\cdot CC'}\leqslant\dfrac{8}{27}$.（第 32 届 IMO 试题）

证明 如图 11.5 所示，设 $BC=a$，$CA=b$，$AB=c$. 由于 AA' 是 $\angle CAB$ 的平分线，故

$$\frac{A'B}{A'C}=\frac{AB}{AC}=\frac{c}{b}$$

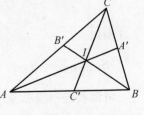

从而 $A'C=\dfrac{ab}{c+b}$.

又因 CI 是 $\angle ACA'$ 的平分线，故

$$\frac{AI}{A'I}=\frac{AC}{A'C}=\frac{b}{\dfrac{ab}{c+b}}=\frac{b+c}{a}$$

图 11.5

因此

$$\frac{AI}{AA'} = \frac{b+c}{a+b+c}$$

同理

$$\frac{BI}{BB'} = \frac{c+a}{a+b+c}, \frac{CI}{CC'} = \frac{a+b}{a+b+c}$$

这样,原不等式等价于

$$\frac{1}{4} < \frac{(a+b)(b+c)(c+a)}{(a+b+c)^3} \leqslant \frac{8}{27} \tag{1}$$

由几何与算术平均不等式,有

$$\frac{(a+b)(b+c)(c+a)}{(a+b+c)^3} \leqslant \frac{\left[\frac{1}{3}(a+b+b+c+c+a)\right]^3}{(a+b+c)^3} = \frac{8}{27}$$

从而不等式(1)的右边成立.

另一方面,记

$$x = \frac{b+c}{a+b+c}, y = \frac{c+a}{a+b+c}, z = \frac{a+b}{a+b+c}$$

则 $x+y+z=2$.

由三角形两边之和大于第三边得

$$x = \frac{b+c}{a+b+c} = \frac{b+c+b+c}{2(a+b+c)} > \frac{a+b+c}{2(a+b+c)} = \frac{1}{2}$$

同理

$$y > \frac{1}{2}, z > \frac{1}{2}$$

令

$$x = \frac{1+\varepsilon_1}{2}, y = \frac{1+\varepsilon_2}{2}, z = \frac{1+\varepsilon_3}{2}$$

则 $\varepsilon_1 + \varepsilon_2 + \varepsilon_3 = 1$ 且 $\varepsilon_i > 0 (i=1,2,3)$.

因此

$$\frac{(a+b)(b+c)(c+a)}{(a+b+c)^3} = xyz$$

$$= \frac{1+\varepsilon_1}{2} \cdot \frac{1+\varepsilon_2}{2} \cdot \frac{1+\varepsilon_3}{2}$$

$$= \frac{1}{8}(1+\varepsilon_1)(1+\varepsilon_2)(1+\varepsilon_3)$$

$$> \frac{1}{8}(1+\varepsilon_1+\varepsilon_2+\varepsilon_3) = \frac{1}{4}$$

这样,我们证明了不等式(1)的左边.

例 6 如图 11.6 所示，水平直线 m 通过圆 O 的中心，直线 $l\perp m$，l 与 m 相交于 M，点 M 在圆心的右侧. 直线 l 上不同的三点 A,B,C 在圆外，且位于直线 m 上方，A 点离 M 点最远，C 点离 M 点最近. AP,BQ,CR 为圆 O 的三条切线，P,Q,R 为切点.

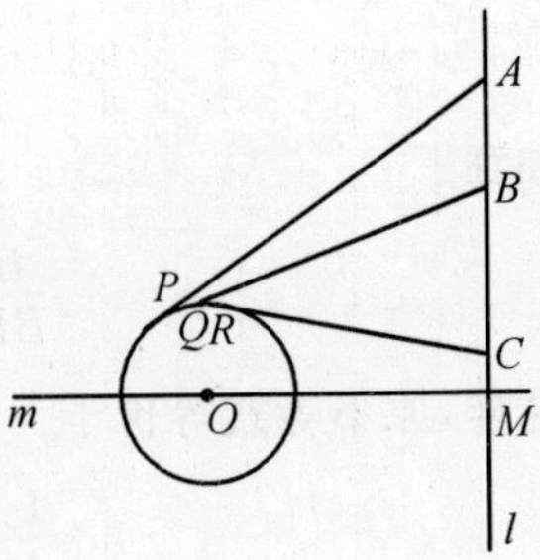

图 11.6

试证：(1) l 与圆 O 相切时，$AB\cdot CR+BC\cdot AP=AC\cdot BQ$；

(2) l 与圆 O 相交时，$AB\cdot CR+BC\cdot AP<AC\cdot BQ$；

(3) l 与圆 O 相离时，$AB\cdot CR+BC\cdot AP>AC\cdot BQ$. (1993 年全国高中数学联赛试题)

证明 设圆的半径为 r，$OM=x$，$AM=a$，$BM=b$，$CM=c(a>b>c>0)$，则

$$AP^2=AO^2-OP^2=AM^2+OM^2-OP^2=a^2+x^2-r^2$$

令 $x^2-r^2=t$，上式变为

$$AP^2=a^2+t$$

即

$$AP=\sqrt{a^2+t}$$

同理

$$BQ=\sqrt{b^2+t},CR=\sqrt{c^2+t}$$

设

$$G=(AB\cdot CR+BC\cdot AP)^2-(AC\cdot BQ)^2$$

则

$$\begin{aligned}
G=&\left[(a-b)\sqrt{c^2+t}+(b-c)\sqrt{a^2+t}\right]^2-(a-c)^2(b^2+t)\\
=&\left[(a-b)\sqrt{c^2+t}+(b-c)\sqrt{a^2+t}\right]^2-[(a-b)+(b-c)]^2(b^2+t)\\
=&(a-b)^2(c^2+t)+(b-c)^2(a^2+t)+2(a-b)(b-c)\sqrt{c^2+t}\cdot\sqrt{a^2+t}-\\
&(a-b)^2(b^2+t)-(b-c)^2(b^2+t)-2(a-b)(b-c)(b^2+t)\\
=&-(a-b)^2(b^2-c^2)+(b-c)^2(a^2-b^2)+\\
&2(a-b)(b-c)\left[\sqrt{(c^2+t)(a^2+t)}-b^2-t\right]\\
=&(a-b)(b-c)[-(a-b)(b+c)+(a+b)(b-c)+\\
&2\sqrt{(c^2+t)(a^2+t)}-2b^2-2t]
\end{aligned}$$

$$= 2(a-b)(b-c)\left[-(ac+t)+\sqrt{(c^2+t)(a^2+t)}\right]$$

(1)l 与圆 O 相切时,有 $x=r$,从而 $t=0,G=0$,因此有

$$AB \cdot CR + BC \cdot AP = AC \cdot BQ$$

(2)l 与圆 O 相交时,$0<x<r$,于是 $t<0$,又点 C 在圆外,故 $x^2+c^2>r^2$,$t=x^2-r^2>-c^2>-a^2$,从而 G 中根号内为正数,且 $ac+t>0$. 因此有 $\sqrt{(c^2+t)(a^2+t)}<ac+t$.

这就是说 $G<0$,所以 $AB \cdot CR + BC \cdot AP < AP \cdot BQ$

(3)l 与圆 O 相离时,$x>r$,于是 $t>0$,同样可以验证 $G>0$. 从而有

$$AB \cdot CR + BC \cdot AP > AP \cdot BQ$$

例 7 在 $\triangle ABC$ 中,$\angle C \geqslant \dfrac{\pi}{3}$. 证明

$$(a+b)\left(\frac{1}{a}+\frac{1}{b}+\frac{1}{c}\right) \geqslant 4 + \frac{1}{\sin\dfrac{C}{2}}$$

证明 由正弦定理

$$(a+b)\left(\frac{1}{a}+\frac{1}{b}+\frac{1}{c}\right)$$

$$= (\sin A + \sin B)\left(\frac{1}{\sin A}+\frac{1}{\sin B}+\frac{1}{\sin C}\right)$$

$$= 2 + \frac{\sin A + \sin B}{\sin C} + \frac{\sin B}{\sin A} + \frac{\sin A}{\sin B}$$

$$= 4 + \frac{(\sin A - \sin B)^2}{\sin A \sin B} + \frac{\sin A + \sin B}{\sin C}$$

于是,我们只需证明

$$\frac{(\sin A - \sin B)^2}{\sin A \sin B} + \frac{\sin A + \sin B}{\sin C} \geqslant \frac{1}{\sin\dfrac{C}{2}}$$

又

$$\frac{(\sin A - \sin B)^2}{\sin A \sin B} + \frac{\sin A + \sin B}{\sin C}$$

$$= \frac{(\sin A - \sin B)^2}{\sin A \sin B} + \frac{2\sin\dfrac{A+B}{2}\cos\dfrac{A-B}{2}}{2\sin\dfrac{C}{2}\cos\dfrac{C}{2}}$$

$$= \frac{(\sin A - \sin B)^2}{\sin A \sin B} + \frac{1 - 2\sin^2\dfrac{A-B}{4}}{\sin\dfrac{C}{2}}$$

229

$$= \frac{(\sin A - \sin B)^2}{\sin A \sin B} - \frac{2\sin^2 \dfrac{A-B}{4}}{\sin \dfrac{C}{2}} + \frac{1}{\sin \dfrac{C}{2}}$$

这样,我们又只需要证明

$$\frac{(\sin A - \sin B)^2}{\sin A \sin B} - \frac{2\sin^2 \dfrac{A-B}{4}}{\sin \dfrac{C}{2}} \geqslant 0$$

即

$$\sin \frac{C}{2}(\sin A - \sin B)^2 \geqslant 2\sin^2 \frac{A-B}{4}\sin A \sin B$$

$$\sin \frac{C}{2} \cdot 4\cos^2 \frac{A+B}{2}\sin^2 \frac{A-B}{2} \geqslant \sin^2 \frac{A-B}{2} \cdot \left[\cos(A-B) + \cos C\right]$$

亦即只需要证明

$$8\sin^3 \frac{C}{2}\cos^2 \frac{A-B}{4} \geqslant \cos^2 \frac{A-B}{2} - \sin^2 \frac{C}{2}$$

由于 $\angle C \geqslant \dfrac{\pi}{3}$ 因此 $8\sin^3 \dfrac{C}{2} \geqslant 1$,于是

$$8\sin^3 \frac{C}{2}\cos^2 \frac{A-B}{4} \geqslant \cos^2 \frac{A-B}{4} \geqslant \cos^2 \frac{A-B}{2} \geqslant \cos^2 \frac{A-B}{2} - \sin^2 \frac{C}{2}$$

所以,原不等式成立.

例8 设 E 是某定圆直径 AC 上的定点,过 E 引弦 BD,使得四边形 $ABCD$ 的面积取最大值.

解 设 O 为圆心,R 为半径,$OE = a$,由图 11.7 易见

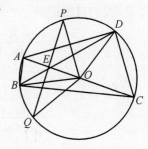

$$\frac{S_{\triangle OED}}{S_{\triangle ACD}} = \frac{a}{2R}, \frac{S_{\triangle OEB}}{S_{\triangle ABC}} = \frac{a}{2R}$$

因此,四边形 $ABCD$ 的面积 S 为

$$S = \frac{2R}{a}S_{\triangle OBD} = \frac{R^3}{a}\sin \alpha$$

其中,$\alpha = \angle BOD$.

图 11.7

作通过 E 且垂直于 AC 的弦 PQ,记 $\alpha_0 = \angle POQ$,则 α 的变化范围为 $\alpha_0 \leqslant \alpha \leqslant \pi$,$\alpha_0 = 2\arccos \dfrac{a}{R}$.

① 设 $\alpha_0 \leqslant \dfrac{\pi}{2}$,显然 $\sin \alpha$ 的最大值在 $\alpha = \dfrac{\pi}{2}$ 时取到.由于

$$\frac{a}{R} = \cos\frac{\alpha_0}{2} \geqslant \cos\frac{\pi}{4} = \frac{\sqrt{2}}{2}, a \geqslant \frac{R}{\sqrt{2}}$$

故 E 不在以 O 为圆心, $\frac{R}{\sqrt{2}}$ 为半径的圆的内部. 过 E 作弦 BD 与此圆相切,四边形 $ABCD$ 的面积最大 $S_{max} = \frac{R^3}{a}$.

② 设 $\alpha_0 > \frac{\pi}{2}$. 这时, $a < \frac{R}{\sqrt{2}}$, $\sin\alpha$ 的最大值在 $\alpha = \alpha_0$ 处取到. 因此, S 的最大值为 $S_{max} = \frac{R^3}{a}\sin\alpha_0$, 在此时所求弦 BD 应与直径 AC 垂直.

最后,我们看一个立体几何的例子.

例9 设 A,B,C,D 为空间四点,且 AB,AC,AD,BC,BD,CD 中至多有一条边大于 1.

试求六边长的和之最大值.

解 设 AD 可能大于 1. 容易看出,若其他五条边固定其长度,则当 A,D 为平面四边形 $ABCD$ 相对顶点时, AD 取最大值. 固定 B 和 C 的位置, A 和 D 必须在以 B 和 C 为中心的两个单位圆的公共区域内,这个区域是中心对称的. 因而,区域中最长弦必定经过线段 BC 的中点 O. 这就是说,区域中最长弦重合于两个单位圆的公共弦. 若 A,D 为公共弦的两个端点,则五边 AD,AB,AC,DB 和 DC 边长之和取最大值(后四边边长为 1). 这样便化为求 $AD + BC$ 的最大值了.

设 $\theta = \angle ABO$, 当 $0 < BC \leqslant 1$ 时, $60° \leqslant \theta < 90°$, 故

$$AD + BC = 2(\sin\theta + \cos\theta) = 2\sqrt{2}\sin(\theta + 45°)$$

当 $\theta = 60°$ 时, $AB + BC$ 取最大值.

这样,各边长之和的最大值为

$$4 + 2(\sin 60° + \cos 60°) = 5 + \sqrt{3}$$

11.3 杂题和组合问题选讲

例1 在平面直角坐标系中,横坐标和纵坐标都是整数的点称为格点. 任意取 6 个格点 $P_i(x_i, y_i)$ $(i = 1,2,3,4,5,6)$ 满足:

① $|x_i| \leqslant 2, |y_i| \leqslant 2$ $(i = 1,2,3,4,5,6)$;

② 任何三点不在同一条直线上.

试证:在以 $P_i(i=1,2,3,4,5,6)$ 为顶点的三角形中,必有一个三角形,它的面积不大于 2.

证明 假设有 6 个格点 $P_1,P_2,\cdots,P_6$ 落在区域 $S=\{(x,y)\mid|x|\leqslant 2,|y|\leqslant 2\}$ 内,它们任意 3 点所构成的三角形面积都大于 2.

记 $P=\{P_1,P_2,P_3,P_4,P_5,P_6\}$.

(a) 若 x 轴上具有 P 中的点数小于 2,则 x 轴的上半平面或下半平面(不包括 x 轴)至少有 P 中的 3 个点,此 3 点所构成的三角形面积不大于 2,这与假设矛盾,故 x 轴上恰有 P 中的 2 个点(因不能有 3 点共线).

又,P 中余下的 4 个点不可能有一点落在直线 $y=\pm1$ 上,否则出现 P 中的点为顶点的面积不大于 2 的三角形.这就证明了,在直线 $y=2$ 和 $y=-2$ 上,分别恰有 P 中的两个点.

注意到 S 的对称性,同理可证:直线 $x=-2,x=0,x=2$ 上分别恰有 P 中的两个点.

于是,在每条直线 $y=2i,x=2i(i=0,\pm1)$ 上恰有 P 中的两个点.

(b) 显然,P 不可能包含原点,否则又将出现 P 中点为顶点的面积不大于 2 的三角形.因此,P 中在 x 轴上的两点必是 $(-2,0)$ 和 $(2,0)$.同理在 y 轴上的两点必是 $(0,-2)$ 和 $(0,2)$.因而余下的两点只能取 $(-2,-2)$,$(2,2)$ 或 $(-2,2)$,$(2,-2)$.无论哪一种情形,都可得到一个以 P 中的点为顶点的面积不大于 2 的三角形.矛盾.

例 2 从正方体的棱和各个面上的对角线中选出 K 条,使得其中任意两条线段所在的直线都是异面直线.试求 K 的最大值.(1992 年全国高中数学联赛试题)

解 考察如图 11.8 所示的 4 条线段 AC,BC_1,D_1B_1,A_1D,它们所在直线两两都是异面直线,若存在 5 条或 5 条以上满足条件的线段,则它们的端点相异,且不少于 10 个.但正方体只有 8 个顶点,矛盾.故 K 的最大值是 4.

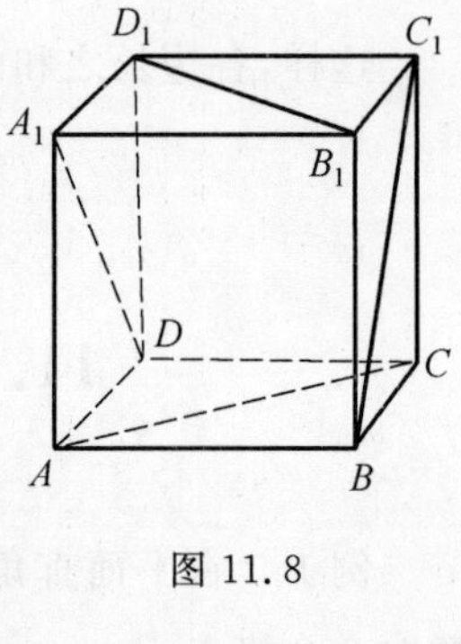

例 1 和例 2 我们采用了反证法,十分值得读者细细地品味.

图 11.8

例 3 某市有 n 所中学,第 i 所中学派出 C_i 名学生 $(1\leqslant C_i\leqslant 39,1\leqslant i\leqslant n)$ 来到体育馆观看球赛,全部学生总数为 $\sum\limits_{i=1}^{n}C_i=1\,990$. 看台上每一横排有 199 个座位,要求同一学校的学生必须坐在同一横排.问体

232

育馆最少要安排多少个横排才能保证全部学生都能坐下？（1990 年全国高中数学联赛试题）

解 根据题中要求,显然每一个横排不一定能够坐满,为了使每一个横排都尽可能坐满,我们可采用下述的方法来安排座位：

先让若干个学校依次坐第一排,直到第一排位子全部坐满,此时可能按要求正好坐满第一排,不然的话,让某校多余的人暂时站着.然后依次按同样的方法安排第 2 排,第 3 排,……一直安排到第 9 排.到此,前 9 排安排了不少于 199×9人（包括暂时站着的人）.余下的人（不包括暂时站着的人）不超过199人,我们安排他们坐第 10 排.当然,我们并未真正安排好前 9 排,还必须将前 9 排中有人站着的学校重新安排.显然,这种人数不超过 9×39 人,又 5×39＝195,故可让其中 5 个学校坐第 11 排,其余的坐第 12 排.

至此,我们已将全部学校的座位安排妥当.这也就证明了,无论何种情形,12 排座位就能保证按要求使全部学生坐下.

下面我们说明 12 横排是最少的.事实上,以下例子表明,若只安排 11 排,有时候确实不够坐.设想 $n=80$,其中前 79 个学校各派 25 名学生,而第 80 个学校派 15 名学生,则 $\sum_{i=1}^{80} C_i = 25 \times 79 + 15 = 1\,990$.如果仅安排 11 排,除了某一排可坐 $25 \times 7 + 15 = 190$（个）学生外,其余每排均最多只能坐 $25 \times 7 = 175$（个）学生.这样 11 排总共坐 $1\,750 + 190 = 1\,940$（个）学生,还有 50 个学生没坐下.这就证明了 12 排是保证全部学生都能坐下的最少排数.

例 4 设 n 和 k 是自然数,S 是平面上 n 个点的集合,满足：

① S 中任何三点不共线；

② 对 S 中的每一点 P,S 中存在 k 个点与 P 距离相等.

证明：$k < \dfrac{1}{2} + \sqrt{2n}$.（第 30 届 IMO 试题）

证明 对于 S 中任意两点 A_i,A_j,在线段 $A_i A_j$ 的垂直平分线上至多有 S 中的两个点.于是,在所有这样的垂直平分线上总共至多有 S 的 $2C_n^2$ 个点（包括重复计数）.

另一方面,由 ② 知对于每一点 $P \in S$,P 至少在 C_k^2 条上述那样垂直平分线上.从而,在上述那些垂直平分线上至少有 S 中的 nC_k^2 个点（包括重复计数）.于是有

$$2C_n^2 \geqslant nC_k^2$$

即

$$k^2 - k - 2(n-1) \leqslant 0$$

解之

$$k \leqslant \frac{1}{2}(1 + \sqrt{1 + 8(n-1)}) < \frac{1}{2} + \sqrt{2n}$$

例 5 已知实数 $a > 1$,构造一个有界无穷数列 $x_0, x_1, x_2, \cdots$,使得对每一对不同的非负整数 i, j,有 $|x_i - x_j| \cdot |i - j|^a \geqslant 1.$(第 32 届 IMO 试题)

解 对任意的非负整数 n,设它的十进制表示为 $n = b_0 + b_1 \cdot 10 + b_2 \cdot 10^2 + \cdots + b_k 10^k$,其中 $b_0, b_1, \cdots, b_k$ 为从 0 到 9 之间的整数. 令

$$y_n = b_0 + b_1 \cdot 10^{-a} + b_2 \cdot 10^{-2a} + \cdots + b_k \cdot 10^{-ka}$$

则

$$|y_n| \leqslant 9(1 + 10^{-a} + 10^{-2a} + \cdots) = \frac{9}{1 - 10^{-a}} = \frac{9 \times 10^a}{10^a - 1}$$

故数列 $y_0, y_1, y_2, \cdots$ 有界.

任意取一对不同的非负整数 $i > j$,设

$$i = c_0 + c_1 \cdot 10 + c_2 \cdot 10^2 + \cdots + c_m \cdot 10^m$$

$$j = d_0 + d_1 \cdot 10 + d_2 \cdot 10^2 + \cdots + d_l \cdot 10^l$$

记 $t = \min\{s \,|\, c_s \neq d_s\}$,则 $|i - j| \geqslant 10^t$,且

$$|y_i - y_j| \geqslant 10^{-ta} - 9(10^{-(t+1)a} + 10^{-(t+2)a} + \cdots)$$

$$= 10^{-ta} - 9 \cdot 10^{-(t+1)a} \cdot \frac{1}{1 - 10^{-a}}$$

故

$$|y_i - y_j| \, |i - j|^a \geqslant 1 - \frac{9}{10^a} \cdot \frac{1}{1 - 10^{-a}} = \frac{10^a - 10}{10^a - 1}$$

令 $x_n = \frac{10^a - 1}{10^a - 10} y_n (n = 0, 1, 2, \cdots)$,则数列 $x_0, x_1, x_2, \cdots$ 满足题设条件.

例 6 设 $N = \{1, 2, 3, \cdots\}$. 论证是否存在一个函数 $f: N \to N$ 使得:

① $f(1) = 2$;

② $f(f(n)) = f(n) + n$ 对一切 $n \in \mathbf{N}$ 成立;

③ $f(n) < f(n+1)$ 对一切 $n \in \mathbf{N}$ 成立.

(第 34 届 IMO 试题)

证明 答案是肯定的.

构造函数

$$f(n) = \left[\frac{\sqrt{5} + 1}{2} n + \frac{1}{2}\right]$$

234

则

$$f(1) = \left[\frac{\sqrt{5}+1}{2} + \frac{1}{2}\right] = 2$$

$$f(n+1) = \left[\frac{\sqrt{5}+1}{2}(n+1) + \frac{1}{2}\right]$$

$$= \left[\frac{\sqrt{5}+1}{2}n + \frac{1}{2} + \frac{\sqrt{5}+1}{2}\right]$$

$$> \left[\frac{\sqrt{5}+1}{2}n + \frac{1}{2}\right] = f(n)$$

下面我们验证 $f(f(n)) = f(n) + n$.

令

$$\frac{\sqrt{5}+1}{2}n + \frac{1}{2} = \left[\frac{\sqrt{5}+1}{2}n + \frac{1}{2}\right] + \alpha_n$$

则

$$f(f(n)) = \left[\frac{\sqrt{5}+1}{2}f(n) + \frac{1}{2}\right]$$

$$= \left[\frac{\sqrt{5}+1}{2}\left(\frac{\sqrt{5}+1}{2}n + \frac{1}{2} - \alpha_n\right) + \frac{1}{2}\right]$$

$$= \left[\frac{\sqrt{5}+1}{2}n + \frac{1}{2} + n + \frac{\sqrt{5}+1}{4} - \frac{\sqrt{5}+1}{2}\alpha_n\right]$$

$$= \left[\left[\frac{\sqrt{5}+1}{2}n + \frac{1}{2}\right] + \alpha_n + n + \frac{\sqrt{5}+1}{4} - \frac{\sqrt{5}+1}{2}\alpha_n\right]$$

$$= \left[\frac{\sqrt{5}+1}{2}n + \frac{1}{2}\right] + n + \left[\alpha_n + \frac{\sqrt{5}+1}{4} - \frac{\sqrt{5}+1}{2}\alpha_n\right]$$

$$= f(n) + n + \left[\frac{\sqrt{5}+1}{4} - \frac{\sqrt{5}-1}{2}\alpha_n\right]$$

由于 $0 \leqslant \alpha_n < 1$,故

$$0 < \frac{\sqrt{5}+1}{4} - \frac{\sqrt{5}-1}{2} < \frac{\sqrt{5}+1}{4} - \frac{\sqrt{5}-1}{2}\alpha_n \leqslant \frac{\sqrt{5}+1}{4} < 1$$

所以 $f(f(n)) = f(n) + n$,

例 6 中,所求的 $f(n)$ 并不是唯一的,有多种构造形式,如:

(a) $f(n) = \left[\frac{\sqrt{5}+1}{2}n + \frac{\sqrt{5}-1}{2}\right]$ $(n \in \mathbf{N})$;

(b) $f(1) = 2$, $f(n) = n + \max\{i \leqslant n : f(i) \leqslant n\}$.

读者不难验证,由 $(a)(b)$ 所构造的函数,都满足题中所给的条件.

例7 设 $Oxyz$ 是空间直角坐标系,S 是空间中的一个由有限个点组成的集合,S_x,S_y,S_z 分别是 S 中所有的点在 Oyz 平面、Ozx 平面、Oxy 平面上的正交投影所成的集合. 证明

$$|S|^2 \leqslant |S_x| \cdot |S_y| \cdot |S_z|$$

其中 $|A|$ 表示有限集合中元素的数目.(第 33 届 IMO 试题)

证明 首先,我们解释一下正交投影的概念. 所谓一个点在一个平面上的正交投影,是指由该点向平面所作垂线的垂足.

设共有 n 个平行于 Oxy 平面上有 S 中的点,这些平面记为 $\alpha_1, \alpha_2, \cdots, \alpha_n$. 任取一个平面 $\alpha_i (1 \leqslant i \leqslant n)$,设其与 Oyz,Ozx 平面交成直线 y',x',并设 α_i 上有 c_i 个 S 中的点,则显然有

$$c_i \leqslant |S_z| \tag{1}$$

记 α_i 上的点在 x' 上的正交投影集合为 A_i,在 y' 上的正交投影集合为 B_i,并记 $b_i = |B_i|$,$a_i = |A_i|$.

那么,α_i 上 S 中的点数 c_i 不超过 $a_i b_i$,即

$$c_i \leqslant a_i b_i \tag{2}$$

又

$$\sum_{i=1}^{n} a_i = |S_y|, \quad \sum_{i=1}^{n} b_i = |S_x|, \quad \sum_{i=1}^{n} c_i = |S|$$

于是

$$|S_x| \cdot |S_y| \cdot |S_z| = (b_1 + b_2 + \cdots + b_n)(a_1 + a_2 + \cdots + a_n)|S_z|$$
$$\geqslant (\sqrt{a_1 b_1} + \sqrt{a_2 b_2} + \cdots + \sqrt{a_n b_n})^2 \cdot |S_z|$$
$$= (\sqrt{a_1 b_2 |S_z|} + \sqrt{a_2 b_2 |S_z|} + \cdots + \sqrt{a_n b_n |S_z|})^2$$

利用式(1)和式(2),立即可以得到

$$|S_x| \cdot |S_y| \cdot |S_z| \geqslant (c_1 + c_2 + \cdots + c_n)^2 = |S|^2$$

上面的解法,是由我国选手杨保中同学给出的.

例8 对于平面上任意三点 P,Q,R,我们定义 $m(PQR)$ 为 $\triangle PQR$ 的最短的一条高线的长度(当 P,Q,R 共线时,令 $m(PQR) = 0$). 设 A,B,C 为平面上三点,对此平面上任意一点 X,求证

$$m(ABC) \leqslant m(ABX) + m(AXC) + m(XBC)$$

(第 34 届 IMO 试题)

证明 令 $a = BC$,$b = CA$,$c = AB$,$p = AX$,$q = BX$,$r = CX$.

显然,一个三角形的最短高在它的最长边上.

236

我们分两种情形讨论：

①若 X,A,B,C 四点两两连线中最长者为 $\triangle ABC$ 的边，不妨设为 $a(BC=a)$，那么

$$m(ABC)=h_a=\frac{2S_{\triangle ABC}}{a}\leqslant\frac{2}{a}(S_{\triangle ABX}+S_{\triangle BCX}+S_{\triangle CAX})$$

$$=\frac{2S_{\triangle ABX}}{a}+\frac{2S_{\triangle BCX}}{a}+\frac{2S_{\triangle CAX}}{a}$$

$$\leqslant m(ABX)+m(BCX)+m(CAX)$$

②若 X,A,B,C 四点两两连线中最长者不是 $\triangle ABC$ 的边，不妨设 XB 为其中的最长者.

如图 11.9 所示，令 α 为 BC 逆时针转到 BX 所成的角，β 为 BX 逆时针转到 BA 所成的角，这是有向角，若顺时针转则为负值.

图 11.9

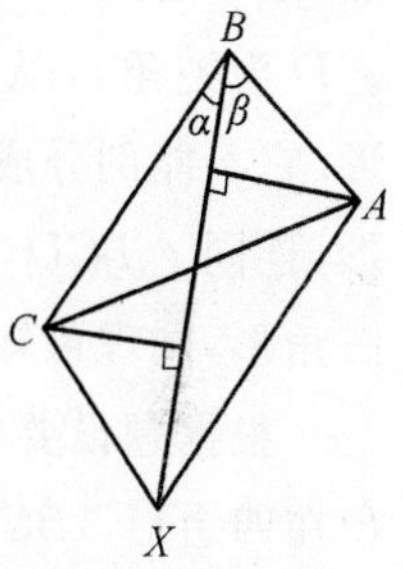

不妨设 $AB=c\leqslant a=BC$，则

$$\begin{aligned}m(ABC)&\leqslant c|\sin(\alpha+\beta)|\\&=c|\sin\alpha\cos\beta+\cos\alpha\sin\beta|\\&\leqslant c(|\sin\alpha|+|\sin\beta|)\\&\leqslant a|\sin\alpha|+c|\sin\beta|\\&=m(BCX)+m(ABX)\\&\leqslant m(BCX)+m(ABX)+m(AXC)\end{aligned}$$

例 9 设一凸四边形 $ABCD$，它的内角中仅有 $\angle D$ 是钝角. 用一些直线段将该凸四边形分割成 n 个钝角三角形，但除去 A,B,C,D 外，在该凸四边形的周界上，不含分割出的钝角三角形顶点. 试证 n 应该满足的充分必要条件是 $n\geqslant 4$.（1993 年全国高中数学联赛试题）

证明 如图 11.10 所示，设凸四边形 $ABCD$，$\angle D$ 为仅有的钝角.

图 11.10

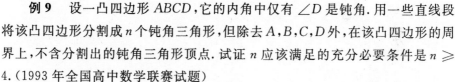

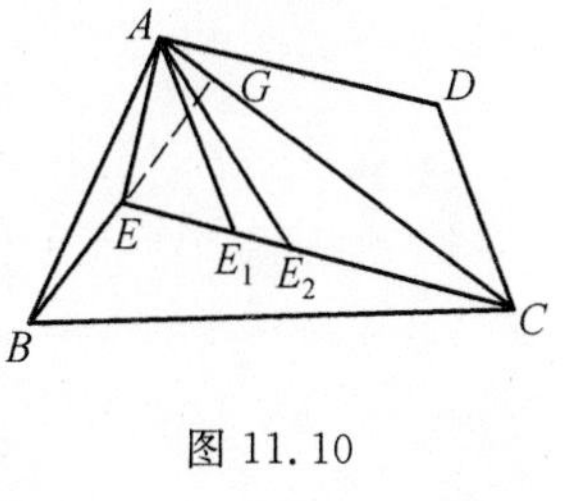

充分性：显然，一个非钝角三角形一定可分割成三个钝角三角形.

事实上，取锐角三角形任一顶点，或直角三角形直角顶点，设为 B，向对边 AC 作高 BG，再以 AC 为直径向三角形内作半圆. 于是，BG 的位于该半圆内的任意点 E 与三顶点的连线将三角形剖分成三个钝角 $\triangle ABE$，$\triangle BCE$，和 $\triangle CAE$.

因此，凸四边形 $ABCD$ 可剖分成 4 个钝角三角形.

事实上,如图 11.10,联结线段 AC,则 $\triangle ACD$ 为钝角三角形,又 $\triangle ABC$ 可剖分成三个钝角三角形,共有 4 个钝角三角形.

从而,凸四边形 $ABCD$ 又可剖分成为 $n=5,6,\cdots$ 个钝角三角形.

事实上,如图 11.10,作 $AE_1,AE_2,\cdots$,即得新剖分的钝角三角形 $\triangle AEE_1$,$\triangle AE_1E_2,\cdots$,共有 $5,6,\cdots$ 个钝角三角形.

下面我们证明必要性:

首先提出,一个非钝角三角形不能剖分成 2 个钝角三角形.

假设已经作出了 n 个钝角三角形的剖分,如图 11.11,考虑 CD 边,设它属于已剖分的钝角三角形 $\triangle ECD$. 若 E 为 B 点,由于 $\triangle BCD$ 为钝角三角形,只有 $\angle BDC$ 为钝角(已设 $\angle D$ 为钝角),从而 $\angle BDA$ 为锐角,$\triangle BDA$ 为非钝角三角形. 它不能剖分成 2 个而只能剖分成 3 个及以上的钝角三角形,连同 $\triangle BCD$,有 $n \geqslant 4$. 若 E 为 A 点,则 $\triangle ABC$ 为非钝角三角形,同理可知 $n \geqslant 4$.

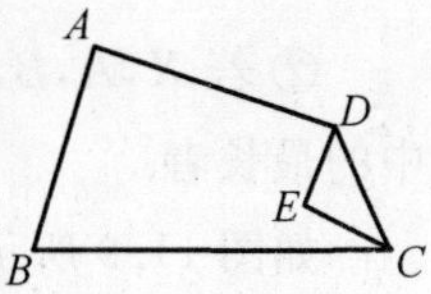

图 11.11

根据题设要求,除 A,B,C,D 四个顶点外,E 不能取在周界上,于是只能设 E 在四边形 $ABCD$ 内部. 这时 EC,ED(或它们的一部分)又分别属于不同的钝角三角形,由于 AB 不能与 EC,ED 构成三角形. 故 AB 属于一个新剖分的钝角三角形. 连同 $\triangle ECD$,有 $n \geqslant 4$,必要性证完.

238

刘培杰数学工作室
已出版(即将出版)图书目录——初等数学

书 名	出版时间	定 价	编号
新编中学数学解题方法全书(高中版)上卷(第2版)	2018—08	58.00	951
新编中学数学解题方法全书(高中版)中卷(第2版)	2018—08	68.00	952
新编中学数学解题方法全书(高中版)下卷(一)(第2版)	2018—08	58.00	953
新编中学数学解题方法全书(高中版)下卷(二)(第2版)	2018—08	58.00	954
新编中学数学解题方法全书(高中版)下卷(三)(第2版)	2018—08	68.00	955
新编中学数学解题方法全书(初中版)上卷	2008—01	28.00	29
新编中学数学解题方法全书(初中版)中卷	2010—07	38.00	75
新编中学数学解题方法全书(高考复习卷)	2010—01	48.00	67
新编中学数学解题方法全书(高考真题卷)	2010—01	38.00	62
新编中学数学解题方法全书(高考精华卷)	2011—03	68.00	118
新编平面解析几何解题方法全书(专题讲座卷)	2010—01	18.00	61
新编中学数学解题方法全书(自主招生卷)	2013—08	88.00	261
数学奥林匹克与数学文化(第一辑)	2006—05	48.00	4
数学奥林匹克与数学文化(第二辑)(竞赛卷)	2008—01	48.00	19
数学奥林匹克与数学文化(第二辑)(文化卷)	2008—07	58.00	36′
数学奥林匹克与数学文化(第三辑)(竞赛卷)	2010—01	48.00	59
数学奥林匹克与数学文化(第四辑)(竞赛卷)	2011—08	58.00	87
数学奥林匹克与数学文化(第五辑)	2015—06	98.00	370
世界著名平面几何经典著作钩沉——几何作图专题卷(上)	2009—06	48.00	49
世界著名平面几何经典著作钩沉——几何作图专题卷(下)	2011—01	88.00	80
世界著名平面几何经典著作钩沉(民国平面几何老课本)	2011—03	38.00	113
世界著名平面几何经典著作钩沉(建国初期平面三角老课本)	2015—08	38.00	507
世界著名解析几何经典著作钩沉——平面解析几何卷	2014—01	38.00	264
世界著名数论经典著作钩沉(算术卷)	2012—01	28.00	125
世界著名数学经典著作钩沉——立体几何卷	2011—02	28.00	88
世界著名三角学经典著作钩沉(平面三角卷Ⅰ)	2010—06	28.00	69
世界著名三角学经典著作钩沉(平面三角卷Ⅱ)	2011—01	38.00	78
世界著名初等数论经典著作钩沉(理论和实用算术卷)	2011—07	38.00	126
发展你的空间想象力(第2版)	2019—11	68.00	1117
空间想象力进阶	2019—05	68.00	1062
走向国际数学奥林匹克的平面几何试题诠释.第1卷	2019—07	88.00	1043
走向国际数学奥林匹克的平面几何试题诠释.第2卷	2019—09	78.00	1044
走向国际数学奥林匹克的平面几何试题诠释.第3卷	2019—03	78.00	1045
走向国际数学奥林匹克的平面几何试题诠释.第4卷	2019—09	98.00	1046
平面几何证明方法全书	2007—08	35.00	1
平面几何证明方法全书习题解答(第2版)	2006—12	18.00	10
平面几何天天练上卷·基础篇(直线型)	2013—01	58.00	208
平面几何天天练中卷·基础篇(涉及圆)	2013—01	28.00	234
平面几何天天练下卷·提高篇	2013—01	58.00	237
平面几何专题研究	2013—07	98.00	258
几何学习题集	2020—10	48.00	1217

刘培杰数学工作室

已出版(即将出版)图书目录——初等数学

书　名	出版时间	定　价	编号
最新世界各国数学奥林匹克中的平面几何试题	2007—09	38.00	14
数学竞赛平面几何典型题及新颖解	2010—07	48.00	74
初等数学复习及研究(平面几何)	2008—09	58.00	38
初等数学复习及研究(立体几何)	2010—06	38.00	71
初等数学复习及研究(平面几何)习题解答	2009—01	48.00	42
几何学教程(平面几何卷)	2011—03	68.00	90
几何学教程(立体几何卷)	2011—07	68.00	130
几何变换与几何证题	2010—06	88.00	70
计算方法与几何证题	2011—06	28.00	129
立体几何技巧与方法	2014—04	88.00	293
几何瑰宝——平面几何500名题暨1000条定理(上、下)	2010—07	138.00	76,77
三角形的解法与应用	2012—07	18.00	183
近代的三角形几何学	2012—07	48.00	184
一般折线几何学	2015—08	48.00	503
三角形的五心	2009—06	28.00	51
三角形的六心及其应用	2015—10	68.00	542
三角形趣谈	2012—08	28.00	212
解三角形	2014—01	28.00	265
三角学专门教程	2014—09	28.00	387
图天下几何新题试卷.初中(第2版)	2017—11	58.00	855
圆锥曲线习题集(上册)	2013—06	68.00	255
圆锥曲线习题集(中册)	2015—01	78.00	434
圆锥曲线习题集(下册·第1卷)	2016—10	78.00	683
圆锥曲线习题集(下册·第2卷)	2018—01	98.00	853
圆锥曲线习题集(下册·第3卷)	2019—10	128.00	1113
论九点圆	2015—05	88.00	645
近代欧氏几何学	2012—03	48.00	162
罗巴切夫斯基几何学及几何基础概要	2012—07	28.00	188
罗巴切夫斯基几何学初步	2015—06	28.00	474
用三角、解析几何、复数、向量计算解数学竞赛几何题	2015—03	48.00	455
美国中学几何教程	2015—04	88.00	458
三线坐标与三角形特征点	2015—04	98.00	460
平面解析几何方法与研究(第1卷)	2015—05	18.00	471
平面解析几何方法与研究(第2卷)	2015—06	18.00	472
平面解析几何方法与研究(第3卷)	2015—07	18.00	473
解析几何研究	2015—01	38.00	425
解析几何学教程.上	2016—01	38.00	574
解析几何学教程.下	2016—01	38.00	575
几何学基础	2016—01	58.00	581
初等几何研究	2015—02	58.00	444
十九和二十世纪欧氏几何学中的片段	2017—01	58.00	696
平面几何中考.高考.奥数一本通	2017—07	28.00	820
几何学简史	2017—08	28.00	833
四面体	2018—01	48.00	880
平面几何证明方法思路	2018—12	68.00	913
平面几何图形特性新析.上篇	2019—01	68.00	911
平面几何图形特性新析.下篇	2018—06	88.00	912
平面几何范例多解探究.上篇	2018—04	48.00	910
平面几何范例多解探究.下篇	2018—12	68.00	914
从分析解题过程学解题:竞赛中的几何问题研究	2018—07	68.00	946
从分析解题过程学解题:竞赛中的向量几何与不等式研究(全2册)	2019—06	138.00	1090
二维、三维欧氏几何的对偶原理	2018—12	38.00	990
星形大观及闭折线论	2019—03	68.00	1020
圆锥曲线之设点与设线	2019—05	60.00	1063
立体几何的问题和方法	2019—11	58.00	1127

刘培杰数学工作室
已出版(即将出版)图书目录——初等数学

书　名	出版时间	定价	编号
俄罗斯平面几何问题集	2009—08	88.00	55
俄罗斯立体几何问题集	2014—03	58.00	283
俄罗斯几何大师——沙雷金论数学及其他	2014—01	48.00	271
来自俄罗斯的5000道几何习题及解答	2011—03	58.00	89
俄罗斯初等数学问题集	2012—05	38.00	177
俄罗斯函数问题集	2011—03	38.00	103
俄罗斯组合分析问题集	2011—01	48.00	79
俄罗斯初等数学万题选——三角卷	2012—11	38.00	222
俄罗斯初等数学万题选——代数卷	2013—08	68.00	225
俄罗斯初等数学万题选——几何卷	2014—01	68.00	226
俄罗斯《量子》杂志数学征解问题100题选	2018—08	48.00	969
俄罗斯《量子》杂志数学征解问题又100题选	2018—08	48.00	970
俄罗斯《量子》杂志数学征解问题	2020—05	48.00	1138
463个俄罗斯几何老问题	2012—01	28.00	152
《量子》数学短文精粹	2018—09	38.00	972
用三角、解析几何等计算解来自俄罗斯的几何题	2019—11	88.00	1119
谈谈素数	2011—03	18.00	91
平方和	2011—03	18.00	92
整数论	2011—05	38.00	120
从整数谈起	2015—10	28.00	538
数与多项式	2016—01	38.00	558
谈谈不定方程	2011—05	28.00	119
解析不等式新论	2009—06	68.00	48
建立不等式的方法	2011—03	98.00	104
数学奥林匹克不等式研究(第2版)	2020—07	68.00	1181
不等式研究(第二辑)	2012—02	68.00	153
不等式的秘密(第一卷)(第2版)	2014—02	38.00	286
不等式的秘密(第二卷)	2014—01	38.00	268
初等不等式的证明方法	2010—06	38.00	123
初等不等式的证明方法(第二版)	2014—11	38.00	407
不等式·理论·方法(基础卷)	2015—07	38.00	496
不等式·理论·方法(经典不等式卷)	2015—07	38.00	497
不等式·理论·方法(特殊类型不等式卷)	2015—07	48.00	498
不等式探究	2016—03	38.00	582
不等式探秘	2017—01	88.00	689
四面体不等式	2017—01	68.00	715
数学奥林匹克中常见重要不等式	2017—09	38.00	845
三正弦不等式	2018—09	98.00	974
函数方程与不等式:解法与稳定性结果	2019—04	68.00	1058
同余理论	2012—05	38.00	163
[x]与{x}	2015—04	48.00	476
极值与最值.上卷	2015—06	28.00	486
极值与最值.中卷	2015—06	38.00	487
极值与最值.下卷	2015—06	28.00	488
整数的性质	2012—11	38.00	192
完全平方数及其应用	2015—08	78.00	506
多项式理论	2015—10	88.00	541
奇数、偶数、奇偶分析法	2018—01	98.00	876
不定方程及其应用.上	2018—12	58.00	992
不定方程及其应用.中	2019—01	78.00	993
不定方程及其应用.下	2019—02	98.00	994

刘培杰数学工作室
已出版(即将出版)图书目录——初等数学

书　名	出版时间	定　价	编号
历届美国中学生数学竞赛试题及解答(第一卷)1950—1954	2014—07	18.00	277
历届美国中学生数学竞赛试题及解答(第二卷)1955—1959	2014—04	18.00	278
历届美国中学生数学竞赛试题及解答(第三卷)1960—1964	2014—06	18.00	279
历届美国中学生数学竞赛试题及解答(第四卷)1965—1969	2014—04	28.00	280
历届美国中学生数学竞赛试题及解答(第五卷)1970—1972	2014—06	18.00	281
历届美国中学生数学竞赛试题及解答(第六卷)1973—1980	2017—07	18.00	768
历届美国中学生数学竞赛试题及解答(第七卷)1981—1986	2015—01	18.00	424
历届美国中学生数学竞赛试题及解答(第八卷)1987—1990	2017—05	18.00	769
历届中国数学奥林匹克试题集(第2版)	2017—03	38.00	757
历届加拿大数学奥林匹克试题集	2012—08	38.00	215
历届美国数学奥林匹克试题集:1972~2019	2020—04	88.00	1135
历届波兰数学竞赛试题集.第1卷,1949~1963	2015—03	18.00	453
历届波兰数学竞赛试题集.第2卷,1964~1976	2015—03	18.00	454
历届巴尔干数学奥林匹克试题集	2015—05	38.00	466
保加利亚数学奥林匹克	2014—10	38.00	393
圣彼得堡数学奥林匹克试题集	2015—01	38.00	429
匈牙利奥林匹克数学竞赛题解.第1卷	2016—05	28.00	593
匈牙利奥林匹克数学竞赛题解.第2卷	2016—05	28.00	594
历届美国数学邀请赛试题集(第2版)	2017—10	78.00	851
全国高中数学竞赛试题及解答.第1卷	2014—07	38.00	331
普林斯顿大学数学竞赛	2016—06	38.00	669
亚太地区数学奥林匹克竞赛题	2015—07	18.00	492
日本历届(初级)广中杯数学竞赛试题及解答.第1卷(2000~2007)	2016—05	28.00	641
日本历届(初级)广中杯数学竞赛试题及解答.第2卷(2008~2015)	2016—05	38.00	642
360个数学竞赛问题	2016—08	58.00	677
奥数最佳实战题.上卷	2017—06	38.00	760
奥数最佳实战题.下卷	2017—05	58.00	761
哈尔滨市早期中学数学竞赛试题汇编	2016—07	28.00	672
全国高中数学联赛试题及解答:1981—2019(第4版)	2020—07	138.00	1176
20世纪50年代全国部分城市数学竞赛试题汇编	2017—07	28.00	797
国内外数学竞赛题及精解:2018~2019	2020—08	45.00	1192
许康华竞赛优学精选集.第一辑	2018—08	68.00	949
天问叶班数学问题征解100题.Ⅰ,2016—2018	2019—05	88.00	1075
天问叶班数学问题征解100题.Ⅱ,2017—2019	2020—07	98.00	1177
美国初中数学竞赛:AMC8准备(共6卷)	2019—07	138.00	1089
美国高中数学竞赛:AMC10准备(共6卷)	2019—08	158.00	1105
高考数学临门一脚(含密押三套卷)(理科版)	2017—01	45.00	743
高考数学临门一脚(含密押三套卷)(文科版)	2017—01	45.00	744
高考数学题型全归纳:文科版.上	2016—05	53.00	663
高考数学题型全归纳:文科版.下	2016—05	53.00	664
高考数学题型全归纳:理科版.上	2016—05	58.00	665
高考数学题型全归纳:理科版.下	2016—05	58.00	666

刘培杰数学工作室
已出版(即将出版)图书目录——初等数学

书 名	出版时间	定 价	编号
王连笑教你怎样学数学:高考选择题解题策略与客观题实用训练	2014—01	48.00	262
王连笑教你怎样学数学:高考数学高层次讲座	2015—02	48.00	432
高考数学的理论与实践	2009—08	38.00	53
高考数学核心题型解题方法与技巧	2010—01	28.00	86
高考思维新平台	2014—03	38.00	259
30 分钟拿下高考数学选择题、填空题(理科版)	2016—10	39.80	720
30 分钟拿下高考数学选择题、填空题(文科版)	2016—10	39.80	721
高考数学压轴题解题诀窍(上)(第 2 版)	2018—01	58.00	874
高考数学压轴题解题诀窍(下)(第 2 版)	2018—01	48.00	875
北京市五区文科数学三年高考模拟题详解:2013~2015	2015—08	48.00	500
北京市五区理科数学三年高考模拟题详解:2013~2015	2015—09	68.00	505
向量法巧解数学高考题	2009—08	28.00	54
高考数学解题金典(第 2 版)	2017—01	78.00	716
高考物理解题金典(第 2 版)	2019—05	68.00	717
高考化学解题金典(第 2 版)	2019—05	58.00	718
数学高考参考	2016—01	78.00	589
2011~2015 年全国及各省市高考数学文科精品试题审题要津与解法研究	2015—10	68.00	539
2011~2015 年全国及各省市高考数学理科精品试题审题要津与解法研究	2015—10	88.00	540
新课程标准高考数学解答题各种题型解法指导	2020—08	78.00	1196
2011 年全国及各省市高考数学试题审题要津与解法研究	2011—10	48.00	139
2013 年全国及各省市高考数学试题解析与点评	2014—01	48.00	282
全国及各省市高考数学试题审题要津与解法研究	2015—02	48.00	450
高中数学章节起始课的教学研究与案例设计	2019—05	28.00	1064
新课标高考数学——五年试题分章详解(2007~2011)(上、下)	2011—10	78.00	140,141
全国中考数学压轴题审题要津与解法研究	2013—04	78.00	248
新编全国及各省市中考数学压轴题审题要津与解法研究	2014—05	58.00	342
全国及各省市 5 年中考数学压轴题审题要津与解法研究(2015 版)	2015—04	58.00	462
中考数学专题总复习	2007—04	28.00	6
中考数学较难题常考题型解题方法与技巧	2016—09	48.00	681
中考数学难题常考题型解题方法与技巧	2016—09	48.00	682
中考数学中档题常考题型解题方法与技巧	2017—08	68.00	835
中考数学选择填空压轴好题妙解365	2017—05	38.00	759
中考数学:三类重点考题的解法例析与习题	2020—04	48.00	1140
中小学数学的历史文化	2019—11	48.00	1124
初中平面几何百题多思创新解	2020—01	58.00	1125
初中数学中考备考	2020—01	58.00	1126
高考数学之九章演义	2019—08	68.00	1044
化学可以这样学:高中化学知识方法智慧感悟疑难辨析	2019—07	58.00	1103
如何成为学习高手	2019—09	58.00	1107
高考数学:经典真题分类解析	2020—04	78.00	1134
高考数学解答题破解策略	2020—11	58.00	1221
从分析解题过程学解题:高考压轴题与竞赛题之关系探究	2020—08	88.00	1179

刘培杰数学工作室
已出版(即将出版)图书目录——初等数学

书 名	出版时间	定价	编号
中考数学小压轴汇编初讲	2017—07	48.00	788
中考数学大压轴专题微言	2017—09	48.00	846
怎么解中考平面几何探索题	2019—06	48.00	1093
北京中考数学压轴题解题方法突破(第5版)	2020—01	58.00	1120
助你高考成功的数学解题智慧:知识是智慧的基础	2016—01	58.00	596
助你高考成功的数学解题智慧:错误是智慧的试金石	2016—04	58.00	643
助你高考成功的数学解题智慧:方法是智慧的推手	2016—04	68.00	657
高考数学奇思妙解	2016—04	38.00	610
高考数学解题策略	2016—05	48.00	670
数学解题泄天机(第2版)	2017—10	48.00	850
高考物理压轴题全解	2017—04	48.00	746
高中物理经典问题25讲	2017—05	28.00	764
高中物理教学讲义	2018—01	48.00	871
中学物理基础问题解析	2020—08	48.00	1183
2016年高考文科数学真题研究	2017—04	58.00	754
2016年高考理科数学真题研究	2017—04	78.00	755
2017年高考理科数学真题研究	2018—01	58.00	867
2017年高考文科数学真题研究	2018—01	48.00	868
初中数学、高中数学脱节知识补缺教材	2017—06	48.00	766
高考数学小题抢分必练	2017—10	48.00	834
高考数学核心素养解读	2017—10	38.00	839
高考数学客观题解题方法和技巧	2017—10	38.00	847
十年高考数学精品试题审题要津与解法研究.上卷	2018—01	68.00	872
十年高考数学精品试题审题要津与解法研究.下卷	2018—01	58.00	873
中国历届高考数学试题及解答.1949—1979	2018—01	38.00	877
历届中国高考数学试题及解答.第二卷,1980—1989	2018—10	28.00	975
历届中国高考数学试题及解答.第三卷,1990—1999	2018—10	48.00	976
数学文化与高考研究	2018—03	48.00	882
跟我学解高中数学题	2018—07	58.00	926
中学数学研究的方法及案例	2018—05	58.00	869
高考数学抢分技能	2018—07	68.00	934
高一新生常用数学方法和重要数学思想提升教材	2018—06	38.00	921
2018年高考数学真题研究	2019—01	68.00	1000
2019年高考数学真题研究	2020—05	88.00	1137
高考数学全国卷16道选择、填空题常考题型解题诀窍.理科	2018—09	88.00	971
高考数学全国卷16道选择、填空题常考题型解题诀窍.文科	2020—01	88.00	1123
高中数学一题多解	2019—06	58.00	1087

新编640个世界著名数学智力趣题	2014—01	88.00	242
500个最新世界著名数学智力趣题	2008—06	48.00	3
400个最新世界著名数学最值问题	2008—09	48.00	36
500个世界著名数学征解问题	2009—06	48.00	52
400个中国最佳初等数学征解老问题	2010—01	48.00	60
500个俄罗斯数学经典老题	2011—01	28.00	81
1000个国外中学物理好题	2012—04	48.00	174
300个日本高考数学题	2012—05	38.00	142
700个早期日本高考数学试题	2017—02	88.00	752
500个前苏联早期高考数学试题及解答	2012—05	28.00	185
546个早期俄罗斯大学生数学竞赛题	2014—03	38.00	285
548个来自美苏的数学好问题	2014—11	28.00	396
20所苏联著名大学早期入学试题	2015—02	18.00	452
161道德国工科大学生必做的微分方程习题	2015—05	28.00	469
500个德国工科大学生必做的高数习题	2015—06	28.00	478
360个数学竞赛问题	2016—08	58.00	677
200个趣味数学故事	2018—02	48.00	857
470个数学奥林匹克中的最值问题	2018—10	88.00	985
德国讲义日本考题.微积分卷	2015—04	48.00	456
德国讲义日本考题.微分方程卷	2015—04	38.00	457
二十世纪中叶中、英、美、日、法、俄高考数学试题精选	2017—06	38.00	783

书 名	出版时间	定 价	编号
中国初等数学研究 2009 卷(第 1 辑)	2009—05	20.00	45
中国初等数学研究 2010 卷(第 2 辑)	2010—05	30.00	68
中国初等数学研究 2011 卷(第 3 辑)	2011—07	60.00	127
中国初等数学研究 2012 卷(第 4 辑)	2012—07	48.00	190
中国初等数学研究 2014 卷(第 5 辑)	2014—02	48.00	288
中国初等数学研究 2015 卷(第 6 辑)	2015—06	68.00	493
中国初等数学研究 2016 卷(第 7 辑)	2016—04	68.00	609
中国初等数学研究 2017 卷(第 8 辑)	2017—01	98.00	712
初等数学研究在中国.第 1 辑	2019—03	158.00	1024
初等数学研究在中国.第 2 辑	2019—10	158.00	1116
几何变换(Ⅰ)	2014—07	28.00	353
几何变换(Ⅱ)	2015—06	28.00	354
几何变换(Ⅲ)	2015—01	38.00	355
几何变换(Ⅳ)	2015—12	38.00	356
初等数论难题集(第一卷)	2009—05	68.00	44
初等数论难题集(第二卷)(上、下)	2011—02	128.00	82,83
数论概貌	2011—03	18.00	93
代数数论(第二版)	2013—08	58.00	94
代数多项式	2014—06	38.00	289
初等数论的知识与问题	2011—02	28.00	95
超越数论基础	2011—03	28.00	96
数论初等教程	2011—03	28.00	97
数论基础	2011—03	18.00	98
数论基础与维诺格拉多夫	2014—03	18.00	292
解析数论基础	2012—08	28.00	216
解析数论基础(第二版)	2014—01	48.00	287
解析数论问题集(第二版)(原版引进)	2014—05	88.00	343
解析数论问题集(第二版)(中译本)	2016—04	88.00	607
解析数论基础(潘承洞,潘承彪著)	2016—07	98.00	673
解析数论导引	2016—07	58.00	674
数论入门	2011—03	38.00	99
代数数论入门	2015—03	38.00	448
数论开篇	2012—07	28.00	194
解析数论引论	2011—03	48.00	100
Barban Davenport Halberstam 均值和	2009—01	40.00	33
基础数论	2011—03	28.00	101
初等数论 100 例	2011—05	18.00	122
初等数论经典例题	2012—07	18.00	204
最新世界各国数学奥林匹克中的初等数论试题(上、下)	2012—01	138.00	144,145
初等数论(Ⅰ)	2012—01	18.00	156
初等数论(Ⅱ)	2012—01	18.00	157
初等数论(Ⅲ)	2012—01	28.00	158

刘培杰数学工作室
已出版(即将出版)图书目录——初等数学

书　名	出版时间	定　价	编号
平面几何与数论中未解决的新老问题	2013—01	68.00	229
代数数论简史	2014—11	28.00	408
代数数论	2015—09	88.00	532
代数、数论及分析习题集	2016—11	98.00	695
数论导引提要及习题解答	2016—01	48.00	559
素数定理的初等证明.第2版	2016—09	48.00	686
数论中的模函数与狄利克雷级数(第二版)	2017—11	78.00	837
数论:数学导引	2018—01	68.00	849
范氏大代数	2019—02	98.00	1016
解析数学讲义.第一卷,导来式及微分、积分、级数	2019—04	88.00	1021
解析数学讲义.第二卷,关于几何的应用	2019—04	68.00	1022
解析数学讲义.第三卷,解析函数论	2019—04	78.00	1023
分析·组合·数论纵横谈	2019—04	58.00	1039
Hall代数:民国时期的中学数学课本:英文	2019—08	88.00	1106
数学精神巡礼	2019—01	58.00	731
数学眼光透视(第2版)	2017—06	78.00	732
数学思想领悟(第2版)	2018—01	68.00	733
数学方法溯源(第2版)	2018—08	68.00	734
数学解题引论	2017—05	58.00	735
数学史话览胜(第2版)	2017—01	48.00	736
数学应用展观(第2版)	2017—08	68.00	737
数学建模尝试	2018—04	48.00	738
数学竞赛采风	2018—01	68.00	739
数学测评探营	2019—05	58.00	740
数学技能操握	2018—03	48.00	741
数学欣赏拾趣	2018—02	48.00	742
从毕达哥拉斯到怀尔斯	2007—10	48.00	9
从迪利克雷到维斯卡尔迪	2008—01	48.00	21
从哥德巴赫到陈景润	2008—05	98.00	35
从庞加莱到佩雷尔曼	2011—08	138.00	136
博弈论精粹	2008—03	58.00	30
博弈论精粹.第二版(精装)	2015—01	88.00	461
数学 我爱你	2008—01	28.00	20
精神的圣徒　别样的人生——60位中国数学家成长的历程	2008—09	48.00	39
数学史概论	2009—06	78.00	50
数学史概论(精装)	2013—03	158.00	272
数学史选讲	2016—01	48.00	544
斐波那契数列	2010—02	28.00	65
数学拼盘和斐波那契魔方	2010—07	38.00	72
斐波那契数列欣赏(第2版)	2018—08	58.00	948
Fibonacci数列中的明珠	2018—06	58.00	928
数学的创造	2011—02	48.00	85
数学美与创造力	2016—01	48.00	595
数海拾贝	2016—01	48.00	590
数学中的美(第2版)	2019—04	68.00	1057
数论中的美学	2014—12	38.00	351

刘培杰数学工作室
已出版(即将出版)图书目录——初等数学

书　名	出版时间	定　价	编号
数学王者　科学巨人——高斯	2015—01	28.00	428
振兴祖国数学的圆梦之旅:中国初等数学研究史话	2015—06	98.00	490
二十世纪中国数学史料研究	2015—10	48.00	536
数字谜、数阵图与棋盘覆盖	2016—01	58.00	298
时间的形状	2016—01	38.00	556
数学发现的艺术:数学探索中的合情推理	2016—07	58.00	671
活跃在数学中的参数	2016—07	48.00	675
数学解题——靠数学思想给力(上)	2011—07	38.00	131
数学解题——靠数学思想给力(中)	2011—07	48.00	132
数学解题——靠数学思想给力(下)	2011—07	38.00	133
我怎样解题	2013—01	48.00	227
数学解题中的物理方法	2011—06	28.00	114
数学解题的特殊方法	2011—06	48.00	115
中学数学计算技巧(第2版)	2020—10	48.00	1220
中学数学证明方法	2012—01	58.00	117
数学趣题巧解	2012—03	28.00	128
高中数学教学通鉴	2015—05	58.00	479
和高中生漫谈:数学与哲学的故事	2014—08	28.00	369
算术问题集	2017—03	38.00	789
张教授讲数学	2018—07	38.00	933
陈永明实话实说数学教学	2020—04	68.00	1132
中学数学学科知识与教学能力	2020—06	58.00	1155
自主招生考试中的参数方程问题	2015—01	28.00	435
自主招生考试中的极坐标问题	2015—04	28.00	463
近年全国重点大学自主招生数学试题全解及研究.华约卷	2015—02	38.00	441
近年全国重点大学自主招生数学试题全解及研究.北约卷	2016—05	38.00	619
自主招生数学解证宝典	2015—09	48.00	535
格点和面积	2012—07	18.00	191
射影几何趣谈	2012—04	28.00	175
斯潘纳尔引理——从一道加拿大数学奥林匹克试题谈起	2014—01	28.00	228
李普希兹条件——从几道近年高考数学试题谈起	2012—10	18.00	221
拉格朗日中值定理——从一道北京高考试题的解法谈起	2015—10	18.00	197
闵科夫斯基定理——从一道清华大学自主招生试题谈起	2014—01	28.00	198
哈尔测度——从一道冬令营试题的背景谈起	2012—08	28.00	202
切比雪夫逼近问题——从一道中国台北数学奥林匹克试题谈起	2013—04	38.00	238
伯恩斯坦多项式与贝齐尔曲面——从一道全国高中数学联赛试题谈起	2013—03	38.00	236
卡塔兰猜想——从一道普特南竞赛试题谈起	2013—06	18.00	256
麦卡锡函数和阿克曼函数——从一道前南斯拉夫数学奥林匹克试题谈起	2012—08	18.00	201
贝蒂定理与拉姆贝克莫斯尔定理——从一个拣石子游戏谈起	2012—08	18.00	217
皮亚诺曲线和豪斯道夫分球定理——从无限集谈起	2012—08	18.00	211
平面凸图形与凸多面体	2012—10	28.00	218
斯坦因豪斯问题——从一道二十五省市自治区中学数学竞赛试题谈起	2012—07	18.00	196

刘培杰数学工作室
已出版(即将出版)图书目录——初等数学

书　名	出版时间	定　价	编号
纽结理论中的亚历山大多项式与琼斯多项式——从一道北京市高一数学竞赛试题谈起	2012—07	28.00	195
原则与策略——从波利亚"解题表"谈起	2013—04	38.00	244
转化与化归——从三大尺规作图不能问题谈起	2012—08	28.00	214
代数几何中的贝祖定理(第一版)——从一道IMO试题的解法谈起	2013—08	18.00	193
成功连贯理论与约当块理论——从一道比利时数学竞赛试题谈起	2012—04	18.00	180
素数判定与大数分解	2014—08	18.00	199
置换多项式及其应用	2012—10	18.00	220
椭圆函数与模函数——从一道美国加州大学洛杉矶分校(UCLA)博士资格考题谈起	2012—10	28.00	219
差分方程的拉格朗日方法——从一道2011年全国高考理科试题的解法谈起	2012—08	28.00	200
力学在几何中的一些应用	2013—01	38.00	240
从根式解到伽罗华理论	2020—01	48.00	1121
康托洛维奇不等式——从一道全国高中联赛试题谈起	2013—03	28.00	337
西格尔引理——从一道第18届IMO试题的解法谈起	即将出版		
罗斯定理——从一道前苏联数学竞赛试题谈起	即将出版		
拉克斯定理和阿廷定理——从一道IMO试题的解法谈起	2014—01	58.00	246
毕卡大定理——从一道美国大学数学竞赛试题谈起	2014—07	18.00	350
贝齐尔曲线——从一道全国高中联赛试题谈起	即将出版		
拉格朗日乘子定理——从一道2005年全国高中联赛试题的高等数学解法谈起	2015—05	28.00	480
雅可比定理——从一道日本数学奥林匹克试题谈起	2013—04	48.00	249
李天岩—约克定理——从一道波兰数学竞赛试题谈起	2014—06	28.00	349
整系数多项式因式分解的一般方法——从克朗耐克算法谈起	即将出版		
布劳维不动点定理——从一道前苏联数学奥林匹克试题谈起	2014—01	38.00	273
伯恩赛德定理——从一道英国数学奥林匹克试题谈起	即将出版		
布查特—莫斯特定理——从一道上海市初中竞赛试题谈起	即将出版		
数论中的同余数问题——从一道普特南竞赛试题谈起	即将出版		
范·德蒙行列式——从一道美国数学奥林匹克试题谈起	即将出版		
中国剩余定理:总数法构建中国历史年表	2015—01	28.00	430
牛顿程序与方程求根——从一道全国高考试题解法谈起	即将出版		
库默尔定理——从一道IMO预选试题谈起	即将出版		
卢丁定理——从一道冬令营试题的解法谈起	即将出版		
沃斯滕霍姆定理——从一道IMO预选试题谈起	即将出版		
卡尔松不等式——从一道莫斯科数学奥林匹克试题谈起	即将出版		
信息论中的香农熵——从一道近年高考压轴题谈起	即将出版		
约当不等式——从一道希望杯竞赛试题谈起	即将出版		
拉比诺维奇定理	即将出版		
刘维尔定理——从一道《美国数学月刊》征解问题的解法谈起	即将出版		
卡塔兰恒等式与级数求和——从一道IMO试题的解法谈起	即将出版		
勒让德猜想与素数分布——从一道爱尔兰竞赛试题谈起	即将出版		
天平称重与信息论——从一道基辅市数学奥林匹克试题谈起	即将出版		
哈密尔顿—凯莱定理:从一道高中数学联赛试题的解法谈起	2014—09	18.00	376
艾思特曼定理——从一道CMO试题的解法谈起	即将出版		

刘培杰数学工作室
已出版(即将出版)图书目录——初等数学

书　名	出版时间	定　价	编号
阿贝尔恒等式与经典不等式及应用	2018—06	98.00	923
迪利克雷除数问题	2018—07	48.00	930
幻方、幻立方与拉丁方	2019—08	48.00	1092
帕斯卡三角形	2014—03	18.00	294
蒲丰投针问题——从2009年清华大学的一道自主招生试题谈起	2014—01	38.00	295
斯图姆定理——从一道"华约"自主招生试题的解法谈起	2014—01	18.00	296
许瓦兹引理——从一道加利福尼亚大学伯克利分校数学系博士生试题谈起	2014—08	18.00	297
拉姆塞定理——从王诗宬院士的一个问题谈起	2016—04	48.00	299
坐标法	2013—12	28.00	332
数论三角形	2014—04	38.00	341
毕克定理	2014—07	18.00	352
数林掠影	2014—09	48.00	389
我们周围的概率	2014—10	38.00	390
凸函数最值定理:从一道华约自主招生题的解法谈起	2014—10	28.00	391
易学与数学奥林匹克	2014—10	38.00	392
生物数学趣谈	2015—01	18.00	409
反演	2015—01	28.00	420
因式分解与圆锥曲线	2015—01	18.00	426
轨迹	2015—01	28.00	427
面积原理:从常庚哲命的一道CMO试题的积分解法谈起	2015—01	48.00	431
形形色色的不动点定理:从一道28届IMO试题谈起	2015—01	38.00	439
柯西函数方程:从一道上海交大自主招生的试题谈起	2015—02	28.00	440
三角恒等式	2015—02	28.00	442
无理性判定:从一道2014年"北约"自主招生试题谈起	2015—01	38.00	443
数学归纳法	2015—03	18.00	451
极端原理与解题	2015—04	28.00	464
法雷级数	2014—08	18.00	367
摆线族	2015—01	38.00	438
函数方程及其解法	2015—05	38.00	470
含参数的方程和不等式	2012—09	28.00	213
希尔伯特第十问题	2016—01	38.00	543
无穷小量的求和	2016—01	28.00	545
切比雪夫多项式:从一道清华大学金秋营试题谈起	2016—01	38.00	583
泽肯多夫定理	2016—03	38.00	599
代数等式证题法	2016—01	28.00	600
三角等式证题法	2016—01	28.00	601
吴大任教授藏书中的一个因式分解公式:从一道美国数学邀请赛试题的解法谈起	2016—06	28.00	656
易卦——类万物的数学模型	2017—08	68.00	838
"不可思议"的数与数系可持续发展	2018—01	38.00	878
最短线	2018—01	38.00	879
幻方和魔方(第一卷)	2012—05	68.00	173
尘封的经典——初等数学经典文献选读(第一卷)	2012—07	48.00	205
尘封的经典——初等数学经典文献选读(第二卷)	2012—07	38.00	206
初级方程式论	2011—03	28.00	106
初等数学研究(Ⅰ)	2008—09	68.00	37
初等数学研究(Ⅱ)(上、下)	2009—05	118.00	46,47

刘培杰数学工作室
已出版(即将出版)图书目录——初等数学

书 名	出版时间	定价	编号
趣味初等方程妙题集锦	2014—09	48.00	388
趣味初等数论选美与欣赏	2015—02	48.00	445
耕读笔记(上卷):一位农民数学爱好者的初数探索	2015—04	28.00	459
耕读笔记(中卷):一位农民数学爱好者的初数探索	2015—05	28.00	483
耕读笔记(下卷):一位农民数学爱好者的初数探索	2015—05	28.00	484
几何不等式研究与欣赏.上卷	2016—01	88.00	547
几何不等式研究与欣赏.下卷	2016—01	48.00	552
初等数列研究与欣赏·上	2016—01	48.00	570
初等数列研究与欣赏·下	2016—01	48.00	571
趣味初等函数研究与欣赏.上	2016—09	48.00	684
趣味初等函数研究与欣赏.下	2018—09	48.00	685
三角不等式研究与欣赏	2020—10	68.00	1197
火柴游戏	2016—05	38.00	612
智力解谜.第1卷	2017—07	38.00	613
智力解谜.第2卷	2017—07	38.00	614
故事智力	2016—07	48.00	615
名人们喜欢的智力问题	2020—01	48.00	616
数学大师的发现、创造与失误	2018—01	48.00	617
异曲同工	2018—09	48.00	618
数学的味道	2018—01	58.00	798
数学千字文	2018—10	68.00	977
数贝偶拾——高考数学题研究	2014—04	28.00	274
数贝偶拾——初等数学研究	2014—04	38.00	275
数贝偶拾——奥数题研究	2014—04	48.00	276
钱昌本教你快乐学数学(上)	2011—12	48.00	155
钱昌本教你快乐学数学(下)	2012—03	58.00	171
集合、函数与方程	2014—01	28.00	300
数列与不等式	2014—01	38.00	301
三角与平面向量	2014—01	28.00	302
平面解析几何	2014—01	38.00	303
立体几何与组合	2014—01	28.00	304
极限与导数、数学归纳法	2014—01	38.00	305
趣味数学	2014—03	28.00	306
教材教法	2014—04	68.00	307
自主招生	2014—05	58.00	308
高考压轴题(上)	2015—01	48.00	309
高考压轴题(下)	2014—10	68.00	310
从费马到怀尔斯——费马大定理的历史	2013—10	198.00	I
从庞加莱到佩雷尔曼——庞加莱猜想的历史	2013—10	298.00	II
从切比雪夫到爱尔特希(上)——素数定理的初等证明	2013—07	48.00	III
从切比雪夫到爱尔特希(下)——素数定理100年	2012—12	98.00	III
从高斯到盖尔方特——二次域的高斯猜想	2013—10	198.00	IV
从库默尔到朗兰兹——朗兰兹猜想的历史	2014—01	98.00	V
从比勃巴赫到德布朗斯——比勃巴赫猜想的历史	2014—02	298.00	VI
从麦比乌斯到陈省身——麦比乌斯变换与麦比乌斯带	2014—02	298.00	VII
从布尔到豪斯道夫——布尔方程与格论漫谈	2013—10	198.00	VIII
从开普勒到阿诺德——三体问题的历史	2014—05	298.00	IX
从华林到华罗庚——华林问题的历史	2013—10	298.00	X

刘培杰数学工作室
已出版(即将出版)图书目录——初等数学

书　　名	出版时间	定　价	编号
美国高中数学竞赛五十讲.第1卷(英文)	2014—08	28.00	357
美国高中数学竞赛五十讲.第2卷(英文)	2014—08	28.00	358
美国高中数学竞赛五十讲.第3卷(英文)	2014—09	28.00	359
美国高中数学竞赛五十讲.第4卷(英文)	2014—09	28.00	360
美国高中数学竞赛五十讲.第5卷(英文)	2014—10	28.00	361
美国高中数学竞赛五十讲.第6卷(英文)	2014—11	28.00	362
美国高中数学竞赛五十讲.第7卷(英文)	2014—12	28.00	363
美国高中数学竞赛五十讲.第8卷(英文)	2015—01	28.00	364
美国高中数学竞赛五十讲.第9卷(英文)	2015—01	28.00	365
美国高中数学竞赛五十讲.第10卷(英文)	2015—02	38.00	366
三角函数(第2版)	2017—04	38.00	626
不等式	2014—01	38.00	312
数列	2014—01	38.00	313
方程(第2版)	2017—04	38.00	624
排列和组合	2014—01	28.00	315
极限与导数(第2版)	2016—04	38.00	635
向量(第2版)	2018—08	58.00	627
复数及其应用	2014—08	28.00	318
函数	2014—01	38.00	319
集合	2020—01	48.00	320
直线与平面	2014—01	28.00	321
立体几何(第2版)	2016—04	38.00	629
解三角形	即将出版		323
直线与圆(第2版)	2016—11	38.00	631
圆锥曲线(第2版)	2016—09	48.00	632
解题通法(一)	2014—07	38.00	326
解题通法(二)	2014—07	38.00	327
解题通法(三)	2014—05	38.00	328
概率与统计	2014—01	28.00	329
信息迁移与算法	即将出版		330
IMO 50年.第1卷(1959—1963)	2014—11	28.00	377
IMO 50年.第2卷(1964—1968)	2014—11	28.00	378
IMO 50年.第3卷(1969—1973)	2014—09	28.00	379
IMO 50年.第4卷(1974—1978)	2016—04	38.00	380
IMO 50年.第5卷(1979—1984)	2015—04	38.00	381
IMO 50年.第6卷(1985—1989)	2015—04	58.00	382
IMO 50年.第7卷(1990—1994)	2016—01	48.00	383
IMO 50年.第8卷(1995—1999)	2016—06	38.00	384
IMO 50年.第9卷(2000—2004)	2015—04	58.00	385
IMO 50年.第10卷(2005—2009)	2016—01	48.00	386
IMO 50年.第11卷(2010—2015)	2017—03	48.00	646

刘培杰数学工作室
已出版(即将出版)图书目录——初等数学

书　名	出版时间	定　价	编号
数学反思(2006—2007)	2020—09	88.00	915
数学反思(2008—2009)	2019—01	68.00	917
数学反思(2010—2011)	2018—05	58.00	916
数学反思(2012—2013)	2019—01	58.00	918
数学反思(2014—2015)	2019—03	78.00	919
历届美国大学生数学竞赛试题集.第一卷(1938—1949)	2015—01	28.00	397
历届美国大学生数学竞赛试题集.第二卷(1950—1959)	2015—01	28.00	398
历届美国大学生数学竞赛试题集.第三卷(1960—1969)	2015—01	28.00	399
历届美国大学生数学竞赛试题集.第四卷(1970—1979)	2015—01	18.00	400
历届美国大学生数学竞赛试题集.第五卷(1980—1989)	2015—01	28.00	401
历届美国大学生数学竞赛试题集.第六卷(1990—1999)	2015—01	28.00	402
历届美国大学生数学竞赛试题集.第七卷(2000—2009)	2015—08	18.00	403
历届美国大学生数学竞赛试题集.第八卷(2010—2012)	2015—01	18.00	404
新课标高考数学创新题解题诀窍:总论	2014—09	28.00	372
新课标高考数学创新题解题诀窍:必修1~5分册	2014—08	38.00	373
新课标高考数学创新题解题诀窍:选修2-1,2-2,1-1,1-2分册	2014—09	38.00	374
新课标高考数学创新题解题诀窍:选修2-3,4-4,4-5分册	2014—09	18.00	375
全国重点大学自主招生英文数学试题全攻略:词汇卷	2015—07	48.00	410
全国重点大学自主招生英文数学试题全攻略:概念卷	2015—01	28.00	411
全国重点大学自主招生英文数学试题全攻略:文章选读卷(上)	2016—09	38.00	412
全国重点大学自主招生英文数学试题全攻略:文章选读卷(下)	2017—01	58.00	413
全国重点大学自主招生英文数学试题全攻略:试题卷	2015—07	38.00	414
全国重点大学自主招生英文数学试题全攻略:名著欣赏卷	2017—03	48.00	415
劳埃德数学趣题大全.题目卷.1:英文	2016—01	18.00	516
劳埃德数学趣题大全.题目卷.2:英文	2016—01	18.00	517
劳埃德数学趣题大全.题目卷.3:英文	2016—01	18.00	518
劳埃德数学趣题大全.题目卷.4:英文	2016—01	18.00	519
劳埃德数学趣题大全.题目卷.5:英文	2016—01	18.00	520
劳埃德数学趣题大全.答案卷:英文	2016—01	18.00	521
李成章教练奥数笔记.第1卷	2016—01	48.00	522
李成章教练奥数笔记.第2卷	2016—01	48.00	523
李成章教练奥数笔记.第3卷	2016—01	38.00	524
李成章教练奥数笔记.第4卷	2016—01	38.00	525
李成章教练奥数笔记.第5卷	2016—01	38.00	526
李成章教练奥数笔记.第6卷	2016—01	38.00	527
李成章教练奥数笔记.第7卷	2016—01	38.00	528
李成章教练奥数笔记.第8卷	2016—01	48.00	529
李成章教练奥数笔记.第9卷	2016—01	28.00	530

刘培杰数学工作室
已出版(即将出版)图书目录——初等数学

书　名	出版时间	定　价	编号
第19～23届"希望杯"全国数学邀请赛试题审题要津详细评注(初一版)	2014—03	28.00	333
第19～23届"希望杯"全国数学邀请赛试题审题要津详细评注(初二、初三版)	2014—03	38.00	334
第19～23届"希望杯"全国数学邀请赛试题审题要津详细评注(高一版)	2014—03	28.00	335
第19～23届"希望杯"全国数学邀请赛试题审题要津详细评注(高二版)	2014—03	38.00	336
第19～23届"希望杯"全国数学邀请赛试题审题要津详细评注(初一版)	2015—01	38.00	416
第19～23届"希望杯"全国数学邀请赛试题审题要津详细评注(初二、初三版)	2015—01	58.00	417
第19～25届"希望杯"全国数学邀请赛试题审题要津详细评注(高一版)	2015—01	48.00	418
第19～25届"希望杯"全国数学邀请赛试题审题要津详细评注(高二版)	2015—01	48.00	419
物理奥林匹克竞赛大题典——力学卷	2014—11	48.00	405
物理奥林匹克竞赛大题典——热学卷	2014—04	28.00	339
物理奥林匹克竞赛大题典——电磁学卷	2015—07	48.00	406
物理奥林匹克竞赛大题典——光学与近代物理卷	2014—06	28.00	345
历届中国东南地区数学奥林匹克试题集(2004～2012)	2014—06	18.00	346
历届中国西部地区数学奥林匹克试题集(2001～2012)	2014—07	18.00	347
历届中国女子数学奥林匹克试题集(2002～2012)	2014—08	18.00	348
数学奥林匹克在中国	2014—06	98.00	344
数学奥林匹克问题集	2014—01	38.00	267
数学奥林匹克不等式散论	2010—06	38.00	124
数学奥林匹克不等式欣赏	2011—09	38.00	138
数学奥林匹克超级题库(初中卷上)	2010—01	58.00	66
数学奥林匹克不等式证明方法和技巧(上、下)	2011—08	158.00	134,135
他们学什么:原民主德国中学数学课本	2016—09	38.00	658
他们学什么:英国中学数学课本	2016—09	38.00	659
他们学什么:法国中学数学课本.1	2016—09	38.00	660
他们学什么:法国中学数学课本.2	2016—09	28.00	661
他们学什么:法国中学数学课本.3	2016—09	38.00	662
他们学什么:苏联中学数学课本	2016—09	28.00	679
高中数学题典——集合与简易逻辑·函数	2016—07	48.00	647
高中数学题典——导数	2016—07	48.00	648
高中数学题典——三角函数·平面向量	2016—07	48.00	649
高中数学题典——数列	2016—07	58.00	650
高中数学题典——不等式·推理与证明	2016—07	38.00	651
高中数学题典——立体几何	2016—07	48.00	652
高中数学题典——平面解析几何	2016—07	78.00	653
高中数学题典——计数原理·统计·概率·复数	2016—07	48.00	654
高中数学题典——算法·平面几何·初等数论·组合数学·其他	2016—07	68.00	655

刘培杰数学工作室
已出版(即将出版)图书目录——初等数学

书　　名	出版时间	定　价	编号
台湾地区奥林匹克数学竞赛试题.小学一年级	2017—03	38.00	722
台湾地区奥林匹克数学竞赛试题.小学二年级	2017—03	38.00	723
台湾地区奥林匹克数学竞赛试题.小学三年级	2017—03	38.00	724
台湾地区奥林匹克数学竞赛试题.小学四年级	2017—03	38.00	725
台湾地区奥林匹克数学竞赛试题.小学五年级	2017—03	38.00	726
台湾地区奥林匹克数学竞赛试题.小学六年级	2017—03	38.00	727
台湾地区奥林匹克数学竞赛试题.初中一年级	2017—03	38.00	728
台湾地区奥林匹克数学竞赛试题.初中二年级	2017—03	38.00	729
台湾地区奥林匹克数学竞赛试题.初中三年级	2017—03	28.00	730
不等式证题法	2017—04	28.00	747
平面几何培优教程	2019—08	88.00	748
奥数鼎级培优教程.高一分册	2018—09	88.00	749
奥数鼎级培优教程.高二分册.上	2018—04	68.00	750
奥数鼎级培优教程.高二分册.下	2018—04	68.00	751
高中数学竞赛冲刺宝典	2019—04	68.00	883
初中尖子生数学超级题典.实数	2017—07	58.00	792
初中尖子生数学超级题典.式、方程与不等式	2017—08	58.00	793
初中尖子生数学超级题典.圆、面积	2017—08	38.00	794
初中尖子生数学超级题典.函数、逻辑推理	2017—08	48.00	795
初中尖子生数学超级题典.角、线段、三角形与多边形	2017—07	58.00	796
数学王子——高斯	2018—01	48.00	858
坎坷奇星——阿贝尔	2018—01	48.00	859
闪烁奇星——伽罗瓦	2018—01	58.00	860
无穷统帅——康托尔	2018—01	48.00	861
科学公主——柯瓦列夫斯卡娅	2018—01	48.00	862
抽象代数之母——埃米·诺特	2018—01	48.00	863
电脑先驱——图灵	2018—01	58.00	864
昔日神童——维纳	2018—01	48.00	865
数坛怪侠——爱尔特希	2018—01	68.00	866
传奇数学家徐利治	2019—09	88.00	1110
当代世界中的数学.数学思想与数学基础	2019—01	38.00	892
当代世界中的数学.数学问题	2019—01	38.00	893
当代世界中的数学.应用数学与数学应用	2019—01	38.00	894
当代世界中的数学.数学王国的新疆域(一)	2019—01	38.00	895
当代世界中的数学.数学王国的新疆域(二)	2019—01	38.00	896
当代世界中的数学.数林撷英(一)	2019—01	38.00	897
当代世界中的数学.数林撷英(二)	2019—01	48.00	898
当代世界中的数学.数学之路	2019—01	38.00	899

刘培杰数学工作室
已出版(即将出版)图书目录——初等数学

书　名	出版时间	定　价	编号
105 个代数问题:来自 AwesomeMath 夏季课程	2019—02	58.00	956
106 个几何问题:来自 AwesomeMath 夏季课程	2020—07	58.00	957
107 个几何问题:来自 AwesomeMath 全年课程	2020—07	58.00	958
108 个代数问题:来自 AwesomeMath 全年课程	2019—01	68.00	959
109 个不等式:来自 AwesomeMath 夏季课程	2019—04	58.00	960
国际数学奥林匹克中的 110 个几何问题	即将出版		961
111 个代数和数论问题	2019—05	58.00	962
112 个组合问题:来自 AwesomeMath 夏季课程	2019—05	58.00	963
113 个几何不等式:来自 AwesomeMath 夏季课程	2020—08	58.00	964
114 个指数和对数问题:来自 AwesomeMath 夏季课程	2019—09	48.00	965
115 个三角问题:来自 AwesomeMath 夏季课程	2019—09	58.00	966
116 个代数不等式:来自 AwesomeMath 全年课程	2019—04	58.00	967
紫色彗星国际数学竞赛试题	2019—02	58.00	999
数学竞赛中的数学:为数学爱好者、父母、教师和教练准备的丰富资源. 第一部	2020—04	58.00	1141
数学竞赛中的数学:为数学爱好者、父母、教师和教练准备的丰富资源. 第二部	2020—07	48.00	1142
和与积	2020—10	38.00	1219
澳大利亚中学数学竞赛试题及解答(初级卷)1978~1984	2019—02	28.00	1002
澳大利亚中学数学竞赛试题及解答(初级卷)1985~1991	2019—02	28.00	1003
澳大利亚中学数学竞赛试题及解答(初级卷)1992~1998	2019—02	28.00	1004
澳大利亚中学数学竞赛试题及解答(初级卷)1999~2005	2019—02	28.00	1005
澳大利亚中学数学竞赛试题及解答(中级卷)1978~1984	2019—03	28.00	1006
澳大利亚中学数学竞赛试题及解答(中级卷)1985~1991	2019—03	28.00	1007
澳大利亚中学数学竞赛试题及解答(中级卷)1992~1998	2019—03	28.00	1008
澳大利亚中学数学竞赛试题及解答(中级卷)1999~2005	2019—03	28.00	1009
澳大利亚中学数学竞赛试题及解答(高级卷)1978~1984	2019—05	28.00	1010
澳大利亚中学数学竞赛试题及解答(高级卷)1985~1991	2019—05	28.00	1011
澳大利亚中学数学竞赛试题及解答(高级卷)1992~1998	2019—05	28.00	1012
澳大利亚中学数学竞赛试题及解答(高级卷)1999~2005	2019—05	28.00	1013
天才中小学生智力测验题. 第一卷	2019—03	38.00	1026
天才中小学生智力测验题. 第二卷	2019—03	38.00	1027
天才中小学生智力测验题. 第三卷	2019—03	38.00	1028
天才中小学生智力测验题. 第四卷	2019—03	38.00	1029
天才中小学生智力测验题. 第五卷	2019—03	38.00	1030
天才中小学生智力测验题. 第六卷	2019—03	38.00	1031
天才中小学生智力测验题. 第七卷	2019—03	38.00	1032
天才中小学生智力测验题. 第八卷	2019—03	38.00	1033
天才中小学生智力测验题. 第九卷	2019—03	38.00	1034
天才中小学生智力测验题. 第十卷	2019—03	38.00	1035
天才中小学生智力测验题. 第十一卷	2019—03	38.00	1036
天才中小学生智力测验题. 第十二卷	2019—03	38.00	1037
天才中小学生智力测验题. 第十三卷	2019—03	38.00	1038

刘培杰数学工作室
已出版(即将出版)图书目录——初等数学

书　名	出版时间	定　价	编号
重点大学自主招生数学备考全书:函数	2020—05	48.00	1047
重点大学自主招生数学备考全书:导数	2020—08	48.00	1048
重点大学自主招生数学备考全书:数列与不等式	2019—10	78.00	1049
重点大学自主招生数学备考全书:三角函数与平面向量	2020—08	68.00	1050
重点大学自主招生数学备考全书:平面解析几何	2020—07	58.00	1051
重点大学自主招生数学备考全书:立体几何与平面几何	2019—08	48.00	1052
重点大学自主招生数学备考全书:排列组合·概率统计·复数	2019—09	48.00	1053
重点大学自主招生数学备考全书:初等数论与组合数学	2019—08	48.00	1054
重点大学自主招生数学备考全书:重点大学自主招生真题.上	2019—04	68.00	1055
重点大学自主招生数学备考全书:重点大学自主招生真题.下	2019—04	58.00	1056
高中数学竞赛培训教程:平面几何问题的求解方法与策略.上	2018—05	68.00	906
高中数学竞赛培训教程:平面几何问题的求解方法与策略.下	2018—06	78.00	907
高中数学竞赛培训教程:整除与同余以及不定方程	2018—01	88.00	908
高中数学竞赛培训教程:组合计数与组合极值	2018—04	48.00	909
高中数学竞赛培训教程:初等代数	2019—04	78.00	1042
高中数学讲座:数学竞赛基础教程(第一册)	2019—06	48.00	1094
高中数学讲座:数学竞赛基础教程(第二册)	即将出版		1095
高中数学讲座:数学竞赛基础教程(第三册)	即将出版		1096
高中数学讲座:数学竞赛基础教程(第四册)	即将出版		1097

联系地址:哈尔滨市南岗区复华四道街 10 号　哈尔滨工业大学出版社刘培杰数学工作室
网　　址:http://lpj.hit.edu.cn/
邮　　编:150006
联系电话:0451—86281378　　13904613167
E-mail:lpj1378@163.com